U0190314

千年泗洲

中国手工纸的
当代价值与前景展望

陈　刚
汤书昆
主编

中国科学技术大学出版社

内 容 简 介

本书立足以中国富阳竹纸为代表性样本的手工造纸技艺的当代价值和前瞻路径,精选高等院校、研究与设计院所、相关学(协)会、文史类专业机构、非遗文创与科技文化类企业以及独立学者等的研究成果23篇,探讨以宋代泗洲造纸遗址群为重要标志的中国手工纸的保护理论、历史源流、技艺创新、传承机制、创意应用,希望从多维度助推中华优秀传统手工造纸文化的创造性转化与创新性发展,激发中外有识之士从经典中国伟大科技发明角度参与构建新时代人类命运共同体的初心。

图书在版编目(CIP)数据

千年泗洲:中国手工纸的当代价值与前景展望/陈刚,汤书昆主编. --合肥:中国科学技术大学出版社,2024.8
ISBN 978-7-312-05881-3

Ⅰ.千… Ⅱ.①陈… ②汤… Ⅲ.手工纸—介绍—德兴 Ⅳ.TS766

中国国家版本馆CIP数据核字(2024)第043174号

千年泗洲:中国手工纸的当代价值与前景展望
QIAN NIAN SIZHOU:
ZHONGGUO SHOUGONGZHI DE DANGDAI JIAZHI YU QIANJING ZHANWANG

出版	中国科学技术大学出版社
	安徽省合肥市金寨路96号,230026
	http://press.ustc.edu.cn
	https://zgkxjsdxcbs.tmall.com
印刷	安徽国文彩印有限公司
发行	中国科学技术大学出版社
开本	787 mm×1092 mm 1/16
印张	18
字数	370千
版次	2024年8月第1版
印次	2024年8月第1次印刷
定价	88.00元

编委会

主　编

陈　刚　汤书昆

编　委

（以姓氏笔画为序）

朱　赟　汤雨眉　周光辉　贺礼斌

本书作者

（以姓氏笔画为序）

丁延伟	王　硕	王　璐	王小丁	王玖玲
尹邦婷	卢郁静	朱　赟	朱子君	朱玥玮
乔成全	任　雪	刘舜强	汤书昆	汤雨眉
李谋闰	李程浩	李婷婷	杨　玲	吴　昊
吴益坚	邱　云	何桂强	邹煜琦	张　鹏
张茂林	张明春	张恩睿	陈　刚	陈　彪
陈雅迪	陈鹏宇	林清源	易晓辉	庞建波
郑　铎	柳东溶	钟一鸣	施梦以	洪佳杰
秦　庆	顾培玲	倪盈盈	徐　达	徐吉军
郭延龙	黄　晶	黄　磊	黄飞松	黄兮泽
龚钰轩	龚德才	蒋朔晗	雷心瑶	谭　静
藤森洋一				

序

　　中国手工纸文化源远流长。从汉代造纸术发明以来,纸张逐渐成为中国人生活的一部分,书写、绘画、印刷、祭祀、包装、裱糊,莫不可以看到纸张的身影,以纸为载体的书画典籍,在中华文化的传承、传播中起到了重要作用。洛阳纸贵、纸醉金迷、纸短情长、纸落云烟等成语蕴含的典故,正是上述情形的写照,而其本身也成了中国人情感表达的一部分。

　　近代以来,随着西方机制纸及其制造技术的传入,延续了近两千年的中国传统手工造纸技艺遇到了前所未有的危机。手工纸逐渐衰落,也逐渐淡出了人们的生活。时至今日,在一般人的意识中,手工纸成了可有可无的存在,抑或只是一个古老的文化符号。那么,我们今日是不是可以完全抛弃手工纸了呢?答案当然是否定的。且不说在民间祭祀、节庆等民俗活动中,还常常用到手工纸,就是在书画创作和纸质文物的修复中,手工纸也是不可或缺的存在。

　　而纸文化的传承,又不仅仅局限于纸张及其工艺的延续、相关民俗的保存,本质上,应该是保留与古人对话的一种方式,又为文化创新发展提供不竭之源泉。试想,如果手工纸失传了,我们如何体会凝聚其中的片纸匠心,又如何领会古人挥毫时的淋漓笔意?避免文化的断层或缺失,是传统文化保护的首要任务。

　　当然,笔者在此并无意将手工纸和机制纸对立起来。它们都是纸张大家庭的成员、文化传承的重要载体。从纸张演变的历史长河来看,手工纸向机制纸的转变,也是造纸技术发展和纸文化延续的体现。当我们翻开用钢笔书写在机制纸上的作家手稿,用铅字印刷在机制纸上的近代书籍时,扑面而来的是那个时代的气息。但不可否认,在纸张的生命历程中,手工纸是其中最为浓墨重彩的部分。

　　杭州市富阳区,地处江南宋韵文化和传统造纸的核心区域,文化底蕴深厚,造纸业也长期处于领先地位。其造纸历史悠久,可远溯魏晋;而至宋代,则以竹纸名扬天下。造纸技术与纸张品种富于多样性,从名闻天下的元书纸,到桑皮纸、坑边纸，种类繁多，具有广泛的影响力，富阳是名副其实的造纸之乡。尤为难得的是，富阳区从政府到民间，都对传统纸文化的保护与传承怀有深厚的感情，投入了很大的力量。从2015年首办中国竹纸保护与发展研讨会，到如今举办规模空前的2023泗洲纸文化节，反映了富阳对传统造纸的保护传承一贯的重视态度，更体现了在如何弘扬传统纸文化方面不断的深入思考。

泗洲宋代造纸遗址，不仅是富阳手工纸发展历程的实物例证，更从制造的角度实证了中华悠久的造纸文明，其价值不言而喻。本次纸文化节以泗洲命名，蕴含了通过建设遗址公园和纸博物馆等举措弘扬泗洲造纸文化的深意，而专题展览、文创设计大赛、交流研讨等活动，又展现了传统手工纸的当代价值，是推动中华优秀传统文化的创造性转化、创新性发展的具体体现。这次纸文化节的重头戏之一，就是"中国手工纸的当代价值与前景展望"研讨交流活动。当今活跃在传统手工纸研究第一线的专家学者会聚一堂，就手工纸的历史源流、工艺特色、科学内涵、保护传承、创新发展等问题展开了热烈的交流研讨。由中国科学技术大学手工纸研究所领衔承办的这一场活动，为文化节增色不少，起到了学术铸魂的作用。

纸文化的传承保护，需要各方面专家的集思广益。现场研讨活动在时空维度上是有限的，学者们的真知灼见，值得回味思考，也需要得到更广泛的传播和讨论。能够把相关的学术成果结集出版，无疑是一件很有意义的事。

手工纸连接着过去、现在和未来，不会是过去时；纸文化的传承，永远在路上。

陈　刚

2023年11月于复旦大学

目 录

序 ……………………………………………………………………（ i ）

宋代南方的造纸及其使用 ………………………………………（001）

宋富阳竹纸研究综述 ……………………………………………（019）

原料及制作工艺对富阳竹纸的性能影响研究 …………………（026）

富阳造纸文明的前世今生探究 …………………………………（036）

泗洲造纸作坊遗址保护与活化利用研究 ………………………（043）

皮纸与竹纸之间：庙堂抑或丛林 ………………………………（049）
　　——兼论富阳泗洲宋代造纸作坊遗址的几点断想

富阳泗洲宋代造纸遗址的科学研究 ……………………………（072）

周塘桥南宋墓出土纸张原料及制作工艺研究 …………………（086）

"乌金纸"考 ………………………………………………………（096）

浅论谢公笺的渊源 ………………………………………………（110）

贵州传统手工竹纸的发展与传承 ………………………………（121）

连四纸制作技艺及其科学性探究 ………………………………（133）

造金银印花笺的传承与发展研究 ………………………………（149）

藏纸抗菌性能对比研究与传承思考 ……………………………（161）

清宫清水连四纸探析 ……………………………………………（171）
　　——以养心殿梅坞道光御笔并蒂含芳为例

大清宝钞印刷用纸的初步研究 ……………………………………………（188）

当代传世经典读本印刷用纸探究 …………………………………………（197）

日本手抄和纸的现状 ………………………………………………………（206）

手工纸保护刍议 ……………………………………………………………（215）

中国式现代化视域下手工造纸业态发展策略研究 ………………………（224）
——结合对三个中国手工造纸业态富集地域的实地调查

基于CiteSpace的国外手工造纸文献知识图谱分析 ……………………（235）

科学计量学视角下国内手工造纸文献知识图谱可视化分析 ……………（252）

具身认知视角下的博物馆文创设计策略研究 ……………………………（269）

后记 …………………………………………………………………………（278）

宋代南方的造纸及其使用

徐吉军

浙江省社会科学院二级研究员,浙江工业大学、浙江工商大学特聘教授

摘　要: 自960年赵匡胤建宋开始,至1279年南宋灭亡,宋代共存世300余年。在这一时期,统治者实行"兴文教,抑武事"[1]的国策,使其文化兴盛。同时,社会生产力的发展、商品经济的繁荣和佛教的世俗化,使人们的社会生活发生了重大变化,尤其是对人们的社会意识和风俗习惯产生了巨大的影响。史学大师陈寅恪就认为:"华夏民族之文化,历数千载之演进,造极于赵宋之世。"[2]他的这一观点也得到了海内外学者的认同,如英国著名科技史家李约瑟说:"谈到11世纪,我们犹如来到最伟大的时期。"并认为这一时期中国的文化和科学"都达到了前所未有的高峰"[3]115。宋代造纸业发达,现代著名造纸史专家潘吉星指出:"宋元时期造纸领域内占统治地位的纸种,是竹纸和皮纸。"又说:"宋元书画、刻本和公私文书、契约中有许多仍用皮纸,其产量之大、质量之高大大超过隋唐五代。"[4]本文重点阐述宋代纸的生产与使用,以求教于方家。

一、宋代南方的造纸业及其生产技术

两宋时期,造纸业占有重要的地位,当时我国主要的造纸基地均在南方长江流域一带,形成了两浙、川蜀、福建三大造纸中心并立的局面。[5]在今日浙江境内有会稽和剡溪,在今日安徽境内有徽州和池州,在今日江西境内有抚州,在今日四川境内有成都和广都。[6]此外,福建、湖北等地的造纸业也很发达。即使是僻远的广西的宾州一带,许多人家都以"造楮为业"[7]。毫无疑义,这是造纸专业化的反映。

其时南方的造纸规模和生产技术,在前代的基础上又有了进一步的发展,远非北方能及。这体现在以下3个方面:

第一,从造纸学原理来看,南方已普遍由麻料纸过渡到用树皮纤维造纸。造纸原料远比过去丰富,主要有麻、竹、桑皮、楮、藤、苔、麦茎、稻秆等。这些原料经过备料、蒸煮、漂洗、捣叩、制浆、捞纸、压榨、干燥加工几个环节后,能够制造出各种不同品类的纸张,从而为纸品用途的丰富和消费的增加奠定了厚实的物质基础。现代著名造纸史专家潘吉星指出:"宋元时期造纸领域内占统治地位的纸种,是竹纸和皮纸。""因此宋元书画、刻本和公私文书、契约中有许多仍用皮纸,其产量之大、质量之高大大超过隋唐五代。"[4]这一观点是符合历史实际的。尤其是江浙一带所造的竹纸,比西方第一次用竹造纸早了近千年。除纯竹纸外,两宋时期南方造纸工匠还将竹料与其他原料混合制浆造纸,这在造纸技术史上又是一项新的发明。另外,世界上用草类纤维造纸也以我国南方为最早。北宋苏易简《文房四谱》卷四记载:"浙人以麦茎、稻秆为之者脆薄焉,以麦稿、油藤为之者尤佳。"可见在10世纪时,我国南方已用麦秆、稻草造纸,这比欧洲于1857—1860年才在英国第一次用西班牙草造纸要早800多年。

第二,生产规模进一步扩大。南宋政府为了制造楮币——会子,曾先后在徽州、成都设立造纸坊来生产印楮币的特殊用纸。这种纸张的主要原料是楮皮,因而会子亦被称作"楮币"或"楮钞"。同时,这种纸张的原料中也许还掺入了丝和别种纤维的成分,使之难以伪造。后因成都距都城临安太远,运费昂贵,孝宗于乾道四年(1168)开始在临安"赤山湖滨"设立官营的造纸作坊("造会纸局"),"诏杭州置局于九曲池","安溪亦有局,仍委都司官属提领。""工徒无定额,今在者一千二百人,咸淳五年(1269)之二月有旨住役。"[8]由此可见,这个专门生产用于印制纸币的纸张的"造会纸局",其生产规模已经颇为可观。

第三,品种繁多,质量上乘,名纸迭出。以原料来说,则有藤纸、竹纸、麻纸、楮皮纸、桑皮纸等;以地区来说,南宋陈槱《负暄野录》卷下《论纸品》中就提到了南方知名的纸品,有四川的蜀笺,广都的"广都纸",余杭的"由拳纸",越州的竹纸,抚州的"草钞纸",湖北蒲圻的"蒲圻纸",福建建阳的"椒纸",徽州新安的"上供纸"玉版、吴笺等。在这些纸品中,蜀笺中的隐花纸和水纹纸的制造技术要比西方先进三五百年。[3]84

在这些名目繁多的纸类中,藤纸占有重要地位。藤纸以藤条为原料,用其皮,故又名皮纸。它是南宋时期两浙地区的著名纸品,大量生产,有越藤、剡垂等品种。① 这种纸张特别坚韧,耐磨性好,当时多用作官令纸。当时知名的小井纸、赤亭纸、由拳纸等均为藤纸。如越州剡溪所产的敲冰纸,也以洁白光滑得到时人的喜爱。吕本中诗云:"敲冰落手盈卷轴,顿使几案生清芬。"[9]极言此纸的可贵。《宝庆会稽续志》载:"敲冰纸,剡所出也。张伯玉《蓬莱阁诗》:'敲冰成妙手,织素竞交鸳。'注:越俗呼敲冰纸。《新安志》:'纸,敲冰为之益佳。'剡之极西,水深洁,山又多藤楮,故亦以敲冰时为佳,盖冬水也。"[10]竹纸大有后来居上之势,在宋代名冠一

千年泗洲 | 中国手工纸的当代价值与前景展望 —

① 据《元丰九域志》卷五载,杭州有贡藤纸一千张;熙宁七年(1074)六月乙酉,杭州有贡纸五万张(《续资治通鉴长编》卷二五四)。由此可见,杭州的藤纸制作早在北宋时就已经达到一定规模了。

时。竹纸最早见于北宋，苏轼说："今人以竹为纸，亦古所无有也。"[11]然而当时由于技术水平的局限，竹纸的质量还比较差，韧性不强。苏易简曾评价说："今江浙间有以嫩竹为纸，如作密书，无人敢拆发之，盖随手便裂，不复粘也。"[12]至南宋，当时的两浙一带盛产竹纸，如南宋陈槱《负暄野录》卷下《论纸品》载："今越之竹纸，甲于他处。"又说："吴人取越竹，以梅天水淋，晾令稍干，反复捶之，使浮茸去尽，筋骨莹澈，是谓春膏，其色如蜡。若以佳墨作字，其光可鉴，故吴笺近出，而遂与蜀产抗衡。"绍兴"民家或以致饶"[13]。竹纸的品种也较多，《嘉泰会稽志》卷一七《纸》载："竹纸上品有三：曰姚黄，曰学士，曰邵公……自王荆公好用小竹纸，士大夫翕然效之。建炎、绍兴以前，书简往来率多用焉。"纸的质量已经有了大的提升，大多达到了薄、轻、软、细的标准，开始扬名天下，有"今越之竹纸甲于他处"[14]的美誉。《嘉泰会稽志》说："剡之藤纸，得名最旧，其次苔笺。今独竹纸名天下。"又载书画家喜欢竹纸的五大原因："竹纸惟工书者独喜之：滑，一也；发墨色，二也；宜笔锋，三也；卷舒虽久，墨终不渝，四也；性不蠹，五也。"所以"今独竹纸名天下"[14]。

　　新安地区也出产不少佳纸，仅"上供纸"就有常样、降样、大抄、京运、三抄、京连、小抄七种，另称"七色"，岁供一百四十四万八千六百三十二张。"纸亦有麦光、白滑、冰翼、凝霜之目。今歙县、绩溪界中有地名龙须者，纸出其间，故世号龙须纸。"[15]《新安志》卷二《货贿》还指出："大抵新安之水见底，利以沤楮，故纸之成振之似玉雪者，水色所为也。其岁晏敲冰为之者，益坚韧而佳。"新安玉版纸的质量也较好，陈槱《负暄野录》卷下《论纸品》云："新安玉版，色理极细腻，然纸性颇易软弱。今士大夫多糨而后用，既光且坚，用其得法，藏久亦不蒸蠹。"

　　四川的蜀笺，元代费著《笺纸谱》所载："笺纸有玉版，有贡余，有经屑，有表光。玉版、贡余杂以旧布、破履、乱麻为之，惟经屑、表光非乱麻不用。"[16]南宋陈槱也说："布缕为纸，今蜀笺犹多用之。"[13]成都西南郊的浣花溪一带是当地的造纸中心，形成了专门造纸的"纸户"："府城之南五里有百花潭，支流为二，皆有桥焉，其一玉溪，其一薛涛。以纸为业者家其旁。"此处水质清澈，杂质少，造出的纸张洁白，如苏轼说："成都浣花溪，水清滑胜常，以沤麻楮作笺纸，紧白可爱，数十里外便不堪造，信水之力也。"[17]谢景初（1020—1084）在"薛涛笺"制作工艺的基础上首创的"谢公笺"，为当时一种非常知名的彩色书画笺，其特点就是色彩丰富。据《笺纸谱》记载，"谢公笺"有十色，分别是深红、粉红、杏红、明黄、深青、浅青、深绿、浅绿、铜绿、浅云。苏易简在《文房四谱》中详细记载了这种纸的制作过程："蜀人造十色笺，凡十幅为一榻。每幅之尾，必以竹夹夹之，和十色水逐榻以染。当染之际，弃置捶埋，堆盈左右，不胜其委顿。逮干，则光彩相宣，不可名也。然逐幅于方版之上研之，则隐起花木麟鸾，千状万态。又以细布，先以面浆胶令劲挺隐出其文者，谓之鱼子笺，又谓之罗笺。今剡溪亦有焉。亦有作败面糊，和以五色，以纸曳过，令沾濡，流离可爱，谓之流沙笺。亦有煮皂荚子膏，并巴豆油，傅于水面，能点墨或丹青于上，以姜揾之则散，以狸须拂头垢引之则聚。然后画之为人物，研之为云霞及鸳鸟翎羽之状，繁缛可爱，以纸布其上而受采焉。"[12]129-130现在世界各国通用的证券纸和信纸等水纹纸，都是根据这个原理制成的。由于蜀笺有许多道加工工序，纸质优良，在书写时不易走墨晕染，因此，许多书画家喜使用蜀笺，如司马光曾称赞蜀笺道："西来万里浣花笺，舒卷云霞照手鲜。书箓久藏无可称，愿投诗客助新篇。"[18]

广都的"广都纸"，是用楮皮为原料造的纸。"蜀中经史子集，皆以此纸传印"，又"凡公私簿书、契券、图籍、文牒，皆取给于是"。[16]

鄂州蒲圻纸"厚薄紧慢皆得中，又性与面粘相宜，能久不脱"，故也深受士大夫的喜爱，多作"传书"之用。[19]

福建建阳出产的"椒纸"更是名闻天下，这是一种金黄色的、加工精良的专为印刷所用的特制纸，系用山椒果实煮汁染成，不仅质地细薄有光，纸性坚韧耐久，而且因含有香茅醛、水芹萜等成分，带有一股浓郁而持久的芳香，其香气据说可以延续数百年之久，还可以防虫避蠹，故称"椒纸"。这种纸不仅官府大量用来印刷经史书籍，而且寺院道观也用于印制佛道经藏。

此外，据周密《癸辛杂识》所载，南宋还出产一种可以防水的漆纸："江州等处水滨产鱼苗，地主至于夏，皆取之出售，以此为利。……其法作竹器似桶，以竹丝为之，内糊以漆纸，贮鱼种于中……"[20]这种纸至今仍在某些工艺品上使用。临安的蠲纸，在南宋人文献中多有记载，如赵与时《宾退录》对临安蠲纸的特点与名称的来由做了比较详细的记载："临安有鬻纸者，泽以浆粉之属，使之莹滑，谓之蠲纸。"[21]由此可以看出，蠲纸具有洁白如莹、光滑如霜的特点。蠲纸由于质量好，便于书写，得到了朝野上下的喜爱。孝宗便非常喜欢这种纸，周必大《玉堂杂记校笺》记载："御前设小案，用牙尺压蠲纸一幅，傍有漆匣小歙砚，置笔墨于玉格。"[22]上有所好，下有所趋，文人士大夫也是竞相用之。周密《癸辛杂识》前集《简椠》中就对此有记载：

> 简椠，古无有也。陆务观谓始于王荆公，其后盛行。淳熙末，始用竹纸，高数寸，阔尺余者，简版几废。自丞相史弥远当国，台谏皆其私人，每有所劾荐，必先呈副，封以越簿纸书，用简版缴达，合则缄还，否则别以纸言某人有雅故，朝廷正赖其用。于是，旋易之以应课，习以为常。端平之初，犹循故态。陈和仲因对首言之，有云："稿会稽之竹，囊括苍之简。"正谓此也。又其后括苍为轩样纸，小而多，其层数至十余迭者，凡所言要切则用之，贵其卷还，以泯其迹。然既入贵人达官家，则竟留不遣，或别以他椠答之。往者御批至政府从官皆用蠲纸，自理宗朝亦用黄封简版，或以象牙为之，而近臣密奏亦或用之，谓之御椠，盖亦古所无也。

钱塘的油纸，牢度较高，且可以防雨，故在当时往往用作窗纸。范成大曾有诗述及油纸的使用[23]。当时临安城中有较多的人从事油纸制作。《武林旧事》卷六《小经纪》中所列的"他处所无有"的行业中便有油纸制作一行。

第四，造纸技术有了新的突破。随着全国造纸业的发展，水碓普遍应用，从而节约了大量人力，有效地提高了造纸的生产效率。一些造纸新技术也纷纷被应用，各地都因地制宜地选用造纸材料和纸药材料，使得可用于作为纸药的植物种类不断增多，开发出了多种植物泡制纸药。如周密《癸辛杂识》载："凡撩纸，必用黄蜀葵梗叶新捣，方可以撩，无则占粘不可以揭。如无黄蜀葵，则用杨桃藤、槿叶、野葡萄皆可，但取其不粘也。"[20]这些纸药捣汁后泡入纸槽，可以起到使纸纤维表面光滑的作用，促进了纸品质量的提高。这种用植物黄蜀葵梗叶黏液作为造纸的悬浮剂的技术，当以中国为最早。适应当时文化需要的书画用纸，成为大宗商品。"用粉花白纸者，有胡安国《稍疏奉问帖》、叶清臣《近遗帖》、叶适《牡丹诗帖》。宋高宗书《度人经》用澄心堂纸，《赐陈康伯敕》用白麻粉笺泥金龙凤边。范成大《垂海帖》用白粉蜡纸。张即之《上问帖》用牙色印花粉笺，《从者来归帖》用牙色印花纸。陆秀夫《义山帖》用牙色印花纸。刘焘《昨夕帖》用画花白粉纸。"这些书法名帖所使用的纸品多是由普通纸进一步加工而成的，包含染色和印花等多道工序，价格自然也要比普通书写用的纸高得多。另外，南宋时期造纸技术的发展还体现在纸幅变宽、纸质更加均匀、有染色与研花工艺等各个方面，表明了宋代造纸业已经达到一个更高的阶段。[24]

在这一时期，南方纸工还掌握了采用将故纸回槽，并掺到新纸浆中造再生纸的工艺技术。这种纸，时称"还魂纸"。如马端临《文献通考》卷六中载南宋湖广等地造纸币"会子"（"湖会"）时，就曾用"还魂纸"。

二、南宋都城临安纸的品种

杭州的造纸业，早在北宋时就已经达到一定规模。其时的杭州，与四川成都、汴京（今河南开封）、福建建阳并称为全国四大刻书中心。"北宋刊本，刊于杭者，殆居泰半。"[25]不仅数量多，而且质量也为全国最好。时人叶梦得在《石林燕语》一书中评论道："今天下印书，以杭州为上，蜀本次之，福建最下。京师比岁印板，殆不减杭州，但纸不佳；蜀与福建多以柔木刻之，取其易成而速售，故不能工；福建本几遍天下，正以其易成故也。"[26]但由于杭州纸的质量在全国属中低等，从而影响了印刷品的质量。

到南宋，临安的造纸业更是盛极一时，都城内外及郊县设有多处造纸基地，出现了"打纸作"这一行业①。孝宗乾道四年（1168），朝廷认为从四川成都运输楮纸费用高昂，开始在临安"赤山湖滨"设立官营的造纸作坊（"造会纸局"），"诏杭州置局于九曲池"，"安溪亦有局，仍委都司官属提领"。"工徒无定额，今在者一千二百人，咸淳五年（1269）之二月有旨住役。"[8]这个专门生产用于印制纸币的纸张的"造会纸局"的兴建，极大地推动了临安造纸业的发展。

南宋临安的蠲纸，钱塘的油纸，富阳县的赤亭纸、小井纸，余杭县由拳村的由拳纸，都负有盛名，为时人所珍重。

① 《梦粱录》卷十三《团行》中所列举的就有以下23种：碾玉作、钻卷作、箆刀作、腰带作、金银打钑作、裹贴作、铺翠作、裱褙作、装銮作、油作、木作、砖瓦作、泥水作、石作、竹作、漆作、钉铰作、箍桶作、裁缝作、修香浇烛作、打纸作、冥器作、花作。

宋代南方的造纸及其使用

005

1. 蠲纸

临安的蠲纸,在南宋人文献中多有记载,如赵与时《宾退录》对临安蠲纸的特点与名称的由来做了比较详细的记载:"临安有鬻纸者,泽以浆粉之属,使之莹滑,谓之蠲纸。蠲犹洁也。《诗》:'吉蠲为饎。'《周礼》:'宫人除其不蠲。'名取诸此。又记五代《何泽传》载:'民苦于兵,往往因亲疾以割股,或既丧而庐墓,以规免州县赋役。户部岁给蠲符,不可胜数。而课州县出纸,号蠲纸。'蠲纸之名适同,非此之谓也。"[27] 由此可以看出,蠲纸具有洁白如莹、光滑如霜的特点。

蠲纸由于质量好,便于书写,得到了朝野上下的喜爱。孝宗便非常喜欢这种纸,周必大《玉堂杂记校笺》记载:"御前设小案,用牙尺压蠲纸一幅,傍有漆匣小歙砚,置笔墨于玉格。"[22] 上有所好,下有所趋。文人士大夫也是竞相用之。周密《癸辛杂识》前集《简椠》中就对此有记载:

> 简椠,古无有也。陆务观谓始于王荆公,其后盛行。淳熙末,始用竹纸,高数寸,阔尺余者,简版几废。自丞相史弥远当国,台谏皆其私人,每有所劾荐,必先呈副,封以越簿纸书,用简版缴达,合则缄还,否则别以纸言某人有雅,故朝廷正赖其用。于是,旋易之以应课,习以为常。端平之初,犹循故态。陈和仲因对首言之,有云:"稿会稽之竹,囊括苍之简。"正谓此也。又其后括苍为轩样纸,小而多,其层数至十余叠者,凡所言要切则用之,贵其卷还,以泯其迹。然既入贵人达官家,则竟留不遣,或别以他椠答之。往者御批至政府从官皆用蠲纸,自理宗朝亦用黄封简版,或以象牙为之,而近臣密奏亦或用之,谓之御椠,盖亦古所无也。

钱塘名士张九成还以家乡所产的纸送给朋友用于写字,他在给友人的信中说道:"令似学士学问日新,恨未得一见,想见神骨清峻,双瞳照人。庚甲乃与贱命同,老汉抑何幸耶? 蠲纸二百,聊作挥洒供。"[28]

2. 油纸

钱塘的油纸,牢度较高,且可以防雨,故在当时往往用作窗纸。范成大曾有诗述及油纸的使用:

> 万壑无声海不波,一窗油纸暮春和。
> 醉眠陡觉甋觬赘,围坐翻嫌榾柮多。
> 水暖玉池添漱咽,花生银海费揩摩。
> 端如拥褐茅檐下,只欠乌乌击缶歌。[29]

当时临安城中从事油纸制作的人较多,油纸制作成为都城众多的行业之一。周密《武林旧事》卷六《小经纪》中所列的"他处所无有"的行业中便有油纸制作一行。

3. 赤亭纸

赤亭纸产于富阳赤亭山。"赤亭山,又名赤松子山、鸡笼山,在富阳县县东九里,高一百五十丈,周回四十里一百步。相传赤松子驾鹤时憩此,因而得名。其形孤圆,望之如华盖,故又名华盖山。"[30]

4. 小井纸

小井纸又名井纸,出自富阳县。[8]

5. 由拳纸

由拳纸,出自余杭县由拳村。这是一种藤纸,早在北宋时就已经名闻一时,当地"多造纸袄为衣"[31]。蔡襄说:"今世纸多出南方,如乌田、古田、由拳、温州、惠州皆知名。"[32]李之仪对这种纸做了比较详细的描述:

> 由拳纸工所用法,乃澄心之绪余也。但其料或杂,而吴人多参以竹筋,故色下而韵微劣。其如莹滑受墨,耐舒卷,适人意处非一种。今夏末涉秋,多暴雨,潮水大,圩田之水不能泄,吾之野舍,浸及外限,户内着屐乃可行。会庄夫以收成告,既来,复值雨,寸步不能施,终日临几案,忽忽无况。云破山出,时时若相慰藉者,邂逅邻人,出此纸见邀作字,既与素意相投,凡数十番,不觉写遍,安得能文词者,相与周旋,既为之太息,而又字画不工,似是此纸厄会所招也。[33]

据此可知,由拳纸的制作受到澄心堂纸的影响,因其原料不纯,质量要比澄心堂纸差一点。但在当时因其具有莹滑、受墨、耐舒卷等优点,仍得到人们的喜爱。

南宋时,由拳纸的生产技术和质量均比过去有了进一步的提高。李祖尧注孙觌《与临安王宰》书中曰:"由拳,聚落名,在临安县治之西数十里。村氓往往业纸以自给,其质匀细而重厚,为江浙冠,目曰由拳纸也。"[34]陆游也认为由拳纸的质量仅在温州蠲纸之下[①]。宋释文珦更有"丑梨生槜李,佳纸出由拳"[35]的诗句。因为质量好,由拳纸被朝廷定为法令用纸。如南宋赵升《朝野类要》卷四《省札》载:"自尚书省施行事,以由拳山所造纸书押给,降下百司监司州军去处是也。"

由拳纸至明代犹在生产,但其质量已经远不如前。奉国将军朱多炡《送沈子健之余杭簿》诗曰:

> 苕水分西浙,余杭更向西。
> 邮餐供海错,县鼓候潮鸡。
> 风壤吴趋接,征徭茧簇齐。
> 由拳纸价贱,乡信日堪题。[36]

① 程棨:《三柳轩杂识·蠲纸》曰:"温州作蠲纸,洁白坚滑,大略类高丽纸。东南出纸处最多,此当为第一焉。由拳皆出其下。"载陶宗仪《说郛》卷二四下,文渊阁四库全书本。

上述的小井纸、赤亭纸、油拳纸等均为藤纸。藤纸以藤条为原料,用其皮,故又名皮纸。它是南宋时期两浙地区的著名纸品,大量生产。这种纸张特别坚韧,耐磨性好,当时多用作官令纸。现代著名造纸史专家潘吉星指出:"在宋元造纸领域内占统治地位的纸种,是竹纸和皮纸。在宋元书画、刻本和公私文书、契约中,有许多是用皮纸,其产量之大、质量之高,大大超过了隋唐五代。"[37]这一观点是符合历史实际的。

需要补充的是,竹纸、皮纸的盛行是在南宋。竹纸前已述及,这里来看皮纸。皮纸以藤皮为原料,主要产于两浙地区,有越藤、剡垂等品种,其中以余杭油拳村出产的"油拳藤纸"最为著名。所以,当地"多造纸袄为衣"[31]。

三、纸的种类及其在南宋都城临安的使用

宋代,纸张已经在社会上得到广泛的使用。官方是纸张消费的大客户,宫廷和中央及各地方机构需要数量浩大的纸张用于印制公文、书籍、邸报、纸币、度牒、盐钞、茶引等,甚至还用来制造军器。而在民间,纸张更是进入千家万户,得到了广泛的使用,消费量十分可观。临安城中开设有众多的纸铺,如市西坊南和剂惠民药局前的"舒家纸扎铺""狮子巷口徐家纸扎铺",李博士桥的"汪家金纸铺",以及"蠲镕纸"行、"造翠纸"行、"乾红纸"行等[8]。人们除将纸张用于书写作画外,还大量用来印刷书籍,制作扇面、纸马、年画、门神、纸钱(即冥钱)等,以及用来包裹商品(食品、药品、首饰等),制成纸衣、纸冠、纸帐、纸被、纸伞、纸扇、纸屏风、纸灯、纸鸢等各种日常物品,甚至还有上厕所专用的纸张。临安纸铺有汪家金纸铺等名店。

纸张价格在当时的文献中也有记载。如南宋朝廷修内司所造的蠲纸,在当时是一种质量较高的产品。如南宋中期的"内司蠲纸成匹者,价直不下一十千。若论一张直一百,糨纸减半五十钱"。临安商人解释道:"蠲纸修内司抄成者,成匹无缝,长二长四五大尺,小者如札子长短。捣糨成纸,低,比蠲纸轻薄,近日有卖者。"[38]其意思是,成匹的蠲纸价值不下十贯,如果将其裁成一张张卖,则其利润可以大大提高,价格变为一张一百文;糨纸价格为每张五十文。

下面择要介绍当时临安流行的一些纸产品。

1. 书籍

书籍用纸占当时用纸的大头,其所用之纸有枣木椒纸、麻纸、棉纸、抚州革抄纸、北纸等。如清彭元瑞《天禄琳琅书目后编》卷三就对此作了记载:"淳熙三年四月十七日,左廊司局内曹掌典秦玉桢等奏闻:《壁经》《春秋》《左传》《国语》《史记》等书,多为蠹虫伤牍,不敢备进上览。奉敕用枣木椒纸各造十部,四年九月进览。监造臣曹栋校梓,司局臣郭庆验牍。"据傅增湘《藏园群书经眼录》卷二称,北京国家图书馆藏《广韵》五卷为白麻纸,初印精湛,每纸均有程氏朱记,当是造纸者印

记。傅增湘《藏园群书题记》卷七跋尹家书籍铺影抄《春渚纪闻》云："此天一阁旧藏，余昔年得之于上海坊市者。棉纸，蓝格，钞本，半叶十行，行二十字，目录后有'临安府太庙前尹家书籍铺刊行'一行，此即毛斧季所谓宋刻尹氏本也。"周密《癸辛杂识》一书对廖莹中刻书的用纸情况记载如下：

> 贾师宪常刻《奇奇集》，萃古人用兵以寡胜众如赤壁、淝水之类，盖自诧其援鄂之功也。又《全唐诗话》乃节唐《本事诗》中事耳。又自选《十三朝国史会要》。诸杂说之会者，如曾慥《类说》例，为百卷，名《悦生堂随抄》，板成未及印，其书遂不传。其所援引，多奇书。廖群玉诸书，则始《开景福华编》，备载江上之功，事虽夸而文可采。江子远、李祥父诸公皆有跋。《九经》本最佳，凡以数十种比较，百余人校正而后成，以抚州萆抄纸、油烟墨印造，其装褫至以泥金为签，然或者惜其删落诸经注为可惜耳，反不若韩、柳文为精妙。又有《三礼节》《左传节》《诸史要略》及建宁所开《文选》诸书，其后又欲开手节《十三经注疏》，姚氏注《战国策》，注《坡》诗，皆未及入梓，而国事异矣。

又曰：

> 贾师宪以所藏定武五字不损肥本禊帖，命婺州王用和翻开，凡三岁而后成，丝发无遗，以北纸古墨摹拓，与世之定武本相乱。贾大喜，赏用和以勇爵，金帛称是。又缩为小字，刻之灵壁石，号"玉板兰亭"。其后传刻者至十余，然皆不逮此也。于是其客廖群玉以《淳化阁帖》《绛州潘氏帖》二十卷，并以真本书丹入石，皆逼真。又刻《小字帖》十卷，则皆近世如卢方春所作《秋壑记》、王茂悦所作《家庙记》《九歌》之类。又以所藏陈简斋、姜白石、任斯庵、卢柳南四家书为小帖，所谓世彩堂小帖者。世彩，廖氏堂名也。其石今不知存亡矣。[39]

从现存的杭版书籍来看，多为麻纸[40]。贾官人所刻的《佛国禅师文殊指南图赞》和佛经扉画，王念三郎所刻的连环画式的《金刚经》都是当时版画中的精品。同时，为了招揽生意，各个书坊还注意进行广告宣传。如沈二郎经坊广告特别点明其"选拣道地山场抄造细白上等纸札，志诚印造"：

> 本铺今将古本《莲经》，一一点句，请名师校正重刊。选拣道地山场抄造细白上等纸札，志诚印造。见住杭州大街棚前南钞库相对沈二郎经坊新雕印行。望四远主顾，寻认本铺牌额，请赎。谨白。[41]

宋宁宗朝韩侂胄当权时，临安市民对其专制弄权极为不满，"有市井小人以片纸摹印乌贼出没于潮，一钱一本以售。儿童且诵言云：'满潮都是贼，满潮都是贼。'"[42]189可见,这种漫画书的售价是"一钱一本"。

2. 纸衣

以纸为衣,始于唐代。大历二年(767),"及智光死,忠臣进兵入华州大掠,自赤水至潼关二百里间,畜产财物殆尽,官吏至有着纸衣或数日不食者"[43]。这当是中国古代文献中最早有关纸衣的记载。此后,周世宗柴荣鉴于唐代陵墓因藏有金银、玉器等珍宝而"无不发掘者",故嘱咐亲人在经办他的丧事时"当衣以纸衣,敛以瓦棺"[44]。

杭州在五代吴越国和北宋时,也有人穿纸衣的现象。如程珌《临安府五丈观音胜相寺记》载:"予比年焚绮研,不复作羡语。今寿来千里门之不去者逾月,勉即其录而次第之。其录云:寺负钱塘龙山,唐开成四年建,曰隆兴千佛寺。后有西竺僧,曰智冰,炎一楮袍,人呼纸衣道者。"[45]叶绍翁《四朝闻见录》载:"观音高五丈,本日本国僧转智所雕,盖建隆元年秋也。转智不御烟火,止食芹蓼;不衣丝绵,尝服纸衣,号'纸衣和尚'。高宗偕宪圣尝幸观音所。宪圣归,即制金缕衣以赐之,及挂体,仅至其半。宪圣遂遣使相其体,再制衣以赐。"[42]31-32

至南宋时,纸衣在社会上极其流行。据周密《武林旧事》卷六《游手》所载,当时临安城内的一些奸商为了牟取暴利,竟"卖买物货,以伪易真,至以纸为衣",欺骗顾客。纸能代替棉布制成衣服,且能轻易蒙过顾客的眼睛,至少可以说明以下4个问题:一是质量较好,与棉布不相上下,几乎可以以假乱真;二是具有较强的韧性和弹性,耐折叠,不易磨损;三是保暖性和透气性较好;四是价格低廉。

3. 纸帐

纸帐早在唐代便已流行,这种用藤皮茧纸制作而成的纸帐,具有厚实、保暖的特点,因此在临安颇为常见,这在当时诗人的作品中得到了充分的反映。如叶绍翁《纸帐》诗曰:

> 五色流苏不用垂,楮衾木枕更相宜。
> 高眠但许留禅客,低唱应难着侍儿。
> 白似雪窗微霁后,暖于酒力半醺时。
> 蒲团静学观身法,岁晚工夫要自知。[42]

陈起《纸帐送梅屋小诗戏之》诗曰:

> 十幅溪藤皱縠纹,梅花梦里闼氤氲。
> 裴航莫作瑶台想,约取希夷共白云。[46]

据这两首诗,我们可知纸帐上还画有梅花等图案。

纸帐的制作方法,在明代屠隆的《考槃余事》中有载:"用藤皮茧纸缠于上,以索缠紧,勒作皱纹,不用糊,以线折缝缝之,顶不用纸,以稀布为顶,取其透气,或画以梅花,或画以蝴蝶,自是分外清致。"

4. 纸被

纸被又称为楮衾、纸衾。在南宋比较常见,在市场上可以很方便地买到。如赵蕃说:"初寒无衾,买纸被以纾急。"[47]当时许多文人有诗赞美这种物品。如陆游《谢朱元晦寄纸被》诗:

> 纸被围身度雪天,白于狐腋软于绵。
> 放翁用处君知否,绝胜蒲团夜坐禅。[48]

又,杜旃《纸被》诗曰:

> 疏布裹败绵,破碎错经纬。
> 严风过强弩,终夜缩如猬。
> 剡溪楮夫子,益友吾所畏。
> 策勋在覆冒,周密罕传汇。
> 隐然万里城,可却戎马气。
> 脉髓盎春温,浊酒有醲味。
> 直躬免拳局,夜气益洪毅。
> 吴宫凤花锦,伐命可歔欷。
> 物微用匪薄,道在穷不讳。
> 缊袍可终身,狐狢不足贵。[46]

而真德秀更撰有《楮衾铭》,对纸被流行原因及好处等做了详细的说明:

> 楮君之先,滕同厥宗,麻源湛卢,岂其分封。粤有智者,创之为纸,传圣贤心,衣被万世。巧者述之,制为斯衾,覆冒生人,厥功亦深。朔风怒号,大雪如席,昼且难胜,况于永夕。岂无纤纩,衣以厚缯,拥之高眠,可当严凝。井地不行,民俗所窭,终岁之廑,弗给布絮。一衾万钱,得之曷繇?不有此君,冻者成丘。我尝评君,盖具四德:盎兮春温,皓兮雪白,廉于自鬻,乐于煗贫。谁其似之?君子之仁,我方穷时,惟子与处。岂如弁髦,而忍弃汝?不歃而盟,偕之终身。且将传之,于万子孙。[49]

从上述作品中可以看出,纸被由相当厚实的藤纸制成,里面藤纸往往有数十层,甚至厚达1尺(1尺约合0.33米);其色彩为白色,故诗人有"宿云层"之语。且有暖和御寒、雪白如云、价廉物美、贫民乐用四大特点。

人们还以纸被作为馈赠品,如陈起《次黄伯厚惠纸衾韵》诗曰:

冷浸溪藤松下月,密缄远寄袁安雪。

忍蹴茸茸一径毡,依约江行晓时节。[50]

又,徐集孙《遗僧楮衾》诗曰:

练从秋水桂华乡,雅称分供衲子床。

一段温和云共软,十分明洁月争光。

吟魂有梦圆春草,禅骨无因怯晓霜。

金帐绣衾皆业境,此中清趣最深长。[51]

或用来赒济贫穷的人,《西湖老人繁胜录》载:"雪夜,贵家遣心腹人,以银凿成一两半两,用纸裹,夜深拣贫家窗内或门缝内,送入济人。日间散絮胎或纸被,散饭贴子无数。""买纸被计口分给。"

5. 名刺和庚帖

名刺又名拜帖,是一种拜客时用以通报来访者姓名的纸片。盛行于南宋,周密《癸辛杂识》载:"节序交贺之礼,不能亲至者,每以束刺签名于上,使一仆遍投之,俗以为常。"[39]这种名帖作为当时上层官员士大夫在元旦等重大节日时用的礼仪用纸,自然需要精心制作,使用最贵最好的纸张,如梅花笺等。

名刺起源于汉代,当时"未有纸,书姓名于刺,削竹木为之,后以名纸代刺也"[52]。至南宋"绍兴初,士大夫犹有以手状通名,止用小竹纸亲书,往还多以书简,莫非亲笔。小官于上位亦然。自行札子,礼虽至矣,情则反疏"[53]。这种社会风气逐渐弥漫开来后,于是制作名刺成为纸张的一个新用途,名刺不再用毛笔书写,而是精心印刷而成。但时人多有非议,如周辉认为,印制的名帖虽然便于投送,但跟亲笔书写名帖相比,显得有点敷衍,礼节虽到,情义反而有点疏远了。李觏《淳祐辛丑元日》诗曰:

滴酒焚香把笔熏,未书名纸谒朱门。

对天大写宜春字,先与孤寒忏宿根。[50]

庚帖是一种男女订婚时所用的帖子。据吴自牧《梦粱录》载,临安人婚嫁,订婚时男女双方交换"庚帖",用泥金银绘龙凤图案。男家定亲,"用销金色纸四幅为三启,一礼物状共两封,名为双缄,仍以红绿销金书袋盛之"[8]。这里说的"销金色纸"是一种用金银粉印制而成的粉笺,或名彩笺或金花笺。

金花笺在唐代已经出现,宋代得到进一步的发展。沈从文先生曾对此种纸作过比较深入的研究,并介绍了金花笺的加工处理方法:"一、小片密集纸面如雨雪,通称'销金''屑金'或'雨金',即普通'洒金'。二、大片分布纸面如雪片,则称'大片金',又称通(通称)'片金',一般也称'洒金'。三、全部用金的,即称'冷金'(在丝绸中则称为'浑金')。冷金中又分有纹、无纹二种,纹有布纹、罗纹区别。"[54]

6. 墙纸、窗纸

房子装饰。《西湖老人繁胜录·诸行市》中所载的"粘顶胶纸"，是"京都有四百十四行"之一，胶纸是当时市场上比较盛行的一种墙纸。

南宋嘉熙（1237—1240）中，施枢曾任船官。他在《昨夜》诗中曾述及窗纸：

> 昨夜阴风刮地鸣，乱敲窗纸梦魂惊。
> 壁寒剥落泥成片，屋老漂摇瓦作声。

7. 香纸

香纸是指人们在烧香时使用的一种纸，消费量巨大。如《西湖老人繁胜录·天竺光明会》载："递年浙江诸富家舍钱作会，烧大烛数条如柱，大小烛一二千条，香纸不计数目。"又述及"上真生辰"时，曰："殿前司在京十军各有社火，上庙酹献烧香，诸处有庙。唯殿前司衙内与游奕军庙，烧香者人多士庶，烧香纸不绝。"六月初六，"内庭差天使降香设醮，贵戚士庶，多有献香化纸"[8]。

8. 纸灯

纸灯是一种用纸制成的灯笼，一般只在元宵节上使用，属一次性产品。临安每年制作纸灯的用纸量极大。《西湖老人繁胜录》载："预赏元宵，诸色舞者，多是女童。先舞于街市，中瓦南北茶坊内挂诸般琉栅子灯、诸般巧作灯、福州灯、平江玉棚灯、珠子灯、罗帛万眼灯，沙河塘里最胜。街市扑卖，尤多纸灯，不计数目。"[55]陆游《灯笼》一诗便对此有述："灯笼一样薄腊纸，莹如云母含清光。"周密《武林旧事》卷二《灯品》亦载：

> 灯品至多，苏、福为冠；新安晚出，精妙绝伦。所谓无骨灯者，其法用绢囊贮粟为胎，因之烧缀，及成去粟，则混然玻璃球也。景物奇巧，前无其比。又为大屏，灌水转机，百物活动。赵忠惠守吴日，尝令制春雨堂五大间，左为汴京御楼，右为武林灯市，歌舞杂艺，纤悉曲尽。凡用千工。外此有鱿灯，则刻镂金珀玳瑁以饰之。珠子灯则以五色珠为网，下垂流苏，或为龙船、凤辇、楼台故事。羊皮灯则镞镂精巧，五色妆染，如影戏之法。罗帛灯之类尤多，或为百花，或细眼，间以红白；号"万眼罗"者，此种最奇。外此有五色蜡纸，菩提叶，若沙戏影灯马骑人物，旋转如飞。又有深闺巧娃，剪纸而成，尤为精妙。又有以绢灯剪写诗词，时寓讥笑；及画人物，藏头隐语；及旧京诨语，戏弄行人。

9. 纸画

纸画是一种印刷品，犹如今日的年画，上画门神、桃符、迎春牌儿以及钟馗、财马、回头马等。纸马铺往往以经营纸画为大宗生意。如《梦粱录》卷五《明禋年预教习车象》载："市井扑卖土木粉捏妆彩小象儿,并纸画者,外郡人市去,为土宜遗送。"又,《梦粱录》卷六《十二月》载:"岁旦在迩,席铺百货,画门神桃符,迎春牌儿,纸马铺印钟馗、财马、回头马等,馈与主顾。"由于市场所需甚大,故临安专门形成了"纸画儿"一行。[56]102

10. 纸钞

交子作为一种流行非常广的纸币,需要有高超的印刷技术作为基础,特别是防伪、防腐等。据宋代李攸《宋朝事实》所载,交子的开始形态是:"同用一色纸印造,印文用屋木人物,铺户押字,各自隐密题号,朱墨间错。"[57]即在交子上套印有各种复杂的图案,并且还有防伪标记。而其"朱墨间错",更是开世界彩色套印的先河,在印刷史上也是一个重大事件。交子务设立后,有"掌典十人,贴书六十九人,印匠八十一人,雕匠六人,铸匠二人,杂役一十二人",已形成大型的纸币印制工场,"所铸印凡六:曰敕字,曰大料例,曰年限,曰背印,皆以墨;曰青面,以蓝;曰红团,以朱。六印皆饰以花纹,红团、背印则以故事。"[58]我们可以设想,如果当时没有发达的造纸和印刷技术作为保障,交子是无法广为流行的。

11. 纸扇

《梦粱录》卷一三《夜市》所载的关扑物品更多,其中有"细色纸扇"。

12. 日历

淳熙十六年(1189),日历所编修完成《日历》,"篇帙起自绍兴三十二年六月十一日至淳熙四年十二月,与自今接续所修日历通为一书,写成副本,约为二千卷。依淳熙六年体,每卷约五千字,雇工钱四百五十文。纸四十五张,刷黄纸二张,共合用雇工钱九百贯文"[59]。

13. 书画用纸

如陆游《临安春雨初霁》诗有"矮纸斜行闲作草,晴窗细乳戏分茶"[60]的句子,写的是诗人旅寓都城临安,百无聊赖,要么在房子中漫不经心地在纸上写写草书,要么在晴窗之下玩玩"分茶"的游戏。周密《齐东野语》卷一四《馆阁观画》载"燕文贵纸画山水小卷极精"。《齐东野语》卷一五《玉照堂梅品》载"青纸屏粉画"。

14. 纸钱

纸钱作为具有祷谢禳祓功用的物品,在宋代的丧祭活动中广泛使用,人们纷纷焚化纸钱以祷神[61]。在北宋两度入相、一任枢密使的寇准(961—1023),天圣元年(1023)九月病逝于贬谪之地雷州。其妻宋氏寻乞归葬西京洛阳,得到了宋仁宗的同意。棺材经过荆南公安县,人皆设丧祭,哭于路,折竹植地,挂纸钱焚之。[62]福州的东岳行宫,人们都用纸钱去"祭神""祈福"。据当时人描写,这些纸钱数量之多,好似"飞雪"[63],最后将这些纸钱焚烧。据《夷坚志·丙志》卷一一《施三嫂》载,梧州(今属广西)州民张元中为死去的施三嫂"买纸钱一束,焚于津湖桥下"。话本

《快嘴李翠莲记》中李翠莲说："沙板棺材罗木底,公婆与我烧钱纸。"这些都反映了民间烧纸钱风气之盛。

宋代的纸钱用纸,不仅讲究纸的质地,而且还讲究纸的色彩。不同的颜色代表不同的金属,即"剪白纸钱得银钱用,剪黄纸钱得金钱用"。如明代胡我琨撰《钱通》卷一九载:"问曰:'何故经中为亡人造作黄幡,挂于冢塔上者?'答曰:'虽未见经释,然可以义求。此五大色中,黄色居中,用表忠诚,尽心修福,为引中阴不之恶趣莫生边国也。又黄色像金,鬼神冥道将为金用,故俗中解祠之时,剪白纸钱,鬼得银钱用。剪黄纸钱,鬼得金钱用。'问曰:'何以得知?'答曰:'《冥报记》《冥祥记》具述可知。'"

焚烧纸钱在当时很普遍。正如宋人高翥在《菊磵集·清明日对酒》诗中描绘的那样:"南北山头多墓田,清明祭扫各纷然。纸灰飞作白蝴蝶,泪血染成红杜鹃。日落狐狸眠冢上,夜归儿女笑灯前。人生有酒须当醉,一滴何曾到九泉。"

15. 纸人纸偶

纸人纸偶的使用起始时间,史载不详,但至唐代中期以后已经流行,如司马光说:"自唐室中叶,藩镇强盛,不尊法度,竞其侈靡。"他们扎起祭屋,高达数丈,宽数十步,又扎起鸟兽、花木、车马、仆从、侍女,穿上用锦绮做成的衣服,待柩车经过时,全部焚烧。[64]

到宋代,这一风俗已经非常盛行,史载"祷祀禳禬者用之,刻板刻印,染肖男女之形而无口"[65]。北宋初年,长安民间遇丧葬时,陈列偶像,其中外表用绫绢金银做成的偶像称"大脱空",外表用纸并着色的偶像称"小脱空"。长安城里有专门生产和经销"脱空"的许多店铺,组成"茅行",俗谓之茅行家事。[66]

16. 纸屋、纸衣服及其他纸制品

绍圣、元符年间,丧祭用纸钱,以礼鬼神。又以芦苇扎鬼屋,外糊彩纸,屋内装潢器物,悉如生人所用,定期烧化。北宋都城东京也有此俗,七月十五日中元节这天要祭祀死者,焚烧"冥器:靴鞋、幞头、帽子、金犀假带、五彩衣服"[67]。

17. 食品包装用纸

《梦粱录》卷一三《夜市》条载:"赏新楼前仙姑卖食药。又有经纪人担瑜石钉铰金装架儿,共十架,在孝仁坊红权子卖皂儿膏、澄沙团子、乳糖浇。寿安坊卖十色沙团。众安桥卖澄沙膏、十色花花糖。市西坊卖蚫螺滴酥,观桥大街卖豆儿糕、轻饧。太平坊卖麝香糖、蜜糕、金铤裹蒸儿。庙巷口卖杨梅糖、杏仁膏、薄荷膏、十般膏子糖。内前权子里卖五色法豆,使五色纸袋儿盛之。"《居家必用事类全集》庚集《饮食类》称油酥饼为酥蜜饼,且记载更详:"面一斤,蜜三两半,羊脂油春四、夏六、秋冬三两,猪脂油春半斤、夏六两、秋冬九两,溶开倾蜜搅匀,浇入面搜和匀。取意印花样,入炉熬纸衬底,慢火煿熟供。"

18. 水果包装用纸

《梦粱录》卷一八《物产·果之品》载:"(林檎)邬氏园名花红,郭府园未熟时以纸剪花样贴上,熟如花木瓜,尝进奉,其味蜜甜。"

19. 爆竹和烟火包装用纸

元旦放爆竹以驱鬼避邪,是迎春的重要活动之一。范成大《村田乐府》云:"截筒五尺煨以薪,当阶击地雷霆吼。""至于爆仗,有为果子、人物等类不一……而内藏药线,一爇连百余余不绝。"[56]据《武林旧事》等书记载,每到新年钟声敲响之际,临安城内外顿时鞭炮齐鸣。之所以如此,是求"开门大吉"。此俗的盛行,无疑为新年增添了热闹欢乐的气氛。是时爆仗的生产便要用到纸张,顾张思《土风录》卷二的解释:"纸裹硫黄谓之爆仗,除夕岁朝放之。"

参 考 文 献

[1] 李焘.续资治通鉴长编[M].北京:中华书局,1985:394.

[2] 陈寅恪.金明馆丛稿二编[M].上海:上海古籍出版社,1983:245.

[3] 李约瑟.李约瑟文集:李约瑟博士有关中国科学技术史的论文和演讲集(1944—1984)[M].辽宁:辽宁科学技术出版社,1986.

[4] 潘吉星.中国造纸史[M].上海:上海人民出版社,2009:261.

[5] 魏华仙.宋代四类物品的生产和消费研究[M].成都:四川科学技术出版社,2006:128.

[6] 李约瑟.中国科学技术史:第五卷,第一分册,纸和印刷[M].北京:科学出版社,2018:42.

[7] 王象之.舆地纪胜[M].北京:中华书局,1992:3401.

[8] 吴自牧.梦粱录[M].杭州:浙江人民出版社,1984:80.

[9] 高似孙.剡录[M]//中华书局编辑部.宋元方志丛刊:第7册.北京:中华书局,1990:7247.

[10] 张淏.宝庆会稽续志[M]//中华书局编辑部.宋元方志丛刊:第7册.北京:中华书局,1990:7145.

[11] 苏轼.商刻东坡志林[M]//戴建国,朱易安,傅璇琮,等.全宋笔记:第1编[M].郑州:大象出版社,2003:168.

[12] 苏易简.文房四谱[M].上海:上海人民美术出版社,2022.

[13] 陈槱.负暄野录[M].北京:商务印书馆,1939:11.

[14] 施宿.嘉泰会稽志[M]//中华书局编辑部.宋元方志丛刊:第7册.北京:中华书局,1990:7045.

[15] 罗愿,新安志[M]//萧建新,杨国宜.《新安志》整理与研究.合肥:黄山书社,2008:61.

[16] 费著.笺纸谱[M]//全蜀艺文志.北京:线装书局,2003:1676.

[17] 苏轼.苏轼文集[M].北京:中华书局,1986:2231.

[18] 司马光.蜀笺二轴献太傅同年叶兄[M]//全蜀艺文志.北京:线装书局,2003:483.

[19] 陆游.老学庵笔记[M].北京:中华书局,1979:19.

[20] 周密.癸辛杂识:别集[M].北京:中华书局,1988:221.

[21] 赵与时.宾退录[M].上海:上海古籍出版社,1983:24.

[22] 周必大.玉堂杂记校笺[M].西安:陕西人民出版社,2018:74.

[23] 范成大.石湖居士诗集[M].上海:上海古籍出版社,2006:306.

[24] 王菊华.中国古代造纸工程技术史[M].北京:科学出版社,2006:221,261-274.

[25] 王国维.两浙古刊本考[M]//王国维.王国维遗书.上海:上海古籍书店,1983.

[26] 叶梦得.石林燕语[M].北京:中华书局,1984:116.

[27] 赵与时.宾退录[M].北京:上海古籍出版社,1983:24.

[28] 李春颖.张九成文集校注[M].北京:中国政法大学出版社,2018:202.

[29] 范成大.范石湖集:诗集[M].上海:上海古籍出版社,2006:306.

[30] 潜说友.咸淳临安志[M]//中华书局编辑部.宋元方志丛刊:第4册.北京:中华书局,1990:3614.

[31] 王辟之.渑水燕谈录:杂录[M].北京:中华书局,1981:117.

[32] 蔡襄.蔡忠惠集[M]//蔡襄.蔡襄集.上海:上海古籍出版社,1996:628.

[33] 李之仪.姑溪居士文集[M]//丛书集成初编.北京:中华书局,1985:131-132.

[34] 孙觌.内简尺牍[M].刻本.上海:广智书局,1897(光绪二十三年):9.

[35] 释文珦.闲居多暇追叙旧游成一百十韵[M]//释文珦.潜山集.北京:商务印书馆,1935:14.

[36] 钱谦益.列朝诗集:闰集卷五[M].刻本.常熟:毛氏汲古阁,1652(顺治九年):11.

[37] 潘吉星.中国造纸技术史稿[M].北京:文物出版社,1979:93.

[38] 佚名.百宝总珍集:蠲纸[M]//四库全书存目丛书:子部第七八册.济南:齐鲁书社,1995:810.

[39] 周密.癸辛杂识[M].贾廖刊书.北京:中华书局,1988:84-86.

[40] 魏德隐.中国古籍印刷史[M].北京:印刷工业出版社,1984:75.

[41] 丁申.武林藏书录:卷末[M].上海:古典文学出版社,1957:92.

[42] 叶绍翁.四朝闻见录[M].北京:中华书局,1989.

[43] 刘昫.旧唐书:周智光传[M].北京:中华书局,1975:3370.

[44] 司马光.资治通鉴[M].北京:中华书局,1956:9500.

[45] 程珌.洺水集[M].刻本.休宁:程志远刻本,1628(崇祯元年):78.

[46] 曹庭栋.宋百家诗存[M].刻本.嘉善:嘉善曹氏二六书堂刻本,1741(乾隆六年).

[47] 赵蕃.章泉稿[M].北京:中华书局,1985:80.

[48] 陆游.剑南诗稿[M].北京:中华书局,1976:937.

[49] 真德秀.西山先生真文忠公文集[M].北京:商务印书馆,1935:598-599.

[50] 陈起.江湖后集[M].抄本.[出版地不详]:乾隆四十七年抄本,1782(乾隆四十七年):904.

[51] 徐集孙.竹所吟稿[M]//陈起.南宋六十家集抄本.上海:古书流通处景群碧楼藏汲古阁影宋抄本,1921(民国十年):1579.

[52] 陶宗仪.说郛[M].刻本.北京:商务印书馆,1986:卷十35.

[53] 周辉.清波杂志:书札过情[M].北京:中华书局,1994:479.

[54] 沈从文.金花纸[J].文物,1959(2):12.

[55] 孟元老.西湖老人繁胜录[M].北京:中国商业出版社,1982:15.

[56] 四水潜夫.武林旧事[M].杭州:浙江人民出版社,1984:102.

[57] 李攸.宋朝事实[M].北京:中华书局,1985:232.

[58]　费著.楮币谱[M]//杨慎.全蜀艺文志.北京:线装书局,2003:1702.

[59]　徐松.宋会要辑稿:职官一八之一○四、一○五[M].北京:中华书局,1957:2806-2807.

[60]　钱仲联,马亚中.陆游全集校注3:剑南诗稿校注3[M].杭州:浙江教育出版社,2011:142.

[61]　高承.事物纪原[M].北京:中华书局,1985:340-341.

[62]　脱脱.宋史[M].北京:中华书局,1977:9534.

[63]　梁克家.淳熙三山志[M].北京:中华书局,1990:7862.

[64]　司马光.司马氏书仪[M].北京:中华书局,1985:85.

[65]　陶宗仪.说郛[M].刻本.北京:商务印书馆,1986:卷十九23.

[66]　陶毅.清异录[M].上海:上海古籍出版社,2001:137.

[67]　孟元老.东京梦华录[M].北京:中华书局,1982:211-212.

宋富阳竹纸研究
综述

朱玥玮　李婷婷　邹煜琦　朱子君　陈　彪

中国科学技术大学科技史与科技考古系

摘　要: 按照专著研究、考古研究、历史研究、传统工艺调研与非遗保护、传统工艺的科学化分析梳理富阳竹纸的研究现状,富阳竹纸具有文献资料、考古遗址、现存技艺三方互证的独特优势,研究成果丰富,发展空间广阔。

关键词: 富阳竹纸;手工造纸;研究综述

浙江富阳是我国传统竹纸的重要产区之一,其竹纸制作技艺于2006年被列入首批国家级非物质文化遗产名录;同时,基于富阳留存有工艺流程保存较完整的宋代造纸遗址,使其在竹纸研究方面拥有历史资料与考古证据互补互证的独特优势。历年来,国内外学者对富阳竹纸的关注颇多,也出版了一些专著和发表了一些论文,本文希望通过对这些研究成果的梳理,了解富阳竹纸研究的现状及趋势,总结富阳竹纸的研究特点,并为今后的富阳竹纸研究提供一定的参考。

一、专著研究

李少军的《富阳竹纸》[1]是为数不多的区域性手工纸专著,撰写该书时,李少军拥有18年手工抄纸和25年机械造纸的经历,对富阳竹纸制作的20道工序有亲身操作的丰富经验。陈彪等曾对该书做书评,认为该书内容全面、调查细致,是传统工艺调查研究及资料整理的典范[2]。全书分为绪论、采伐时机和准备工作、原料的采伐和加工、办料(原料纤化)、造纸、产成品包装6个单元共25章,其中第六至二十三章为富阳竹纸的造纸工艺全流程,对造纸工序、相关工具和技术要领都做了相当深入细致的调查、分析。

庄孝泉主编的《富阳竹纸制作技艺》[3]一书从富阳竹纸业概述、富阳竹纸的类别与品种、富阳竹纸的特点和工艺流程、富阳竹纸制作技艺文献选编、富阳竹纸制作技艺的代表性纸行和个人、富阳竹纸制作技艺的传承与保护6个方面讲述了富阳竹纸的源流、类别和特有的价值,记录了它的工艺流程、精湛技艺和绝艺,诠释了它的风情、传说和厚重的文化积淀。

浙江省富阳市政协文史委员会编撰的《中国富阳纸业》[4]以"传统篇""现代篇""企业篇"3部分展示了富阳纸业从传统手工艺品扩展至机械造纸工艺产品的历史过程,富阳竹纸的相关内容在"传统篇"中多次涉及。

此外,《中国手工竹纸制作技艺》[5]、《浙江之纸业》[6]、《富阳历史文化丛书:名优特产》[7]等著作中也收录了富阳竹纸的相关内容,可见富阳竹纸之于所在地域与所属行业的代表性地位。

二、考古研究

浙江富阳泗洲宋代造纸遗址位于富阳区银湖街道泗洲村凤凰山北麓,是中国现已发现的年代较早、规模较大、工艺流程较全的传统造纸作坊,现存遗迹基本反映了从原料预处理、沤料、煮镤、浆灰、制浆、抄纸、焙纸等整个造纸工艺流程,是研究中国古代造纸工艺技术及传承历史的重要实物资料,于2013年被确定为全国重点文物保护单位。对这一遗址的研究目前相对较少,主要为考古发掘报告和一篇硕士学位论文。

考古发掘报告《富阳泗洲宋代造纸遗址》[8]按照考古地层逐层介绍了发掘的遗迹遗物,结合考古地层学、类型学和文物年代信息对遗址的年代与性质进行确认,并综合《富阳县志》《天工开物》等诸多文献对遗址反映的造纸工艺与布局进行分析,绘制了泗洲宋代造纸遗址遗迹功能分区图;利用碳、氮稳定同位素分析法对遗址出土的容器内土壤、排水沟西壁土壤、碳化物和富阳当地采集的现代植物样品进行了检测,结果显示,出土容器内土壤和排水沟西壁土壤的$\delta^{13}C$值和富阳当地采集的现代竹类样品的$\delta^{13}C$值相近,容器内原来可能盛装竹类植物,排水沟西壁土壤中来源植物物料也可能为竹类。

学位论文《富阳泗洲宋代造纸遗址造纸原料与造纸工艺研究》[9]探索了土壤中纤维的提取方法,对地层和遗物上的土样进行过滤法提取,判断该遗址生产以竹料为主、桑皮料为辅的混料纸,运用了水碓打浆+木杵舂捣+石磨磨浆的打浆技术,在制浆技术上的判断则相对困难,部分不可探索,部分与《天工开物》接近,部分被当代富阳传统手工纸作坊继承并改良。

三、历史研究

缪大经[10]对富阳竹纸的起源进行了探讨,认为《富阳县志》中提到的富阳手工造纸溯源于汉明帝时代(58—75)的说法有待商榷,认为西晋张华(230—300)的《博物志》中所记的"剡溪古藤甚多,可造纸"是记载浙江造纸之始。

周安平[11]认为20世纪五六十年代富阳手工造纸业出现分工和专业化的趋势,故研究了该时期的富阳手工造纸业。他从宏观上考察了富阳手工造纸业后;从微观上对富阳农民家庭手工造纸的成本收益进行了分析;接着分析了分工和专业化对富阳手工造纸业的作用,并尝试分析了政府组织和当地社会环境对富阳手工造纸专业化的影响;此外,他还分析了富阳手工造纸业向机械造纸业的转变及其原因,认为其转变较其他省市存在时滞,且转变有其必然优势。

四、传统工艺调研与非遗保护

富阳竹纸作为浙江乃至全国的代表性竹纸纸种,从古至今多被物产志类型的文献收录。随着国内非遗事业的发展,各界更加认识到传统工艺的田野调查与记录不仅是记忆的留存,更是对其进行保护与传承的基础工作,富阳竹纸在此机遇下成为相对较早一批进入研究者视野的田野调查对象,富阳竹纸制作技艺更是在2006年被国务院公布为第一批国家级非物质文化遗产名录。得益于当地政府和民间手工艺人的重视,富阳竹纸的非遗传承与文旅融合工作在国内起步较早,成为其他造纸地区学习借鉴经验的对象。在《富阳竹纸》这一集大成之作问世前后,有不少学者在持续推进对富阳竹纸的传统工艺调研与非遗保护工作。

洪岸[12]对富阳竹纸的工艺流程进行了较为全面的介绍,对富阳竹纸制造技艺的独特性,如所运用的"打浪法"等有一定的把握,对其品牌地位和文化价值也有所涉及,是对富阳竹纸制作技艺一次相对全面的介绍。

李福祥[13]以富阳竹纸制作技艺为例,对非遗保护的产业化运作及其悖论进行讨论,肯定了富阳竹纸制作技艺产业化运作的经验,但也忧心非遗的形式保存和内涵保存的问题,还没有更好的两全之法。

崔彪等[14]对富阳山基现存传统造竹纸的工艺流程、产业现状、相关遗存进行了调研,分析了其价值内涵,并结合山基村的具体情况,对这一地域文化的保护和传承策略进行了探讨。

方仁英[15]从原料加工阶段、原料纤化阶段、制作成纸阶段、产品包装阶段4个环节介绍了元书纸的制作技艺,并简要分析了其中蕴含的诸多科学道理,尤其介绍了近年来杭州市富阳区为了促进竹纸制作技艺生产性保护而采取的各项举措。

贺超海等[16]以工艺调查与技艺的活态传承为重点,实地调查了浙江富阳传统手工竹纸制作技艺,对其采用的原材料特征、纸张制造流程以及造纸过程中使用的主要加工器具等方面进行了调查研究,并对富阳地区的造纸工匠、学者、企业家等进行了访谈调查,进而从非遗保护的视角讨论浙江富阳传统竹纸工艺的现状和传承等问题。

姜军[17]回顾了富阳传统竹纸的发展历程,分析了当今竹纸的纸质特性,梳理了富阳竹纸产业面临的优势、劣势、机会和威胁,提出了发展富阳竹纸产业的对策:系统思考,顶层设计产业发展;加强研发,突破基础性研究;延伸产业链,实现旅游、商业、文化三联动;加大投入,激励企业活力。

过山等[18]基于非遗视角认为富阳竹纸存在着生产经营管理模式滞后、制作技艺传承受阻、营销缺乏统一的品牌形象、产品类型重复单一等问题,未来应从提升品牌形象、创新营销模式、拓展应用空间、扩大跨界合作等途径促进其传承和发展创新。

此外,也有学者对富阳竹纸、泗洲造纸遗址从非遗文化的传承与开发利用的角度进行论述[19];或在文章中以富阳竹纸的技艺传承模式举例,探讨中国传统工艺品的遗传特征及其影响[20]。

五、传统工艺的科学化分析

传统工艺科学化在一定程度上可以认为是用现代科学仪器对传统材料与配方进行定量分析,对工具进行理化分析和造型设计的总结的工作[21]。富阳竹纸技艺流程完整、品类丰富、品质有保证,研究价值较高,富阳竹纸的科学化分析对深化其科学内涵,发挥其自身的科学价值具有积极意义,同时也能为纸种纸类的优化改良提供借鉴,为非遗的科学保护与传承、文物保护与修复提供参考。

陈刚在《中国手工竹纸制作技艺》[5]一书的第四章"传统竹纸制作技艺的科学研究"中,对竹纸的原料和工艺进行了科学的分析。先从竹原料的化学成分出发,介绍了影响竹纸性质的基本要素,再从工艺流程对竹纸化学成分改变的角度,分析了工艺对竹纸性质的影响,以及宏观上的理化性能,如定量、撕裂度、抗张力、pH等的影响。对东南地区具有代表性的富阳竹纸等7种竹纸和宣纸等,通过人工加速老化的方式,对其耐久性进行分析比较,从科学原理角度给出提高纸张质量的建议和工艺复原上的科学参考。

陈彪课题组[22]从多方面对富阳竹纸的科学化分析做了若干探索。他们通过对样品的D65亮度、抗张指数、断裂伸长率、表面pH及热稳定性等理化性能指标在老化过程中的变化情况,研究了杭州富阳逸古斋元书纸有限公司生产的超级元书、二级元书、冬纸壹号及古籍修复纸4种富阳竹纸的耐老化性能,实验结果显示,竹纸的D65亮度稳定性与纯碱二次煮料或化学漂白的纸浆处理工艺存在正相关关系,但多次煮料和化学漂白的纸浆处理工艺程度过大会影响竹纸的热稳定性,且化学漂白会加速纸张的酸化。此外,对上述4种不同竹种、制作工艺的富阳竹纸进行了纤维形态、紧度、D65亮度、抗张指数及断裂伸长率、热稳定性等性能进行了测试分析,结果表明,原料未去青、煮料次数、打浆时间、化学漂白等制作工艺的变化会影响成纸的纤维形态,进而影响纸张的紧度、强度、D65亮度、柔韧性、热稳定性等性能,并且将苦竹纸的热稳定性和毛竹纸进行比较,发现前者优于后者,提出了在实际生产中可以根据纸张的性能需求选用合适的原料和制作工艺[23];其后运用傅里叶变换红外(FTIR)、X射线衍射(XRD)、扫描电子显微镜(SEM)、抗张强度测试、热重分析(TG)以及动态水分吸附(DVS)等多种方法对人工加速老化的富阳竹纸进行测试分析,结果表明,竹纸老化后纤维分子链降解断裂,纤维结构受损使得纤维素结晶指数变化,纤维强度降低,导致纸张的力学性能下降、热稳定性变差、吸湿性下降,探索了纸张性质劣化与其微观结构改变的关系,提出了纸张内部微观结构的检测对于科学制订纸质文物保护修复方案的重要性[24];还运用DVS、FTIR、SEM等检测技术测试自然老化、人工老化竹纸的理化性能,认为老化竹纸的微观结构改变是导致其宏观性能劣化的本质原因。在老化过程中,纤维分子链逐渐降解断裂,纤维素结晶结构遭受破坏,使纤维强度受损引起竹纸的整体力学性能降低[25]。陈彪课题组综合运用多种检测分析技术,从原料、制作工艺以及微观结构等多角度对富阳竹纸进行了较为全面的研究,创新性地提出了利用热解动力学方法快速评估不同竹纸的耐久性,建立了量化评价竹纸老化程度的微损新方法。

唐颖等[26]对"草木灰+日光漂白""石灰+漂白粉""NaOH+未漂白""NaOH+漂白粉"四种不同制浆方法和漂白方法的富阳竹纸进行UVA辐照,并通过反射率和3D荧光光谱评估其光学性能的变化,扫描电镜则反映了纸面不同的钙和氯的水平和空间分布。

罗雁冰[27]将机制和手工制的富阳与夹江现代修复用竹纸进行了水热/干热老化实验,分析了不同纸张在老化过程中的机械强度,并测试了样品的化学性质,结果表明,修复用竹纸的抗老化能力和耐久性与其生产过程有密切的关系,从长远来看,传统的具有太阳能漂白工艺的手工纸将具有更好的稳定性和耐久性。

六、总结

综合近年来对富阳竹纸研究的著作、论文的分析,富阳竹纸的研究从成果类型看,著作数量虽然不多,但有《富阳竹纸》这一集大成之作,对于一区域性手工造纸技术来说颇具综合性和全面性,但总体来说,富阳竹纸的研究还是以学术论文为主;从研究内容来看,富阳竹纸的研究早年间以田野调查和非遗文化研究为主,且科普性多于学理性,近年来传统工艺科学化研究的引入,测试分析方法的多样使富阳竹纸的科学内涵逐步得到阐释。

富阳竹纸具有文献资料、考古遗址、现存技艺三方互证的独特优势,在历史溯源、传统工艺科学化、技术社会关系等学术研究上具有进一步发展的空间;富阳竹纸的传承发展和产业化运营也极受政府和社会团体、学者和手工艺人的关注,发展可持续、方式易创新、效益可产出,对于弘扬文化自信和推动乡村振兴具有极强后力。

参 考 文 献

[1] 李少军.富阳竹纸[M].北京:中国科学技术出版社,2010.

[2] 陈彪,卢郁静,谭静,等.《富阳竹纸》《瓯海屏纸》书评[J].广西民族大学学报(自然科学版),2017,23(4):41-43.

[3] 庄孝泉,孙学君.富阳竹纸制作技艺[M].杭州:浙江摄影出版社,2009.

[4] 浙江省富阳市政协文史委员会.中国富阳纸业[M].北京:人民出版社,2005.

[5] 陈刚.中国手工竹纸制作技艺[M].北京:科学出版社,2014.

[6] 浙江省政府设计会.浙江之纸业[M].杭州:浙江省政府设计会,1930.

[7] 黄品耀.富阳历史文化丛书:名优特产[M].杭州:浙江文艺出版社,2011.

[8] 杭州市文物考古所,富阳市文化广电新闻出版局,富阳市文物馆.富阳泗洲宋代造纸遗址[M].北京:文物出版社,2012.

[9] 李程浩.富阳泗洲宋代造纸遗址造纸原料与造纸工艺研究[D].合肥:中国科学技术大学,2018.

[10] 缪大经.探讨"富阳纸"的起源及其他[J].中国造纸,1995(2):63-64.

[11] 周安平.20世纪50—60年代浙江省富阳县手工造纸业研究[D].杭州:浙江财经大学,2013.

[12] 洪岸.富阳竹纸制作技艺[J].浙江档案,2009(1):29.

[13] 李富祥.非物质文化遗产保护的产业化运作及其悖论:以富阳竹纸制作技艺为例[J].非物质文化遗产研究集刊,2012(0):298-309.

[14] 崔彪,刘小军.富阳山基村传统造纸遗存及其保护调研[J].杭州文博,2015(1):38-42.

[15] 方仁英.从一根竹到一张纸的蝶变:谈富阳元书纸生产工艺及其保护[J].文化月刊,2015(15):94-95.

[16] 贺超海,闵海霞.非遗视角下浙江富阳手工竹纸工艺调查研究[J].广西民族大学学报(自然科学版),2018,24(1):29-36.

[17] 姜军.富阳传统竹纸的兴盛与传承发展研究[J].书法,2016(9):60-66.

[18] 过山,刘雅雯.非遗视角下富阳竹纸的现状及创新设想[J].杭州电子科技大学学报(社会科学版),2021,17(3):57-61.

[19] 李鸿,徐梦怡.浅析泗州古法造纸非遗文化的传承与开发利用[J].华东纸业,2022,52(2):1-3.

[20] Chen H S. Analysis on inheritance characteristics of Chinese traditional crafts and its influence[C].International Conference on Arts, Design and Contemporary Education(ICADCE 2016).Moscow: Russian State Specialized Academy of Arts,2016: 646-648.

[21] 陆寿麟,李化元,姜怀英,等.传统工艺与现代科技的结合与创新:"中国文物保护技术协会第七次学术年会"专家访谈[J].东南文化,2012(6):9-20.

[22] 陈彪,谭静,黄晶,等.4种富阳竹纸的耐老化性能[J].林业工程学报,2021,6(1):121-126.

［23］ 谭静,卢郁静,顾培玲,等.原料及制作工艺对富阳竹纸性能的影响［J］.林业工程学报,
2020,5(5):103-108.

［24］ 谭静,卢郁静,付小航,等.老化竹纸的微观结构变化对性质的影响分析［J］.科学通报,
2022,67(36):4429-4438.

［25］ Tan J, Fu X H, Lu Y J, et al. Investigating the moisture sorption behavior of naturally and
artificially aged bamboo paper with multi-analytical techniques［J］. Journal of Cultural Heri-
tage, 2023(61):65-75.

［26］ Tang Y, Smith G J. A note on Chinese bamboo paper: The impact of modern manufacturing
processes on its photostability［J］. Journal of Cultural Heritage, 2014,15(3):331-335.

［27］ Luo Y B. Durability of Chinese repair bamboo papers under artificial aging conditions［J］.
Studies in Conservation, 2019(64): 448-455.

宋富阳竹纸研究综述

原料及制作工艺对富阳竹纸的性能影响研究

谭 静[1] 卢郁静[1] 顾培玲[1] 黄 晶[1] 丁延伟[2] 陈 彪[1,*]

1. 中国科学技术大学科技史与科技考古系；
2. 中国科学技术大学微尺度物质科学国家研究中心

* 本文由国家自然科学基金青年基金（31200455）、安徽省高等学校省级质量工程项目（202jyxm1833, 201jyxm0014, 201jyxm015）、安徽省新时代育人质量工程项目（2022szsfc010, 2022jyjxggj031, 2022jyjxggy030）、中国科学技术大学校级教学研究项目（2022ych10, 2022ycjg14, 2023xjyxm060, 2023xkcszkc08, 2020kcsz062, 202xjyxm009, 202ycjg12, 2021kcsz35, 2023xjyxm060, 2023xkcszkc08）资助。

摘 要： 富阳竹纸的制作工序繁多，不同的原料、工艺均导致纸张的品质及性能有所差异。为探讨原料和工艺对富阳竹纸的性能影响，选用不同竹种、制作工艺的四种富阳竹纸为研究对象，对所选竹纸的纤维形态、紧度、D65 亮度、抗张指数及断裂伸长率、热稳定性等进行测试分析。实验结果表明：制作工艺对成纸的纤维形态产生一定的影响，进而影响纸张的紧度、强度等性能。原料未去青的富阳竹纸，其紧度、D65 亮度等性能较低。制浆时，增加煮料次数有利于竹料的打浆，提升竹纸的抗张指数，但打浆时间过长易使纸浆纤维发生断裂等损伤，影响竹纸的强度。化学漂白及多次碱煮处理可以提高富阳竹纸的紧度、D65 亮度和柔韧性等性能，但会降低纸张的热解温度，对竹纸的热稳定性产生不利的影响。四种富阳竹纸中，苦竹纸在热失重的初始分解温度（$T_{0.05}$）、半寿温度（$T_{0.5}$）以及最大失重率温度（T_{max}）均高于毛竹纸，即苦竹纸的热稳定性优于毛竹纸。因此，实际生产中，应根据用纸的性能需求，采取合适的原料和制作工艺。

关键词： 富阳竹纸；原料；制作工艺；纤维形态；性能分析

传统竹纸在文化书写、书画创作以及古籍修复等领域具有重要的使用价值。而原料和制作工艺的差异导致竹纸的品质和性能有所区别，以适于不同的用途。近年来有若干学者对手工竹纸的部分制作工艺与其性能的关系进行了研究，李贤慧[1]分析了生料法和熟料法对奉化竹纸的性能影响,认为毛竹纸中生料纸的拉力及耐折性能不如熟料纸;Tang Ying 等[2]采用荧光光谱法分析手工竹纸的光老化情况,结果表明漂白竹纸经光老化后,其变黄程度相对较低;陈刚[3]选择了我国不同地方的七种竹纸,其中包括两种富阳竹纸,通过对竹纸加速老化后的白度、酸碱度及强度等测试分析,研究了蒸煮、发酵等工艺对竹纸耐久性的影响。

浙江富阳是我国传统竹纸的重要产区之一,其竹纸制作技艺于2006年被列入首批国家级非物质文化遗产名录。富阳竹纸大多使用当年生的嫩毛竹为原料,制作工序主要有:斫竹、去青、拷白、浸坯、砍料、腌料、煮料、淋尿、制浆、抄纸、晒纸等[4]。目前对富阳竹纸的研究主要集中在制作工艺的调查方面[5-7],较少有原料、工艺与竹纸的性能关系研究。本文选取不同竹种(毛竹、苦竹)和具有工艺差别(去青、煮料、漂白等)的四种富阳竹纸,进行纤维形态、紧度、D65亮度、抗张指数、热稳定性等测试,结合样品之间的性能差异与其制作背景共同分析,探讨原料及制作工艺对竹纸性能的影响,以期为富阳竹纸制作原料的选择及工艺的优化提供参考。

一、材料与方法

(一)试验材料

基于对富阳竹纸制作工艺的调查研究,从富阳竹纸研发基地——杭州富阳逸古斋元书纸有限公司采集了超级元书、二级元书、冬纸壹号、古籍修复纸这四种竹纸作为试验样品,其原料及制作工艺的主要区别如表1所示。

表1　样品的原料及制作工艺区别

原料、辅料及工艺	超级元书	二级元书	冬纸壹号	古籍修复纸*
原料	毛竹	毛竹	苦竹	毛竹与苦竹混料
竹料去青	是	是	否	毛竹去青 苦竹未去
竹与石灰的质量比	5:1	5:1	5:2	5:1.3
煮料条件	石灰一次和纯碱二次煮料	石灰一次煮料	石灰一次煮料	石灰一次煮料
碓舂时间(h)	3	3	6	毛竹:3 苦竹:6
是否漂白	否	否	否	是

*　古籍修复纸是毛竹、苦竹分别打浆后,按70%和30%的比例混合后抄纸,其中毛竹、苦竹与石灰的质量比分别为5:1和5:2,经计算得出古籍修复纸的竹与石灰的质量比为5:1.3。此外,古籍修复纸采用次氯酸钙单段漂白,漂白后的竹浆至少清洗3次。

（二）试验方法

1. 纤维的形态测试

根据GB/T 28218—2011《纸浆 纤维长度的测定 图像分析法》，以Herzberg染色剂对纸张纤维染色，使用XWY-7型纤维仪（北京伦华科技有限公司）观察纸张纤维的显微形貌，并测量纤维的长度和宽度。

2. 纸张的紧度测试

根据GB/T 451.3—2002《纸和纸板厚度的测定》，测定纸张厚度与定量后计算得出紧度，由SHAHE厚度计（温州三和量具仪器有限公司）测量样品厚度，由XS105DU分析天平（瑞士梅特勒–托利多公司）称量样品质量。

3. 纸张的D65亮度测试

根据GB/T 7974—2013《纸、纸板和纸浆 蓝光漫反射因数D65亮度的测定（漫射/垂直法，室外日光条件）》，由PN-48A型白度颜色测定仪（杭州品享科技有限公司）测定样品的D65亮度。

4. 纸张的抗张指数及断裂伸长率测试

参照GB/T 12914—2008《纸和纸板抗张强度的测定》，使用DHR-2型流变仪（美国TA公司），以30 mm/min恒速拉伸测定样品的抗张强度和断裂伸长率，结合抗张强度和纸张定量计算得出抗张指数。

5. 纸张的热稳定性测试

称取约5 mg样品于敞口氧化铝坩埚中，使用Discovery TGA热重仪（美国TA公司）进行热重试验。仪器的工作条件为：氮气气氛，流速为75 ml/min；从室温加热至600 ℃，升温速率为10 ℃/min。

二、结果与分析

（一）纤维的形态

1. 显微形貌分析

四种样品纤维的显微形貌如图1所示。由于竹子的纤维壁厚、腔径较小，未经处理的竹纤维的显微形貌具有共性：在显微镜下呈现竹纤维僵硬，很少有弯曲的现象，并且薄壁细胞、石细胞等杂细胞的含量较多[8]。由图1可见，四种样品的纤维形貌特征：超级元书与二级元书的纤维形貌较为一致，均表现为纤维比较挺直，两头尖锐呈牙签状，弯曲程度小。其中二级元书的纤维中含有较多的杂细胞等杂质，而超级元书经过二次煮料后杂质含量减少，纤维相对纯净。冬纸壹号的纤维表面附着有杂细胞等杂质，且明显可见纤维断头、孔洞等现象，可能是打浆时间较长造成纤维受损。古籍修复纸的纤维较为柔软，弯曲程度大，杂质含量相对较少，与该样品经过化学漂白及漂白后多次洗涤,进一步去除木质素及其他杂质有关。

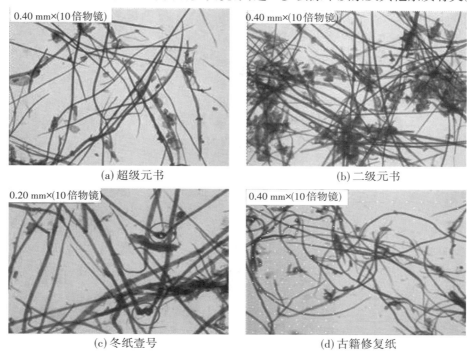

(a) 超级元书   (b) 二级元书

(c) 冬纸壹号   (d) 古籍修复纸

图1　样品纤维的显微形貌

2. 纤维特性分析

为分析工艺对纸张纤维特性的影响,试验测试四种竹纸在显微视野中所有纤维(杂细胞除外)的长度和宽度(如表2所示),并分析其纤维长度的分布情况(如图2所示)。

表2　样品的纤维长度及宽度

样品名称	纤维长度(mm)			纤维宽度(μm)		
	最大值	最小值	平均值	最大值	最小值	平均值
超级元书	2.62	0.37	1.37	22.3	6.3	11.8
二级元书	2.94	0.44	1.37	20.9	6.5	11.8
冬纸壹号	2.77	0.28	1.04	21.3	5.3	12.5
古籍修复纸	2.84	0.38	1.20	20.6	5.6	12.1

如表2所示,四种竹纸中,超级元书和二级元书的纤维平均长度和宽度相同,两种样品的平均长度最大而宽度最小。冬纸壹号的纤维平均长度最小而宽度最大,古籍修复纸的纤维平均长度和宽度数值均介于二级元书和冬纸壹号之间。该结果与四种竹纸使用的原料情况一致。

由图2可见，超级元书、二级元书、冬纸壹号、古籍修复纸的纤维长度在0.2～
1.0 mm的纤维占比分别为28%，32%，53.5%，40.5%；纤维长度在1.0～2.0 mm的纤
维占比分别为56.5%，53.5%，40.5%，53%；纤维长度在2.0～3.0 mm的纤维占比分
别为15.5%，14.5%，6.0%，6.5%。由以上结果可知，超级元书与二级元书的纤维长
度分布情况相似，纤维主要分布在0.5～2.0 mm，在1.5～3.0 mm区间的长纤维数量
多于另外两种样品。冬纸壹号在0.2～1.0 mm的短纤维最多，应与该样品的打浆时
间较长，被打断的纤维数量增多有关。古籍修复纸的纤维长度主要分布在0.5～
1.5 mm，该区间的纤维占比为70.5%，纤维的长度分布较为集中。

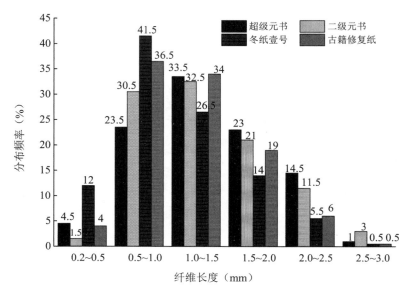

图2 样品的纤维长度分布

（二）紧度

紧度反映纸张内部纤维的疏密情况，它与纤维的结合程度正相关，竹纸样品
的紧度值见图3。由图3可见，四种样品的紧度值由大到小依次为超级元书、古籍
修复纸、二级元书、冬纸壹号，表明超级元书的纸质致密程度较大，冬纸壹号相对
比较疏松。分析冬纸壹号的紧度较低的原因，在纤维特性方面，该样品的短纤维
较多（图2），影响纤维的交织程度；在工艺方面，可能与该样品在制浆时未去青有
关，由于竹青中含有大量的木质素和杂细胞[9-10]，会限制纤维的润胀并阻碍纤维结
合，降低成纸的紧度[11]。超级元书与二级元书均以毛竹为原料，两者的工艺区别
在于超级元书增加纯碱二次煮料工序，能进一步除去纤维中的杂质使其较为纯
净，在抄纸时纤维更易结合，一定程度上提高了其紧度值。古籍修复纸的纤维长
度分布较为集中（图2），利于纤维的均匀交织；并且该样品在制浆时经过化学漂
白，纸浆中木质素和其他杂质的含量减少，促进纤维间的交织结合，使竹纸更加
紧致。

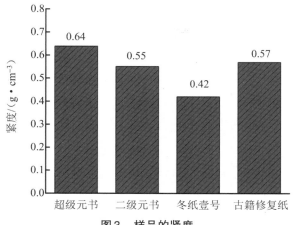

图3　样品的紧度

（三）D65 亮度

竹纸样品的D65亮度值见图4。通常认为木质素含有羰基等发色基团是导致纸张发黄的重要原因[12]，由于竹子的木质素含量较大[3]，大部分未漂白的原浆竹纸的D65亮度不高。如图4所示，四种样品的D65亮度值由大到小依次排序为古籍修复纸、超级元书、二级元书、冬纸壹号。古籍修复纸由于采用了化学漂白工艺，其D65亮度值最大；超级元书的D65亮度值略高于二级元书，应与其增加了纯碱二次煮料工序，可进一步去除一次煮料后残留的木质素有关；冬纸壹号的D65亮度值最低，可能是使用的原料未去青造成的。由于竹青中含有大量的木质素及酮类、醛类等，这些物质大多含有发色基团和助色基团[13]，会降低竹纸的D65亮度；此外，竹青表面有结构致密的蜡质层[10]，阻碍碱液进入竹纤维内部，从而加大煮料的难度，对去除木质素等发色物质产生不利影响。

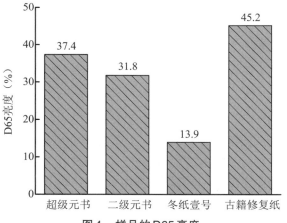

图4　样品的D65亮度

（四）抗张指数及断裂伸长率

竹纸样品的抗张指数与断裂伸长率见图5。

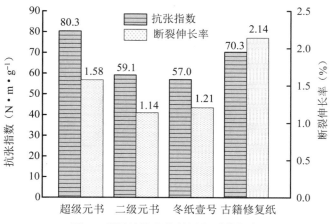

图5　样品的抗张指数及断裂伸长率

1. 抗张指数分析

纸张的抗张指数与内部纤维的自身强度、纤维间的结合力等因素紧密相关，其中纤维结合力是纸张强度的关键因素，它取决于纤维间形成氢键的能力[14]。此外，纤维的长度等因素也会影响纸张的抗张指数，如纤维长度大，在造纸时其交结程度较高，有利于提升纸张的抗张指数[15]。由图5可见，四种样品的抗张指数由大到小依次为：超级元书、古籍修复纸、二级元书、冬纸壹号。

超级元书和二级元书的纤维长度和宽度相同，但在工艺方面，超级元书经过纯碱二次煮料，纤维的水化程度增大使其更容易打浆，纤维暴露出的羟基增多，促进纤维间形成大量的氢键，因此超级元书的抗张指数高于二级元书。古籍修复纸的平均纤维长度略低于二级元书（表2），但该样品仍具有较好的强度性能，这可能与漂白后竹浆的木质素及其他杂质的含量减少，纤维间的结合力得到增强有关。冬纸壹号因打浆时间较长，出现了纤维被打断、打溃的现象（图1(c)），纸张中短纤维的含量较多（图2），对其强度产生负面影响。

2. 断裂伸长率分析

断裂伸长率反映纸张的柔韧性能，它受纤维自身的柔韧性等因素影响。由图5可见，古籍修复纸的断裂伸长率最大，与其经过漂白后纤维变得柔软有关。二级元书的纸浆处理程度相对较小，纤维比较僵硬，造成样品的柔韧性不高。超级元书经过纯碱二次煮料后，纤维的柔软度提高，其断裂伸长率略高于二级元书。冬纸壹号由于竹青的影响，木质素含量增多使纤维变得硬挺，增加了纤维的刚性，使纸张的柔韧性能下降。

3. 热稳定性分析

纸张在存放或使用过程中受温度的影响较大,如温度升高会加快纤维素的降解,使纸张的寿命受损,因此热稳定性可作为纸张性能的参考指标。通过对四种样品进行热重试验,以热重特征温度中的失重5%对应温度($T_{0.05}$)、失重50%对应温度($T_{0.5}$)及最大失重率对应温度(T_{max})共同表征竹纸的热稳定性能[16]。由于不同竹纸的含水量存在差异,为便于比较样品的热稳定性,以样品加热到150 ℃剩余的质量作为初始质量,数据归一化处理后得到样品的TG及DTG曲线见图6,特征温度参数见表3。

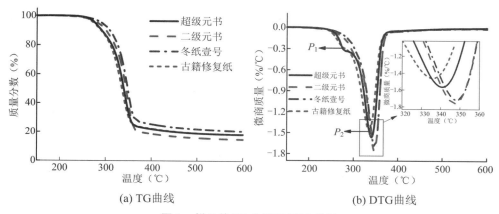

(a) TG曲线　　　　　　　　(b) DTG曲线

图6　样品的TG曲线和DTG曲线

表3　样品的热重特征温度参数(单位:℃)

特征温度	超级元书	二级元书	冬纸壹号	古籍修复纸
$T_{0.05}$	278.3	282.8	290.7	274.4
$T_{0.5}$	340.0	344.4	348.0	335.6
T_{max}	340.8	347.3	348.6	335.6

由图6可见,四种样品的TG和DTG曲线从右至左依次为冬纸壹号、二级元书、超级元书、古籍修复纸,表明以上4种样品的热解温度依次降低,这与表3的热解温度参数相对应。表3显示,冬纸壹号的$T_{0.05}$,$T_{0.5}$及T_{max}均高于其他样品,表明冬纸壹号的热稳定性最佳。二级元书、超级元书和古籍修复纸对应的特征温度值逐渐降低,即三种样品的热稳定性依次下降。此外,图6(b)的DTG曲线显示:超级元书和古籍修复纸在230~300 ℃范围内出现了明显的肩峰P_1,并且超级元书及古籍修复纸的最大失重峰P_2的峰值明显低于另外两种样品。即超级元书和古籍修复纸均表现出在低温段的热解速率增加,而在高温阶段的热解速率降低的趋势。

分析造成以上现象的原因,由于超级元书在制浆时经过两次高温碱煮,竹浆内部的半纤维素、纤维素等组分受到水解破坏的程度增大[17];古籍修复纸采用次氯酸钙单段漂白,竹浆的纤维组分在漂白过程中受到氧化降解,纤维素分子链发生断裂[18]，这两道工序对富阳竹纸的纤维造成不同程度的损伤。超级元书和古籍修复纸的DTG曲线出现肩峰P_1，应是半纤维素发生解聚转变的缓慢过程[19]，可能与纸张内部半纤维素受到破坏，在热解时更易发生解聚反应有关。同理，纤维素受破坏后其稳定性下降，使样品在低温段的热解速率增大，而在高温段的热解速率下降，表现为最大失重阶段P_2的峰值降低。基于以上分析，超级元书和古籍修复纸由于工艺因素，在制浆过程中纤维受到的破坏程度增加，使纤维热解所需的温度下降，故而两种竹纸的热稳定性变差。冬纸壹号表现出最佳的热稳定性，其原因有待于进一步研究。

三、结论

通过对四种富阳竹纸的纤维微观形貌、纤维特性及理化性能的测试，结合原料和制作工艺分析竹纸的性能差异，初步得到以下结论可供实际工作参考：

（1）在富阳竹纸的制作过程中，竹青的存在会降低竹纸的紧度、D65亮度等性能，若要制造好品质的手工竹纸，建议去除竹青。

（2）增加煮料次数可进一步去除纤维中的木质素及杂质，使竹料易于打浆，从而提高竹纸的抗张指数。但随着打浆时间的延长，纤维的长度下降，影响竹纸的强度。因此，对强度有一定要求的竹纸，打浆时应控制好时长。

（3）化学漂白及多次碱煮工序能提高竹纸的紧度、D65亮度、柔韧性等性能，但会降低纸张的热解温度，影响竹纸的热稳定性。通常要求古籍修复纸具有较好的稳定性，因此古籍修复纸在漂白过程中应适度，不宜过度漂白。

（4）热重结果显示，四种富阳竹纸中的苦竹纸，其初始分解温度（$T_{0.05}$）、半寿温度（$T_{0.5}$）及最大失重率温度（T_{max}）均高于毛竹纸，即苦竹纸的热稳定性优于毛竹纸，其原因有待于进一步研究。

参 考 文 献

[1] 李贤慧.原料和制浆方法对手工竹纸性能的影响[J].造纸科学与技术，2015，34（1）：43-46.

[2] Tang Y, Smith G J. A note on Chinese bamboo paper：the impact of modern manufacturing processes on its photostability[J]. Journal of Cultural Heritage, 2014,15(3)：331-335.

[3] 陈刚.中国手工竹纸制作技艺[M].北京：科学出版社，2014.

[4] 李少军.富阳竹纸[M].北京：中国科学技术出版社，2010.

[5] 洪岸.富阳竹纸制作技艺[J].浙江档案，2009（1）：29.

[6] 贺超海，闵海霞.非遗视角下浙江富阳手工竹纸工艺调查研究[J].广西民族大学学报（自然科学版），2018，24（1）：29-36.

[7] 李程浩.富阳泗洲宋代造纸遗址造纸原料与造纸工艺研究[D].合肥：中国科学技术大学，

2018.

[8] 王菊华.中国造纸原料纤维特性及显微图谱[M].北京:中国轻工业出版社,1999.

[9] 江泽慧,于文吉,余养伦.竹材化学成分分析和表面性能表征[J].东北林业大学学报,2006,34(4):1-2,6.

[10] 陈红.竹纤维细胞壁结构特征研究[D].北京:中国林业科学研究院,2014.

[11] 凯西.制浆造纸化学工艺学:第二卷[M].3版.北京:中国轻工业出版社,1988.

[12] Lu A Z, Hu T Q, Osmond D A, et al.Tetrazole ethers from lignin model phenols: synthesis, crystal structures, and photostability [J]. Canadian Journal of Chemistry, 2001, 79 (8): 1201-1206.

[13] 关亮.竹沥液成分测定及对漂白、返黄性能影响的分析[D].南宁:广西大学,2008.

[14] 李远华,刘焕彬,陶劲松,等.纸张抗张强度模型的研究进展[J].中国造纸,2014,33(1):65-69.

[15] 马灵飞,韩红,马乃训.部分散生竹材纤维形态及主要理化性能[J].浙江林学院学报,1993,10(4):361-367.

[16] 陈港.纸浆、纸张热性能及其评价方法研究[D].广州:华南理工大学,2013.

[17] 何洁,刘秉钺.制浆黑液中糖类物质的回收利用[J].黑龙江造纸,2004(3):24-26.

[18] Durovic M, Zelinger J.Chemical processes during the bleaching of paper from library and archive collections[J].Chemické Listy, 1991, 85(5): 480-499.

[19] Peng Y Y, Wu S B.The structural and thermal characteristics of wheat straw hemicellulose [J].Journal of Analytical and Applied Pyrolysis, 2010, 88(2): 134-139.

原料及制作工艺对富阳竹纸的性能影响研究

富阳造纸文明的前世今生探究

王小丁　蒋朔晗

浙江省杭州市富阳区"泗洲造纸遗址"工作专班

一卷素纸,薄似轻鸿却可录尽岁月风华;
二斗水墨,身本无彩却可染尽世间璀璨;
三寸秋毫,遇水则柔却可书尽天下刚毅;
四方砚台,尺仅方寸却可研尽朗朗乾坤。

古有文房四宝,挥毫泼墨一展如画江山,横竖撇捺书尽天下文章。造纸术,作为我国古代四大发明之一,其历史地位不言而喻。一张张能工巧匠精心制作的纸,推动文明不断发展。说起造纸,不得不提到富阳。民国《浙江之纸业》记道:"论纸,必论富阳纸。""造纸之乡"四字伴随富阳淌过了漫漫历史长河,如风伴身、如影随形。本文将从富阳造纸的历史锚点泗洲宋代造纸作坊遗址(如图1所示)切入,一步步向读者揭开富阳造纸文明的前世今生。

图1　泗洲造纸作坊遗址

一、探秘踪，尘埃袪尽妙显真容

富阳区隶属浙江省杭州市，位于浙江省西北、杭州市西南，古称"富春"。始皇帝二十六年（前221），分天下为三十六郡，会稽郡辖二十六县，富春为其一。东晋孝武帝太元十九年（394），避简文帝郑太后阿春讳，改富春为富阳，富阳之名始于此。泗洲宋代造纸遗址位于富阳区北部天目山余脉凤凰山北麓，地处凤凰山至白洋溪之间的台地上，地势南高北低，地面平整开阔，属低山丘陵区。在清代《富阳县志》所载的《富阳县治图》中，处凤凰山、泗洲庵、观前及白洋溪之间。遗址南、西、北三面环山，东为平地，环境优越，属泗洲行政村。2008年9月至2009年3月，经国家文物局批准，杭州市文物考古所与富阳市文物馆组成联合考古工作队，对泗洲宋代造纸遗址进行抢救性发掘。

第一阶段从2008年9月至2008年11月，总发掘面积约704平方米。该阶段初步认定了遗址的性质。发掘工作采用探方与布方的形式进行，探明遗迹中有房址、水池、水井和排水沟等特征，结合遗址中的排水沟、水池和半截埋在土中的陶缸，让人猜想该遗址极有可能是一处造纸遗址。为慎重起见，考古工作队实地调查、走访了多处古法造纸工艺村，与此同时查阅了《富阳县志》《天工开物》等诸多书籍，结合揭露出的遗迹现象，经严密论证，认定该遗址确是一处造纸遗址。2008年11月，经国家文物局、浙江文物考古研究所、中国造纸学会纸史委员会相关专家现场考察及相关实物、史料佐证，正式定名为"富阳泗洲宋代造纸遗址"，并就遗址的后续发掘及保护工作制定严谨周密的计划安排。

第二阶段从2008年11月至2009年3月，总发掘面积约1808.5平方米。该阶段最为重要的发现便是在水池遗迹中提取到炭化竹片和炭灰物质等，不仅进一步验证这是一处造纸遗址，还显示这是一处造竹纸的遗址。土样中检测出的竹纤维以及竹子的硅酸体，更是为这一发现提供了有力的科学佐证。

2013年5月，经国务院批准，富阳泗洲宋代造纸作坊遗址成为国家级重点文物保护单位。该遗址的发掘无疑为中国考古研究增添了浓墨重彩的一笔，经考古专家与相关文史学者评估，可用五个"最"来概括：

一是迄今为止中国国内乃至世界范围内所发现时代最早的造纸遗址。时任北京大学中国考古中心学术委员会委员苏荣誉曾提出："从出土文物看，它的年代比较早，现在保留的工作面是南宋层，南宋层下面还有很厚的文化堆积层，遗址时代到北宋可能没有问题。"遗址中刻有"至道二年"和"大中祥符二年"的纪年铭文砖，反映出泗洲作为南宋中晚期遗址并非一蹴而就，极有可能在北宋时期便作为造纸作坊而存在，对于纸史研究及宋韵文化的挖掘有极为重大的历史意义和学术价值。

二是现存考古发掘规模最大的造纸遗址。遗址前两期总发掘面积约2512.5平方米，总体分布面积大于16000平方米。现已出土遗物30000余件，其中除了与造纸息息相关的各类石制构件等遗物外,还有许多造型精美的器物,如建窑黑釉盏、景德镇窑影青瓷碗、龙泉窑瓷香炉、定窑镶银白瓷碗等,与南宋临安城高等级遗址内出土的同类器物具有类可比性,且精美程度毫不逊色。据泗洲遗址考古专家研究分析,遗址内目前考古发现至少存在3条互相关联的造纸生产线,各遗迹单位布局清晰、分工明确,已达到规模化生产能力,是现存规模最大的古代造纸遗址。

三是目前工艺流程最全的造纸遗址。古谚语有云"片纸非容易,措手七十二",古时造纸需要砍竹、断青、剥皮、断料、泡石灰水、烧煮、浸泡、打浆、捞纸、烘干等大小七十二道工序方可完成。杨金东在研究报告中分析,泗洲造纸遗址内发现的沤料池、漂洗池、石磨盘、抄纸槽、火墙等相关遗迹,足可揭示当时造纸工艺流程非常完善齐全。

四是迄今为止规制等级最高的造纸遗址。根据宋代李焘《续资治通鉴长编》所记"诏降宣纸式下杭州,岁造五万番,自今公移常用纸,长短广狭,毋得用宣纸相乱",可获知当时朝廷对官署之间文函往来所用之纸进行了规制,同时下诏命杭州增加造纸产量。《九朝编年备要》亦有"(蔡)京以竹纸批出十余人""事比出京所书竹纸"的记载。结合遗址内出土文物底部发现的"司库"等字样,推断泗洲造纸遗址极有可能就是当时杭州地区最大的官营造纸作坊,所制之纸以供官方使用,足见其规制等级之高。

五是活态传承最悠久的造纸遗址。从富阳竹纸业发展现状来看,目前有湖源新二村、新三村,大源大同村、骆村,灵桥蔡家坞村以及华宝斋仍在持续生产手工竹纸并传承古籍印刷技艺。富春大地上一位位能工巧匠传承的不仅仅是手工竹纸与古籍印刷技术,更是前人所留下的宝贵精神财富。

泗洲宋代造纸遗址的现世,宛如科幻小说中所描述的多元宇宙一般,打碎了时间与空间的界限感,在不经意间向世人揭开另一个位面的神秘面纱。现存泗洲遗址所展现的每一处石砾、每一抔黄土、每一丝纤维,其背后所蕴含的历史演变、朝代更替、文明进程足可供后世之人研究,尤其对研究两宋时期的政治、经济、文化、科学技术发展等方面有弥足珍贵的作用与意义:泗洲宋代造纸遗址是杭州乃至中国造纸文明史上最重要的一笔文化遗产,是"宋韵"的物化展现,是"宋韵"文化再造的经典示范,当以新时代的精神面貌赋予其鲜活的生命力,从各个维度丰富其业态,使其成为现代版"富春山居图"中一块重要的拼图。

二、寻史迹,宋韵巧匠纸舞春秋

提到文化的传承与发展,就不得不深研遗址背后的文化背景。前文提到泗洲宋代造纸遗址定性为造竹纸的遗址,可见竹纸在两宋时期的政治经济文化领域发挥着举足轻重的作用。宋仁宗时毕昇发明了活字印刷术。印刷术是人类近代文明的先导,为知识的广泛传播、交流创造了极为有利的条件,随着经济、文化活动中心南移,也对吴越地区竹纸产业起到了催生作用,同时杭州作为"皇城""东南佛国",各类用纸的激增也刺激了竹纸的进一步繁荣,两者相辅相成。

中国科学技术史专家潘吉星提出:"竹纸的出现标志着造纸史中一个革命性开端。"提到竹纸最早的文献是李肇的《唐国史补》,其中出现了"竹笺"字样。宋代虽有时局动荡的阶段,但当时的经济社会与科学文化,较诸前代均有长足的进步,科举考试制度相较于唐代更为完备,各地兴办书院,教育普及程度和文人数量居世界首位。文化教育的勃勃生机,极大地促进了印刷业发展。据《中国通史·辽宋夏金时期·造纸》记载,在宋代,以楮、桑等材质制造的皮纸居于竹纸之后,用野生植物造纸至宋代已成为主流。竹纸正是在这样的历史机遇下逐渐崭露头角的,直至成为宋代造纸最光鲜亮丽的主角。宋人叶梦得《石林燕语》卷八中载有"今天下印书,以杭州为上",可见当时吴越地区的造纸印刷技术已然闻名于世。

竹纸制作技艺作为富阳的国家级非物质文化遗产,与富阳的历代文化名士更是有着千丝万缕的关联,其中最具代表性的便是富阳谢氏家族及其姻亲、幕僚的士大夫圈子。宋代家族制度发达,谢氏先祖谢懿文在北宋初年任盐官后,举家迁至浙江富阳定居。谢氏作为吴越地区一个有名望的士人家族,在文学和政治方面均有一定成就。宋初,谢涛通过科举入仕,成为谢氏家族兴盛的关键人物。谢涛本人对竹纸有着深厚的认识,有"百年奇特几张纸"的诗句,在四川成都为官时,对"交子"这一中国最早纸币的运用起到过推动作用。

宋仁宗庆历六年(1046),富春谢家第三代谢景初经过反复试验,终于在富阳竹纸的基础上研制成与唐代薛涛笺齐名的谢公笺。明代文学家陈耀在在《天中记》中有云:"谢公有十色笺,分为深红、粉白、杏红、明黄、深青、浅青、深绿、浅绿、铜绿、浅云十色也。"故谢公笺又被美称为十色笺(如图2所示)。简单一纸通过原料的改变漂染出如此斑斓色彩,为彼时宋代文坛增添了一抹浪漫情丝,从侧面佐证了为何有学者会盛赞宋代为中国历史上的"文艺复兴"朝代。由于其纸质平滑,适合书写,谢公笺曾作为朝廷文书和文人名流书札往来用纸而享誉海内,恰应《乞彩笺歌》所记"亦知价重连城璧,一纸万金尤不惜"。

谢氏家族自谢涛起,因家风乐文善字,族中三代均擅结交文人雅士,所招女婿也多为登科进士,其中与谢家在文学方面往来最多、学术交流最深的要属谢涛之婿梅尧臣。梅尧臣被誉为"宋诗开山始祖",与谢绛、欧阳修、范仲淹、王安石等人关系密切。梅尧臣《得王介甫常州书》中"斜封一幅竹膜纸,上有文字十七行"的描述体现了竹纸在宋代士人名流圈的应用实属主流。欧阳修是谢绛的学生、谢景初的连襟,曾赠御用精品"澄心堂"纸于谢景初的姑父梅尧臣,对纸的运用颇有心得,在《归田录》中曾提及"小方纸""糊粘纸",据专家推测,当属竹纸。

谢家二代谢绛之婿王安礼系王安石胞弟,谢、王两家素来交好,自结为姻亲,两个家族的关系更为亲近,对文学、书画乃至政见的交流愈发深刻。王安石世称王荆公,其不仅爱好用竹纸写作,还别出心裁地以越州竹纸自制成小幅竹笺,用以写诗及信件。此种竹笺被称为荆公笺,曾风靡一时,引得各路人士纷纷效仿,在当时的文人墨客中颇形成了一股风潮。

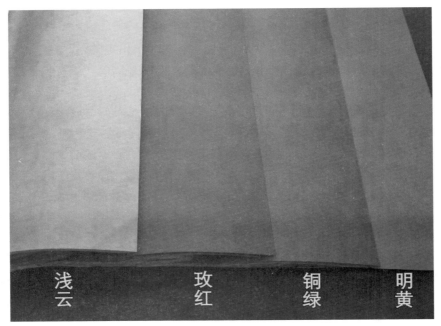

图2　谢公笺复原产品

　　北宋四大家、"苏门四学士"之一的黄庭坚也是"富阳女婿",这位颇具浪漫主义色彩的诗人便是十色笺的研制者谢景初之婿,二人既为翁婿又是诗友。黄庭坚与竹纸更是有一种"看不见、摸不着"的情结。黄庭坚醉心香氛之道,其香方还被收录于宋人陈敬的《陈氏香谱》,由于其曾担任国史编修官,故其调制的四种香被后世称为"黄太史四香"。根据史料所载黄庭坚制香之法,其中最重要的步骤便是将腌渍火煮后的香料用上品竹纸包裹,将其浸泡在清甜茶汤之中。沉檀浓香、清甜茶汤辅以竹纸清香,香感立体,芬芳扑鼻,一如现代香水所讲的前调、中调、后调。若选用的竹纸质量稍有瑕疵,香味便大打折扣。黄庭坚后被贬至黔州,由于缺乏质量上乘的竹纸,因此所制之香再无从前韵味。薄似轻鸿的一张竹纸,承载着黄庭坚厚重的人生寄托。或许黄庭坚之喜用竹纸,除了受谢景初影响外,苏东坡的示范也起到了作用。苏东坡《和人求笔迹》一诗中记载:"麦光铺几净无瑕,入夜青灯照眼花。"其中"麦光"便是竹纸的雅称。而后两句"从此剡藤真可吊,半纤春蚓绾秋蛇"则惋惜字迹如蚓蛇般绵软无力,浪费了好纸。

　　同样身为北宋四大家,书法家米芾虽与谢家无直接姻亲关系,但据考其"长沙掾""官长沙""佐文宝于潭"的叙述以及《续资治通鉴长编》《米芾集》等资料中不难发现,米芾曾辅佐文宝阁学士谢景温,为其幕僚门生。米芾醉心书法之道,生平书帖无数,其书法生涯所历经的"长沙习气"和"入魏晋平淡",都离不开谢氏家族尤其是谢景温的影响和帮助。米芾对纸张质量的要求更是达到了堪称苛刻的程度。据其《评纸帖》记载,"越万杵,在油掌上,紧薄可爱。余年五十,始作此纸,谓之金

千年泗洲 —— 中国手工纸的当代价值与前景展望 ——

版也","余尝硾越竹,光滑如金版"。米芾于50岁时开始用越州所制竹纸行文作画,对用纸要求极高,这无疑是对当时越纸(竹纸)的高度评价与认可。现存于故宫博物院的米芾晚年行书字帖《珊瑚帖》即以浅黄色竹纸所书,帖内"又收景温问礼图"中的"景温"即富阳谢景温。

富阳竹纸之于宋代富阳的教育事业,尤其是广大富春学子,同样有着非凡的意义。宋代科举制度在初期沿袭唐制,经过不断改良创新,至南宋时期已形成较为完善的进士科举制度。举子参加考试前需从书铺采购各类参试用纸,这对于条件平平的举子乃是一笔不小的开销,而富阳当地学子便自备家乡所产的考试用纸,费用则可节约一半以上。南宋乾道二年(1166),富阳籍学子徐安国金榜题名,徐进士所用之纸便是质地柔软、纹理清晰、便于书写的"元书纸"。古谚语有云:"京都状元富阳纸,十件元书考进士。"其字面意思是指举子使用富阳所产元书纸备考从而金榜题名,同时反映出富阳所造竹纸在宋代科举、教育领域举足轻重的地位。除了以上提到的几位名人大家,细读历史后处处皆可发现富阳纸在不同产业领域内活跃的身影,例如南宋富阳知县李扶改进元书纸、南宋富阳主簿杨简依托富阳兴盛的造纸及印刷业兴办学堂、重振县学等。在富阳源远流长的历史中,各路名人大家凭借他们自己的方式,或研发,或创新,或改良,或传承,为富阳造纸工艺发展刻下一个个历史烙印,为富阳造纸文明增添了丰厚的历史底蕴。

三、洗铅华,除旧纳新柳暗花明

时光如白驹过隙,历史的车轮从未停止向前转动。新中国成立后,得益于工业技术水平的不断发展以及改革开放,富阳的造纸业发展迅猛。2004年,经中国工业经济联合会调查研究和分析论证,富阳被评为"中国白板纸基地",2007年又被中国社科院工业经济研究所认定为"中国百佳产业集群"。在鼎盛时期,富阳规模以上造纸企业有300余家,造纸总产量占全国造纸行业总产量的8%(白板纸产量占全国白板纸总量的55%)。

富阳造纸产业迅猛发展所带来的除了良好的经济效益外,环保问题也在日积月累中浮现于人们眼前。富阳造纸企业的工业用水大多取自富春江。富春江是富阳的母亲河,是富春大地的动脉,孜孜不倦地哺育着这片土地,但也因造纸废水的流入几度失其纯净清澈。除此之外,造纸所需的庞大电力能耗以及随之而来的发电污染问题同样形势严峻。时任浙江省委书记习近平同志于2005年在浙江湖州安吉考察时提出"绿水青山就是金山银山"这一科学论断,当时的富阳也意识到解决造纸产业的环境污染问题已经迫在眉睫,如果放任自流则将积重难返,对环境造成难以挽回的破坏。于是,富阳以"不破不立"的精神解决一系列棘手难题,区委区政府按照"关停淘汰一批、整合入园一批、规范提升一批"的科学思路实施六轮传统造纸产业整治提升,累计关停造纸及关联企业千余家,成功使富春江水质稳定保持在 II 类。

富阳造纸文明的前世今生探究

经历了刮骨疗毒般的阵痛，在区委区政府的正确领导下，富阳造纸产业由此完成了"由量到质"的进化，基本实现了从粗放式生产到现代化生产的历史性转变。

曾经也会感叹富阳造纸产业会否就此退出历史舞台，从此寂寂无声。好在有铅华洗尽时，柳暗花明日，泗洲造纸遗址的出土便是富阳造纸产业转型、重获新生的契机。考古发掘硕果累累，产业发展日新月异，富阳顺应时代发展趋势，在泗洲造纸遗址文明的基础上开创了丰富多样的文旅活动和产品研发："宋纸新韵"文化展、纸文化研学游、古法造纸工艺体验展等，以富阳传统造纸文化为精神内核，达到文、旅、学、商的有机融合。

叹今朝，千年传承再现惊鸿；
宋有者，片纸源竹妙光景；
韵风流，辞藻诗赋伴雅琴；
传千载，往昔意境铭寸心；
承古脉，世间诸相意其型。

"宋韵"无相而又似世间诸相，传承千年的泗洲造纸遗址便是富阳"宋韵"文化的具象化体现，亦是富阳"宋韵"文化组成部分中最重要的一块基石，让原本如秋水浮萍般的富阳"宋韵"文化研究有了主心骨、压舱石。研习古法造纸技艺或需年载，而要真正参悟背后所蕴含的发明创造、历久弥新之精神，恐需践行一生。前世不明，现世当究；现世不明，后世续研。

一卷素纸，薄似轻鸿却可录尽岁月风华。富阳造纸文明历经了岁月流传、饱尝了历史沉浮，望未来能够在我们这一代获得新生，重新向世人展现它的万千风华之姿。

泗洲造纸作坊遗址保护与活化利用研究

张 鹏[1] 徐 达[2]

1. 杭州市富阳区委宣传部;
2. 浙江省社科联

习近平总书记指出,要积极推进文物保护利用和文化遗产保护传承,挖掘文物和文化遗产的多重价值,传播更多承载中华文化、中国精神的价值符号和文化产品。浙江省第十五次党代会强调要打造新时代文化艺术标志,实施"宋韵"文化传世工程。造纸术作为中国四大发明之一,在宋代出现了划时代的变化,在文学艺术繁荣、雕版印刷发展、技艺改良提升等多种因素促进之下,创造了造纸发展历史上的里程碑。位于杭州市富阳区的泗洲造纸作坊遗址(如图1所示)兼具"纸"和"宋"两大文化文明元素,存续年代初步认定为北宋至元初,是迄今为止中国国内乃至世界范围内发现年代最早、现存考古规模最大、工艺流程最全、规制等级最高、活态传承最悠久的造纸遗址,是"宋韵"文化传世的经典示范,是浙江乃至中国,以至世界造纸文明史上最重要的一笔文化遗产。重视和推动泗洲造纸作坊遗址的保护利用,将其打造成为浙江省"宋韵"文化传承的标志性工程和"国字号"造纸文化博物馆、国家级考古遗址公园,有助于打响"宋韵"浙江和"宋韵"杭州品牌,发挥文物对外交流的载体作用,推动浙江省造纸文化走向世界。

图1　泗洲造纸作坊遗址
资料来源:蒋侃摄。

一、泗洲造纸作坊遗址保护现状

（1）遗址保护及时。2008年9月，杭州文物考古所和富阳文物馆在高桥镇（现为银湖街道）泗洲村凤凰山北麓发现了宋代造纸作坊遗址；经国家文物局批准，同年10月，考古人员对该遗址进行正式考古发掘，确定遗址范围与主要内容；同年12月，杭州文物考古所召开遗址保护省级专家论证会，经专家建议，富阳在遗址本体上搭建钢架大棚予以保护；2013年3月，国务院公布泗洲造纸作坊遗址为全国第七批重点文物保护单位；2022年，泗洲造纸遗址被列为浙江省"宋韵"文化保护和传承体系的重要项目。

（2）遗址研究与历史认证完善。2008年，在国家文物局专家组及浙江考古研究所指导下，针对遗址进行的发掘工作确认了遗址面积、不同区域用途，做好对文物的清理研究。遗址中包含南宋造纸工作坊与各类工具均已有完整研究记录，据不完全统计，泗洲造纸作坊遗址共出土文物标本近3万件、可复原文物近300件，其中除了与造纸息息相关的各类石制构件等遗物外，还有许多造型精美的器物，如建窑黑釉盏、景德镇窑影青瓷碗、龙泉窑瓷香炉、定窑镶银白瓷碗等，与南宋临安城高等级遗址内出土的同类器具具有可比性，且精美程度毫不逊色。

（3）遗址综保复兴项目启动并有序推进。2022年以来，富阳区委区政府认真贯彻落实省委文化工作会议精神，在省、市两级文物部门的关心指导下，积极谋划和推动泗洲中国古代造纸遗址综保复兴项目。一是坚持规划先行，成立工作专班，高起点谋划泗洲造纸遗址综保复兴项目，深化完善富阳凤凰山（城北）片区规划，启动遗址保护规划、遗址公园规划和中国造纸博物馆设计工作。二是开展扩面考古，2022年7月开始，对泗洲区域组织开展深度的考古勘探。三是加强系统研究，相继形成《富阳泗洲宋代造纸遗址的科学研究》《富春宋纸》《皮纸与竹纸之间：庙堂抑或丛林》《富阳造纸文明的前世今生探究》等系列研究成果，同步开展造纸文化实物、史料研究收集等工作，为遗址价值的揭示与确认奠定了扎实基础。

二、推进泗洲综保复兴对实证中华文明源流和传承宋韵文化意义重大

（1）从遗址地位看，具备造纸文化"五个最"的重大历史价值。一是发现年代最早。根据出土遗物，目前判定遗址内主体堆积第二层为宋末元初堆积，第三层为南宋早期堆积，第二层下为南宋中晚期形成的遗迹。遗址内的两块纪年铭文砖，分别为"至道二年"（996年，宋太宗、宋真宗年间）、"大中祥符二年"（1009年，宋真宗年间），反映出泗洲作为南宋中晚期遗址并非一蹴而就，其可能在北宋时期就作为造纸遗址而存在。鉴于除泗洲造纸遗址以外，经正式考古认证的还有江西高

安华林造纸作坊遗址,但其遗迹主要为元明时期。因此可推断,泗洲造纸遗址是目前我国考古发现的年代最早的造纸遗址。二是现存考古规模最大。目前考古发现泗洲造纸遗址总体分布面积超过 1.6 万平方米,拥有至少三条互相关联的生产线,已达到规模化生产的能力。三是工艺流程最全。在遗址内发现的沤料池、漂洗池、石磨盘、抄纸槽、火墙等相关遗迹,基本反映造纸工艺从原料预处理、沤料、煮镬、浆灰、制浆、抄纸、焙纸等流程,集中展现了中国竹纸在历史全盛时期的全部工艺制造过程,造纸技术要素齐全,各遗迹单位性质明确、布局清晰、分工明确。四是规制等级最高。根据遗址出土的文物“司库”推断该遗址是宋代官方和宗教场所服务的造纸作坊遗址;根据相关文献记载推断,该遗址应为官营的大型造纸作坊,其代表的工艺水平和产品质量是当时的翘楚。五是活态传承最悠久。富阳手工造纸可溯源至汉明帝时期,距今 1900 多年。2006 年,富阳竹纸制作技艺被列入第一批国家级非物质文化遗产名录,庄富泉入选第一批国家级非遗项目代表性传承人。富阳竹纸是国内至今为止硕果仅存、保持“原生态性”的历史经典产业,“中国造纸之乡”“中国书画之乡”等品牌持续打响。

（2）从遗址特色看,具备“宋韵”文化的重大传承价值。一是城市记忆价值。南宋时期是杭州古代历史发展的顶峰,经济、文化、社会等各方面纵深发展,促成了临安城的高度繁荣。泗洲造纸遗址代表两宋造纸工艺的最高水平,通过陆运或者水运保障临安城市及“东南佛国”用纸所需,对促进临安皇城经济政治、思想文化、科学技术、国计民生等发展起到了较大的促进作用。二是科学技术价值。遗址所处两宋时期是中国江南尤其是两浙造纸从皮纸转向竹纸的转折期,通过发挥成本经济性和生产规模优势,实现工艺的不断优化提升,带动了地方造纸业的加速发展,进一步造就了全国刻书中心的地位。如遗址中的火墙非常清楚,是证明宋应星《天工开物》中火墙记载的实物依据。三是文化价值。从竹纸当时的使用情况看,因其本身的物美价廉,得到王安石、谢景温、米芾、苏轼、黄庭坚等诸多宋代政治家、书画家、文学家的认可,对当时文化艺术繁荣有着巨大的推动作用。宋代以来,“京都状元富阳纸,十件元书考进士”流传至今,为造纸文明增添了丰厚的历史文化底蕴。四是研究价值。通过对泗洲造纸遗址特别是古老造纸工艺和其社会背景、发展过程的保护研究,可以就南宋临安的资源状况、手工业发展、生态环境变化、生活方式演变、风俗习惯、宗教信仰起因和演变过程、南方古代文化传播史、杭州城市发展历史等多个方面开展研究,为“宋韵”文化研究、传播、推广提供丰富的案例和素材。

（3）从遗址条件看,具备申报世界文化遗产与联合国非物质文化遗产的重大基础价值。一是具备进入世界文化遗产名录的基本条件。首先,造纸文化对人类思想、知识、文化传播起到重大推动作用,至今尚未有造纸相关的文化遗产或文化景观被列入世界文化遗产名录,泗洲造纸的“申遗”意义是其他一般遗址承载的文化意义所无法比拟的,满足申报遗产名录中“代表不足”这一条件,有望填补空白。其次,遗址建造和生产基于对当地环境的充分利用和改造,且世界文化遗产中工业遗产比例偏小、能入选的基本为近代工业革命前后时间的遗产、古代工业遗产数量很少,如我国入选名单中仅有"青城山都江堰水利灌溉系统"、预备名单中仅有中国白酒老作坊和中国古代瓷窑遗址两项,泗洲造纸遗址如作为工业遗产申报具有稀缺性。再次,各级各单位对泗洲造纸遗址有着扎实的保护基础和先见的保护意识,在进行抢救性发掘的基础上,仅用四年时间就把实物资料、民俗学和文献资料、工艺布局等相关报告资料整理出版,在揭露遗迹之后即不再向下挖掘并回填保护,保证了造纸遗址的完整性,满足世界文化遗产"其物理构造或重要特征都必须保存完好"的条件。二是具备申报联合国人类非物质文化遗产的基础条件。从世界造纸史的维度看,现代造纸工业基本沿袭中国手工竹纸制作工艺及原理,中国竹纸是现代造纸业的鼻祖,而手工竹纸制作技艺是中国独有的,以富阳元书纸为代表的中国竹纸完全满足非物质文化遗产的稀缺性和唯一性的申报要求。由于泗洲造纸遗址和富阳手工造纸活态传承的存在,富阳具有以"中国竹纸制作技艺"申报非物质文化遗产的独特优势和基础条件。

三、打造泗洲造纸遗址宋韵文化标志性工程的对策建议

(1)做好泗洲造纸遗址公园的规划、建设和申遗工作,纳入浙江省宋韵文化传世工程。一是打造全国造纸文化展示和浙江省"宋韵"文化传承的标志性工程。深入学习贯彻习近平总书记关于文化遗产保护传承的重要指示精神,学习借鉴良渚遗址公园、德寿宫等经验做法,坚持高起点规划、高质量建设、高水平运维,以建设国家考古遗址公园为方向,科学合理规划遗址及周边区域,统筹政府投入和引进市场主体参与开发,打造中国造纸遗址公园、中国造纸博物馆(如图2所示)、"宋韵"文化重要展示区和长三角一流文旅产业区,进一步彰显纸文化在人类文明体系里的重要地位。二是构建之江文化产业带的重要一极。发挥富阳作为杭州城西科创大走廊联动发展区的优势,与其周边的凤凰山、阳陂湖以及华宝斋特色文化资源等有机结合,以"宋韵"造纸的活态传承利用为重点,整合富阳区现存的湖源、大源、灵桥等国家级非遗手工造纸生产性保护基地资源,加快推进文化文创产业发展,形成集遗址和非遗研学体验、文化文创产业培育、生产生活生态融合一体的造纸文化产业园。同时,鉴于目前木版水印(雕版印刷)等现有部分国家级非遗项目尚未建立有效的统一平台,要统筹考虑纳入、汇聚中国古代四大发明中造纸术与印刷术的相关非遗项目,一体化加以保护、展示、传承,集中展示杭州在两宋时期领先世界的造纸和印刷等手工业。三是稳步有序做好申遗前期工作。发挥泗洲造纸遗址的完整性优势,统筹竹纸传统技艺这一国家级非物质文化遗产名录、一批传统造纸文化村和代表性传承人等资源,强化造纸文化和印刷文化特色,通过申遗为弘扬中国传统科技文化提供原始依据,为再现中国古代造纸术工艺流

程提供佐证。在竹纸作为国家级非物质文化遗产的基础上,可与江西、福建等地竹纸联合申报联合国人类非物质文化遗产,生动展示世界造纸科技发展的演变过程。

图2　中国造纸博物馆效果图

　　(2) 做好泗洲造纸作坊遗址可移动文物的保藏、展陈、活化工作,纵深推广造纸文化和造纸技艺。一是坚持科技赋能、创新表达,让文物"活"起来。定位泗洲造纸作坊遗址为国际造纸文化交流互鉴的国家级平台,打造"国字号"造纸文化博物馆,进一步拓展博物馆的社会教育功能。引入数字虚拟人"AI博物'官'"介绍造纸文化,构建形式多样、内容丰富的立体式展陈服务体系。坚持"泗洲造纸"与《富春山居图》的有机结合,深入挖掘竹纸与《富春山居图》、黄公望等内在联系要素,联合打响"富春宋纸"品牌,设置"三维版画"数字媒体语言,通过多视角的递进体验,让《富春山居图》中的八个人物"活"起来、动起来,让图外的游客同步进入图中,营造"人在画中游"的沉浸式体验。二是启动建设"宋韵"造纸生活体验基地(体验点),提升群众的文化体验感。依托"宋韵"文化研究传承中心等智库力量,邀请南宋文化历史研究学者、相关机构专家召开专题研讨会,制定评审标准,遴选出代表"宋韵"造纸生活的项目活动入驻基地(体验点),如造纸工艺全系列、纸类鉴赏等。举办"富春宋纸"文化节等节事,让广大市民和游客领略体验"宋韵"雅生活的独特韵味。三是依托富春江文化标志性事件打响"富春宋纸"文化品牌。策划《印象富阳》《宋纸绘泗洲》《京都状元富阳纸》等沉浸式体验实景大剧,用笔墨光影书写泗洲造纸故事以"行进式表演、沉浸式观演"方式呈现泗洲"名品造纸十四步",以创新形式提高泗洲造纸作坊遗址的可见度、传播力和影响力,为旅游演艺注入深层的富阳造纸文化元素和更有吸引力的文化内涵。

　　(3) 做好泗洲造纸作坊遗址的挖掘、研究、编整工作,构建系统完备的工作体系。一是做好遗址进一步考古调查和造纸文化研究挖掘。浙江省、杭州市文物部门和富阳区形成工作合力,健全遗址文物保护管理机制,加快推进泗洲造纸作坊遗址文物的考古、征集、保护、修复。加快摸清"富春宋纸"文化遗产资源家底,系统调研富阳造纸作坊文化遗迹和文物古迹,整理相关的造纸资料、文化遗产资料、图书影像资料,把历史文化、官商故事、手工手作等挖出、理清、讲明,丰富"富春宋纸"的内涵和外延。二是构建培养一支稳定的文化科研力量队伍。与中国科学技术大学、北京大学、复旦大学、浙江大学等国内知名高校合作创办杭州宋纸文化研究院,打造具备古籍纸样分析和针对纸张现场考古能力的考古实验室,定期组织宋纸文化学术论坛,形成"宋韵"造纸文化研究智库,聘任来自学术研究、艺术审美、文物保护、产业发展、媒体传播五大领域的海内外宋文化专家、艺术家和传承人成为首批智库成员,共同解码"宋韵"文化基因、演绎宋代美学,打造研究、弘扬和宣传推介宋纸文化的高能级平台。三是依托多方力量完善文化传播体系。依托浙江省高校科研优势,积极开展校地合作,通过举办"艺术赋能造纸文化"等校地联合实践活动,引导高校师生驻地开展"富春宋纸"创作文创作品。以博物馆社科基地为载体,组织"宋韵"考古、"宋韵"生活、"宋韵"技艺等学术普及讲座和沙龙活动。建立青少年活动科普教育基地,与团省委、省科协多维联动形成挂牌合作机制,打造一批"宋韵"文化研学精品项目,吸引青少年参加古法造纸课程。加强与中央、省、市级媒体的宣传合作,策划富阳"宋韵迹忆"主题宣传平台,推出"宋韵"文化造纸研学旅游地图,阶段性科普呈现"富春宋纸"科研挖掘的品牌故事,全面展示宋代文化遗存,解码"宋韵"文化基因。

千年泗洲

—— 中国手工纸的当代价值与前景展望 ——

皮纸与竹纸之间：
庙堂抑或丛林

——兼论富阳泗洲宋代造纸作坊遗址的几点断想

邱　云

杭州市富阳区政协

摘　要： 在富阳泗洲宋代造纸作坊遗址考古成果的基础上，从宋代政治、社会、官制、赋役、印刷业发展等多角度，抓住宋代作为中国造纸由皮纸转向竹纸的历史转换期这一特征，揭示自宋以降富阳乃至浙江地区造纸业存续与发展的内在逻辑。

阐明富阳作为"竹纸之乡"，所拥有的全国重点文物保护单位富阳泗洲宋代造纸作坊遗址和国家级非物质文化遗产传统手工造纸（竹纸）技艺在中国造纸史中的历史价值。

2008年9月至2009年3月，经国家文物局批准，杭州市文物考古所与富阳市文物馆组成联合考古工作队对位于富阳市高桥镇泗洲村的古代造纸遗址进行了抢救性发掘。经正式考古发掘和国家文物局专家组论证，确定该处遗址为中国古代造纸作坊遗址，存续年代初步认定为北宋至元初。遗址较为完整地保存了古代造纸工艺遗存，是目前中国发现的年代最早、规模最大、工艺遗存保存最完整的造纸遗址。2013年，富阳泗洲宋代造纸作坊遗址被国家文物局认定为第七批全国重点文物保护单位。

尽管从考古发掘的角度，富阳泗洲宋代造纸作坊遗址已经得出明确的结论，但是古代文献资料中有关宋代及以前富阳造纸记载难以觅踪，一时间使得考古发掘成果陷入孤证境地。本文试图从宋代政治、社会、官制、赋役、印刷业发展等多角度提出断想，梳理出富阳泗洲宋代造纸作坊遗址历史存在的逻辑。

一、历史地理上的断想：从由拳村到泗洲村

富阳的历史沿革可上溯至始皇帝二十六年（前221）置富春县；东晋太元十九年（394），为避简文帝生母宣太后郑阿春讳，更名富阳；隋开皇九年（589）属杭州；南宋绍兴八年（1138），南宋定都杭州，富阳升为畿县。历史上地名或有反复，富阳一名沿用至今。

自唐代始，富阳素有从事造纸的传统，清代嵇曾筠（1670—1739）修《浙江通志》卷九十九载："邑人率造纸为业，老小勤作，昼夜不休。"有关富阳造纸现存的最重要早期文献见于南宋潜说友（1212—1277）撰《咸淳临安志》卷五十八"杭州物产：货之品"："纸，岁贡藤纸。按，旧志云：余杭由拳村出藤纸，省札用之；富阳有小井纸；赤亭山有赤亭纸。"又南宋吴自牧撰《梦粱录》卷十八载："纸，余杭由拳村出藤纸；富阳有小井纸；赤亭山有赤亭纸。"余杭由拳村位于富阳西北方向，富阳、余杭、临安三地交界处。唐李吉甫（758—814）撰《元和郡县志》卷二十六载："由拳山，晋隐士郭文举所居，旁有由拳村，出好藤纸。"表明由拳村自唐代起便产藤纸。北宋米芾（1051—1107）在《评纸帖》中提到："油拳（纸）不浆，湿则硾染，薄紧可爱，不宜背古书耳。"对油拳（由拳）所产藤纸给予高度评价。北宋乐史（930—1007）撰《太平寰宇记》卷九十三载："由拳山，本余杭州也。一名大辟山。《郡国志》云：青障山，高峻为最，在县南十八里。山谦之《吴兴记》云：晋隐士郭文，字文举，初从陆浑山来居之。王敦作乱，因逸归入此处。今傍有由拳村，出藤纸。"

又南宋潜说友撰《咸淳临安志》卷二十四载："由拳山，在县南二十六里，高一百八十丈九尺，周回一十五里。按，《搜神记》云：由拳即嘉兴县，吴元帝时，县人郭暨猎与由拳山，人隐此，因以为名。"表明东晋郭文举从由拳县（即嘉兴县）避乱到余杭大辟山隐居，因而又名由拳山。现富阳、余杭、临安三地皆有关于郭文举的传说，而三地交界之处有一山名大涤山，恰与大辟山音近，而大涤山南面有一处地名为"牛肩岭"，本地乡贤考据认为系"由拳岭"方言讹变，在泗洲造纸遗址西北约15千米；距离牛肩岭不足5千米，临安至今有一地名为"白纸槽"，另见富阳银湖街道（原高桥镇）有一处地名亦为"白纸槽"，位于泗洲造纸遗址东北，直线距离约5千米。这些地方皆位于溪流上游，山区密林，究其历史成因，可能与富阳、余杭、临安三地交界处的当地造纸传统直接相关。

至于《咸淳临安志》中记载的"富阳有小井纸，赤亭山有赤亭纸"所涉地名富阳"小井"，为现富阳区富春街道宵井村，位于泗洲造纸遗址西南约15千米处，历史上具有根据竹纸工艺原理以稻秆为原料制作手工草纸的传统，以此作为本地居民的一项重要副业，至改革开放后逐渐消逝。北宋苏易简（958—996）撰《文房四谱》卷四《纸谱》载："浙人以麦茎、稻秆为之者脆薄焉，以麦稿、油藤为之者尤佳。"[1]129表明北宋年间浙江地区就已借助竹纸工艺，以麦茎、稻秆为原料造纸。赤亭山，位于泗洲造纸遗址东南约10千米处，《隋书·地理志》载："富阳有鸡笼山，沿俗名也。又

名赤亭山。"《咸淳临安志》卷二十七载:"赤松子山,在县东九里……又名华盖山。一曰赤亭山,又曰鸡笼山。"另《杭州府部汇考》载:"黄梅山,在(钱塘)县治西南五十里,高八百丈,周回十里,山麓绵邈而东,周二十里,溪水环集,皆植松竹,竹多于松,里人取竹作纸充徭役也。按《县志》:黄梅近祖龙门山。"其所载位置恰在现富阳区银湖街道与西湖区交界的黄梅坞一带。综上,在以西北由拳山、西南宵井村、东北黄梅坞、东南赤亭山形成的一个四边形区域,历史上具有手工造纸的传统基础,而泗洲造纸作坊遗址(图1)恰巧位于这一区域中心位置。

图1　泗洲造纸作坊遗址

二、遗物:关于"库司"的断想

根据杭州市文物考古所对富阳泗洲宋代造纸遗址的现场考古发掘成果看,遗址出土多以实物资料为主,基本可以判断遗址为宋代造纸作坊遗存;而带有文字信息的实物仅见两块砖铭、少量带有刻印及底部墨书的瓷器、大量以宋代为主的铜币。

(一)景德镇窑青白瓷腹底残件上的外底墨书"库司"

墨书"库司"的书法风格,基本符合北宋较为尊崇的颜体正书书写的样式,书写结体、字形、笔力十分规范,而且明显有学习苏轼用笔的迹象,表明书写人曾接受过较好的书写训练,且与其他出土遗物(如图2所示)年代较为吻合,基本可判断为北宋时期物件。而其他出土的瓷器残件带有外底墨书,在书写的规范性上较为随意,且瓷器质地和用釉比较粗劣,所书字迹留存模糊,基本可判断为工匠日常用具。

图2　泗洲造纸作坊遗址出土文物

　　"库司"一词在宋元时期基本有两个研究方向的存在：一是机构或职官；二是宗教机构或岗位。在宋元时期，库司并未出现在正式的官府机构以及职官表中，而是散见于各类文献中，出现的频次不多。笔者可查阅到提及"库司"一词的文献为唐僖宗年间新罗人崔致远（857—?）撰《桂苑笔耕集》，其卷二十中《谢再送月料钱》载："某启。昨日军资库送到馆驿巡官八月料钱，伏缘某将命速方，已奉公牒暂离候馆，即指归程，既蒙别赐行装，岂令□□，职□俸难领受，遂便送还。不知库司具状申上，上伏奉□□者。"[2]此处库司当为"军资库"①负责发放月料钱的胥吏，职能类似现在机构内设的财务人员（出纳）。又北宋王溥（922—982）撰《五代会要》卷八载："（后唐）长兴元年十月十九日，敕太常礼院例，凡赗匹帛言段不言端，匹每二丈为段，四丈为匹，五丈为端，近日三司支遣每段，全支端匹，此后，凡交赗赠匹帛祇言合支多少段，库司临时并蹙尺丈给付，不得剩有支破。"此处库司当为管理官方布匹库房的胥吏，职能类似现在负责出入库的仓库管理员。又南宋廖行之（1137—1189）撰《省斋集》卷五"论弓手请给札子"载："盖缘尉司自来不置弓手，请受簿又逐月具券，亦不经官点方检，赴所属帮勘，其库司亦不照券旁支钱发下。"此处库司当为负责"支钱发下"的官吏，职能类似现在机构内设的财务人员（出纳）。而笔者目前见于正史的记录"库司"一词有2条，一则是元代托克托（1314—1356）撰《金史》卷四十八志第二十九（《章宗本纪》）中载："（章宗明昌元年）其钞不限年月行用，如字文故暗，钞纸擦磨，许于所属库司纳旧换新……印造钞引库库子、库司、副使各押字，上至尚书户部官亦押字。其搭印支钱处合同，余用印依常例……（七年）十月，杨序言：交钞料号不明，年月故暗，虽令赴库易新，然外路无设定库司，欲易无所，远者直须赴都。"此处库司当为隶属于金代官府尚书省户部的"印造钞引库"的官吏之一，另两管理分别为库子和副使。又明代宋濂（1310—1381）撰《元史》卷八十四之《选举志》第三十四载："大德三年，（中书）省准：诸路宝钞提举司、都提举万亿四库司吏,九十月提控案牍内任用,如六十月之上,自愿告叙者,于都目内迁除,有阙于平准行用库攒典内挨次转补。省准:宝钞总库司、提举富宁库司,俱系从五品。"此处库司当为隶属于元代官府宝钞总库的官吏之一,《中国历代官称辞典》载:"宝钞总库。元代至元二十年(1288),改元宝总库(中统元年(1260)始设)为宝钞总库,掌收储发放宝钞事,秩从五品。置达鲁花赤、大使、副使等官主持。凡印造库所印新钞,即送总库收储,由总库发下各行用库。"

因为泗洲宋代造纸作坊遗址与金代印造钞引库和元代宝钞总库"库司"在存续年代、地理等不存在重合情况,加之宋元时期"纸币"的用纸采用皮纸(含麻纸)而非竹纸,因此在此暂不赘述。另清代编撰《钦定古今图书集成方舆汇编》《职方典》第十六卷"顺天府公署考"中载:"丰润县县治。在城东北隅……金大定二十七年建……明洪武初重建……弘治年,县令张表立幕厅三楹,仪门、谯楼各三楹,库房二楹,在堂东西。銮驾库二楹,在堂西,今改为库司。典史东西序各五楹。"此处库司当为县衙库房。由上述可知,库司一词基本指向两层含义,即一是指负责收储发放钱物的胥吏或幕皮纸与竹纸之间:庙堂抑或丛林僚(职役);而在《金史》《元史》中出现的"库司"是专指金代印造钞引库,元代宝钞库的官吏,元代明确规定"宝钞总库司、提举富宁库司,俱系从五品"。二是指州府军资库、公使库、架阁库及县衙库房。

寺院中的"库司"基本也是这两层含义,一则根据《汉语大词典》名词解释:"库司。① 佛寺中包括都寺、监寺、副寺在内的管事部门。② 指寺院中司会计之事的僧人。"见北宋崇宁二年(1103)真定府十方洪济禅院住持传法慈觉大师宗赜集《禅苑清规》之"冬年人事"载:"节前一日。堂头有免人事。预贴僧堂前。至晚堂内库司点汤……次日知事就库司特为首座已下煎点。"[3]又南宋咸淳十年(1274)金华后湖比丘惟勉编次《丛林校定清规总要》第二十五条载:"专使请住持,住持受请。如请住持、本寺库司,会知事头首单寮耆旧献茶,言定何日。先遣行者老郎通书,书纸系库司。客头送往头首寮,仍商议,请行人充专使。有两班中一人,或后堂,或书记,或单寮大耆旧一人,或都寺自充。库司请茶汤,管待、都寺同专使前往。干事掌财,具帐历。涂中有事,即与专使商量。"二则指寺院中的库房或库司办公用房。见北宋余靖(1000—1064)撰《武溪集》卷七《寺记》载:"庐山归宗禅院妙圆大师塔铭。愿以法席传之四方,禅学闻风远至户外,待次,每至宵分,檀施委积,库司常余百万黄檗山者,唐相裴休所施庄田旧赡五百余众。"又北宋何薳(1077—1145)撰《春渚纪闻》卷四《杂记》载:"龚正言持钵巡堂。龚彦和正言自贬所归卫城县,寓居一禅林,日持钵随堂供。暇日偶过库司见僧雏具汤饼,问其故。云:具殿院晚间药食。龚自此不复晚餐云。"又南宋潜说友撰《咸淳临安志》卷八十二《寺观八·六和塔记文》载:"和义郡王杨存中,率先众力出俸资助,又居士董仲永以家之器用衣物咸舍,以供费先造僧寮、库司、水陆堂、藏殿,安存新众,俾来者有归依祈求之地。"

综上,在遗址考古发掘出土的带有外底墨书"库司"的景德镇窑青白瓷腹底残件当有两个指向：一是宋代州府监司的军资库、公使库、架阁库、县衙库司，及其负责收储发放钱物的胥吏或幕僚；二是寺院中库司。

（二）瓷器的窑口看造纸工匠的流动

据《富阳泗洲宋代造纸遗址》附表一"出土遗物统计表"载，合计出土瓷器及其残片27851件，其中龙泉窑青瓷器1616件、越窑青瓷器28件、铁店窑瓷器202件、未定窑口青瓷器9340件、景德镇窑青白瓷器614件、未定窑口青白瓷器122件、黑酱釉瓷器694件、仿定窑白瓷器52件、未定窑口白瓷器16件、青花瓷器58件、粗瓷器15109件。其中浙江青瓷器和景德镇青白窑瓷器为宋代江南两大窑系，龙泉窑、越窑及未定窑口的青瓷应为浙江本地工匠使用，而景德镇青白瓷器、仿定窑白瓷器、青花瓷器主要是宋代景德镇窑，而一些未定窑口的青白瓷器多为安徽、江西、福建的民间窑口，未定窑口白瓷器多为北方民间窑口。铁店窑属婺州窑，其年代上起北宋下至元代，与泗洲造纸遗址存续年代基本吻合。而黑酱釉瓷器所涉遇林亭窑属建窑，其年代也基本为北宋至元初，其他未定窑口黑酱釉瓷器大体可判定为宋代建窑或吉州窑的民用瓷器。除粗瓷器15109件之外，其余瓷器达12742件，这反映出泗洲宋代造纸作坊遗址当时的造纸工匠可能来自不同的地区，除浙江本地工匠外，从出土数量多寡看，最有可能的是来自江西、福建、金华三地，浙江本地工匠主要以使用龙泉窑、越窑青瓷的越中地区，而这四个地区自唐以来便是中国重要的竹纸产区，在造纸技艺上是当时全国最具代表性的地区，尤其是竹纸工艺方面。这种规模的造纸工匠流动情况，在宋代朝廷对造纸业管控的背景下，明显具备官方征调或者协调的影子，否则难以在上供纸有配额的地区进行民间性质的市场征调。如南唐后主李煜（937—978）就曾将四川技艺精湛的造纸工匠征调到南京制纸，所造纸质地雅洁，即以其宫殿为名称"澄心堂纸"[4]。最早有记载设立纸官署的当在南北朝时期的南齐，北宋朱长文（1039—1098）撰《墨池编》卷六载："《丹阳记》：江宁县东十五里有纸官署，齐高帝于此造纸之所也。尝造银光纸，赐王僧虔。一云凝光纸也。"南宋孝帝乾道年间也将造会纸局设在临安府，淳熙二年（1175）时该造纸坊竟然雇用日工达千余人[4]，南宋潜说友撰《咸淳临安志》卷九载："造会纸局，在赤山之湖滨。先是造纸于徽州，既又于成都。乾道四年三月，以蜀远，纸弗给，诏即临安府置局……咸淳二年九月并归焉，亦领以都司工徒，无定额，今在者一千二百人。咸淳五年之三月，有旨住役。"因此，在纸张需求较大的地区，如杭州、越州、徽州、建阳、四川之间，官府主导的造纸工匠跨区域流动日趋频繁。据记载，绍兴二十二年（1152）建州松溪人李扶知富阳县，也曾有从家乡建州召调熟练造纸工匠指导提升富阳竹纸工艺和品质[5]。而到了明代，设立造纸官局则成为常态，如《江西通志》卷二十七载："永乐中，江西西山置官局造纸，最厚大而好者曰连七，曰观音纸。"又明代吴之鲸撰《武林梵志》卷五载："（杭州）玉泉寺，旧名净空院……宣德间，置白纸局，就池造纸，淆浊久之。局废皮纸与竹纸之间：庙堂抑或丛林而泉复洌矣。"

（三）年代：两块带刻划铭文的砖

遗址考古出土的两块带有刻划铭文的砖，一则为第二层堆积出土遗物标本T2②（如图3所示）：67泥质灰陶，质细。正面刻"大中祥符二年九月二日记"（笔者注：隶书）字样。二则为第二层下遗迹出土遗物标本G6:1，残。泥质灰陶。正面刻写草书文字"丙申七月内（笔者释读为：疑'造'）……道（笔者释读为：'迢'）（笔者释读为：'淌''写'）……邵子杨……至道二年"。大中祥符二年为乙酉年（1009），"祥符"为宋真宗年号。至道二年为丙申年（996），"至道"为宋太宗年号，这与砖铭"丙申"形成呼应，据考至道二年是闰年，且为闰七月，此砖烧造当为正七月。两个年号之间相差13年，遗址出土分层基本符合年代的前后顺序，基本可推定遗址的建造年代应不早于至道二年七月。根据对遗址附近村民的姓氏情况的考察了解到，泗洲遗址附近村民确有邵姓聚居。

图3 "大中祥符二年九月二日记"铭文砖

三、皮纸与竹纸之间：从"省札"说起

南宋赵升撰《朝野类要》卷四载："省札，自尚书省施行事。以由拳山所造纸，书押给降下，百司监司州军去处是也。"又见元代陶宗仪（1329—1412）撰《说郛》卷

五十一下载:"省札,尚书省施行事。以由拳山所造纸,每张三文,与免户役。准此字令写大准此。"省札,是宋代尚书省处置公务的官方文书,由尚书省签押后下发诸司地方施行。从文献中透露出以下信息:在纸张选用上规定"以由拳山所造纸",采购价格为"每张三文",并可"与免户役"即对造纸户以造纸充徭役。尽管这两部文献不是官方文献,但是作为文人入仕时朝典礼仪的参考书目,其表述应具有一定的参考价值。而依唐宋官方文书用纸的规定,可见唐代张九龄(673—740)等撰《唐六典·中书省》载:"自魏晋以后,因循有册书、诏、敕,总名曰诏。皇朝因隋不改,天后天授元年^①,以避讳,改诏为制。今册书用简;制书、劳慰制书、发日敕用黄麻纸;敕旨,论事敕及敕牒用黄藤纸;其敕书颁下诸州用绢。"黄麻纸,是指以本性麻纸染以黄蘗汁而成,属于染色加工纸。因黄蘗汁含有一种生物碱"小柏碱",具有杀虫防蛀功效。黄麻纸主要用于写经和官府文书。而文中所提及"由拳山所造纸"当指藤纸。唐以降,藤纸需求激增,用量极大,导致唐末剡溪流域剡藤资源殆尽,无以支撑官方用纸。唐代宪宗朝进士舒元舆(791—835)曾撰《悲剡溪古藤说》提道:"剡溪上绵西五百里多古藤,株蘗逼土,虽春入土脉,他植发活,独古藤气候不觉,绝尽生意……纸工嗜利,晓夜斩藤以鬻之,虽举天下为剡溪,犹不足以给,况一剡溪者耶。以此,恐后之日不复有藤生于剡矣。"而同期唐代李吉甫撰《元和郡县志》中记载了由拳山出好藤纸,以补吴越地区的剡溪藤纸之缺。

又见唐代李肇撰《翰林志》载:"凡赐与、征召、宣索、处分,曰诏,用白藤纸。凡慰军旅,用黄麻纸并印。凡印批答、表疏,不用印。凡太清宫、道观、荐告、词文,用青藤纸朱字,谓之青词。凡诸陵、荐告、上表、内道、观叹、道文并用白麻纸。"《新唐书·百官志一》载:"凡拜免将相,号令征伐,皆用白麻。"白麻纸,指用苘麻制造的纸。唐制,由翰林学士起草的凡赦书、德音、立后、建储、大诛、讨拜及免将相等诏书都用白麻纸,可见南宋赵升撰《朝野类要》卷四《文书》载:"白麻,文武百官听宣读者,乃黄麻纸所书制可也。若自内降而不宣者,白麻纸也,故曰白麻。按:自元和初,凡赦书、德音、立后、建储、大诛、讨拜、免三公宰相命将曰制书,并用白麻,不用印。"

至北宋,白麻纸逐渐被池州楮纸即楮皮纸替代,宋叶梦得(1077—1148)撰《石林燕语》载:"唐中书制诏有四:封拜册书用简,以竹为之。画旨而施行者,曰发曰敕。用黄麻纸承旨而行者,曰敕牒。用黄藤纸赦书,皆用绢黄纸,始贞观间。或曰:取其不蠹也。纸以麻为上,藤次之,用此为重轻之辨。学士制不自中书出,故独用白麻纸而已。因谓之:白麻,今制不复以纸为辨。号为白麻者,亦池州楮纸耳。曰发,曰敕,盖今手诏之类,而敕牒乃尚书省牒,其纸皆一等也。"又南宋顾逢撰《负暄杂录》载:"南唐以徽纸作澄心堂纸,得名。"《江宁府志》载:"后主造澄心堂纸,甚为贵重。宋初纸犹有存者,欧公曾以二轴赠梅圣俞……淳化阁帖,皆此纸所拓。"北宋沈括(1031—1095)撰《梦溪笔谈》卷一载:"嘉裕中,置编校官八员,杂对四馆书,给吏百人,悉以黄麻纸为大册写之,自是私家不敢辄藏。"表明北宋时期官方用纸主要是黄麻纸、黄藤纸、白麻纸和绢黄纸,这些纸种皆属于广义的皮纸范

① 天授(690年10月16日至692年4月22日):武则天称帝后第一个年号,使用共计约一年半。武则天于载初元年九月壬午(690年10月16日)改国号为周,改元天授。天授三年四月丙申朔(692年4月22日),有日食,改元如意,结束天授年号使用。

畴,即以麻皮、藤皮、树皮等韧皮纤维为原料制成的纸,未脱离韧皮纤维造纸之窠臼。而竹纸是指以嫩竹的竹纤维为原料制成的纸,本质上说,无论是纤维构成还是制作工艺等方面,皮纸与竹纸存在差异。唐代中期,剡溪流域剡藤资源枯竭后,当地造纸业利用越中山区竹子资源,转向以竹纸为主,逐渐形成越中竹纸的影响力,如南宋顾逢撰《负暄杂录》载:"唐中,国未备,多取于外国……今中国惟有桑皮纸、蜀中藤纸、越中竹纸、江南楮皮纸。"清代国子监司业顾栋高(1679—1759)撰《春秋大事表》卷六上载:"富阳县,本为富春。春秋时属越西境;海宁县,春秋时地介吴越间,彼此分属;余杭县,春秋时属吴越二国。"可知,富阳及余杭西南一带在春秋时属于越国,富阳一带生产的竹纸当属越纸范畴。

四、待字闺中到登堂入室:看竹纸本身

潘吉星指出"竹纸的出现标志造纸史中一个革命性开端,即以植物茎秆纤维造纸……在唐以前的900多年间,造纸主要以茎皮纤维为原料"[6]。两宋时期,竹纸生产已基本覆盖两浙、江西、福建、四川等地,纸张选材完成了由汉唐时期取用木本植物的韧皮部分向取用草本植物尤其是竹子茎秆主体的转变,竹子典型的速生特性使得纸材能够充足供给,加之两浙率先实现了竹纸工艺的突破,使纸张产量得到了有效的提升。再加之"纸药"①的广泛使用,改善了纸浆的性能,便于纸张间的分揭,有效提升了造纸工艺的技术和效率,由此开创了中国手工纸领域皮纸与竹纸并行的局面。

从造纸原理的角度来看,皮纸选用的茎皮类原料纤维多而木质素少,而竹子的纤维较少而木质素比例较高。造纸工艺最主要的目的就是脱除木质素和分散纤维,所以麻类、藤类等韧皮类原料更易于造纸,竹子则需要更加复杂精细的加工工艺才能达到更高的纸的品质。宋代竹纸一开始并未展现出与皮纸匹敌的品质和地位,北宋苏易简撰《文房四谱》卷四《纸谱》载:"今江浙间有以嫩竹为纸。如作密书,无人敢拆发之,盖随手便裂,不复粘也。"[1]135 又蔡襄(1012—1067)《端明集》卷三十四载:"吾尝禁所部不得辄用竹纸,至于狱讼未决而案牍已零落,况可存之远久哉。"又南宋戴侗(1200—1285)撰《六书故》卷二十一载:"今之为纸者用楮与竹,竹纸毳而易败,楮之用多焉。"表明尽管在宋代竹纸工艺取得了突破,能够基本满足写印用纸的要求,但当时的竹纸仍然较脆,不易保存,与成熟的皮纸相比,仍略显粗劣,因此书写上更多地选用楮纸,竹纸要成为正式官方的写印用纸亟待工艺和品质上的提升。

五、士大夫翕然效之:从"简椠"说起

南宋周密(1232—1298)撰《癸辛杂识·前集》载:"简椠。简椠,古无有也。陆

① 见南宋周密撰《癸辛杂识·续集下》:"凡撩纸,必用黄蜀葵梗叶,新捣方可以撩。无则粘连,不可以揭。如无黄葵,则用杨桃藤、槿叶、野葡萄皆可,但取其不粘也。"

务观谓始于王荆公,其后盛行。淳熙末,始用竹纸,高数寸,阔尺余者,简版几废。自丞相史弥远当国,台谏皆其私人。每有所劾荐,必先呈副,封以越簿纸书,用简版缴达,合则缄还,否则别以纸言某人有雅,故朝廷正赖其用。于是,旋易之以应课,习以为常。端平之初,犹循故态。陈和仲因对首言之,有云:稿会稽之竹,囊括苍之简。"正谓此也。又其后括苍为轩样纸,小而多,其层数至十余叠者,凡所言要切则用之,贵其卷还,以泯其迹。然既入贵人达官家,则竟留不遣,或别以他椠答之。往者御批至政府从官皆用蠲纸,自理宗朝亦用黄封简版,或以象牙为之,而近臣密奏亦或用之,谓之御椠,盖亦古所无也。"宋元时期竹纸的推广还离不开王安石、苏东坡、米芾等竹纸主产区的士人对竹纸的偏好和推崇,南宋施宿(1164—1222)撰《嘉泰会稽志》卷十七载:"自王荆公好用小竹纸,比今邵公样尤短小,士大夫翕然效之。建炎绍兴以前,书柬往来率多用焉,后忽废书简而用札子,札子必以楮纸。故卖竹纸者,稍不售,惟工书者独喜之。"南宋袁文(1119—1190)撰《瓮牖闲评》卷六载:"《闻见后录》载:王荆公平生用一种小竹纸,甚不然也。余家中所藏数幅却是小竹纸,然在他处见者不一,往往中上纸杂用。初不曾少有拣择荆公文词藻丽、学术该明,为世所推重故。虽细事,人未尝不记录之。至于用纸亦然,虽未详审,亦可见其爱之笃也。"

　　北宋元丰后,竹纸在文人士大夫阶层推广开来。又南宋陈均(1174—1244)撰《九朝编年备要》卷二十九载:"(宣和七年)夏四月蔡京致仕。京自再领三省未几,目昏不能视事,事皆决于子绦。绦福威自任,同列不能堪。一日,京以竹纸批出十余人令改入官与寺监簿或诸路监司属官……右丞宇文粹中上殿进呈事,毕出京所书竹纸,奏云:昨晚得太师蔡京判笔,不理选限某人未经任,某人未曾试出官参选,其人皆令以改名入官求差遣。上曰:此非蔡京批字,乃京子第十三名绦者笔迹。"表明蔡京致仕前其十三子蔡绦用蔡京名义"以竹纸"签批官员人事任命,可见宣和年间中上层官员使用竹纸的现象已比较普遍。两宋时期竹纸以越中为最,正如南宋陈槱撰《负暄野录》卷下《论纸品》载:"剡藤本以越溪为胜,今越之竹纸甲于他处。"北宋米芾在《评纸帖》中说:"越陶竹万杵,在油拳上,紧薄可爱。余年五十,始作此纸,谓之金版也。"表明越中地区在北宋已经开始尝试通过对竹料的反复春捣等不同的制作工艺来提升竹纸的品质。米芾更是在其所撰《书史》中对取竹、硾打等竹纸工艺进行了详细的描述:"予尝硾越州竹,光透如金版,在油拳上,短截作轴,入笈番覆,一日数十纸,学书作诗。前辈贵会稽竹纸于此,可见会稽之竹为纸者,自是一种取于笋长未甚成竹时,乃可用民家,或赖以致饶。"现存故宫博物院的米芾行书字帖《珊瑚帖》即以浅黄色竹纸所书,纸面上未打碎的纤维束比皮纸多,且尺寸与南宋周密撰《癸辛杂识·前集》中:"淳熙末,始用竹纸,高数寸,阔尺余者,简版几废"表述的尺寸大致相当,据潘吉星团队检验为会稽竹纸,经研光。

　　潘吉星还在《中国造纸史》中指出:"如北京故宫博物院藏米芾《公议帖》《新恩帖》,经笔者检验为竹麻混料纸,米芾《寒光帖》为竹与楮皮混料纸,米芾《破羌帖跋》用纸还有竹料,也含有其他原料。"表明在北宋竹纸工艺技术上已经有了极大的提升,竹料与其他原料的混合制浆生产了兼具竹纸和皮纸优点的纸张,得到了如米芾等北宋文人阶层的喜爱。尤其是在束纸这种文人书信交往用纸上,明代宋应星(1587—1666)撰《天工开物》"杀青"载:"若铅山诸邑所造束纸,则全用细竹料厚质荡成,以射重价。最上者曰官束,富贵之家通刺用之。其纸敦厚而无筋膜,染红为吉束,则先以白矾水染过,后上红花汁云。"

然而宋元时期对竹纸也有不同的看法,南宋邵博(?—1158)撰《闻见后录》载:"司马文正平生随用所居之邑纸。"说明司马光并不在意用纸问题,基本上采用居住地所造纸。而范仲淹对竹纸采取的则是相对排斥的态度,源于他在四川为官的一段经历,元代费著撰《岁华纪丽谱》中《笺纸谱》载:"川笺盖以其远号难致,然徽纸池纸竹纸在蜀,蜀人爱其轻细,客贩至成都,每番视川笺价几三倍。范公在镇二年,止用蜀纸,省公帑费甚多,且怪蜀诸司及州县缄牍必用徽池纸。"以至于《范氏义庄规矩》中有:"诸位关报义庄事,虽尊长并于文书内著名,仍不得竹纸及色笺,违者义庄勿受。"

六、公使钱:两宋时期州县的"接待与馈赠"

元代马端临(1254—1340)撰《文献通考》之《叙宋储蓄》中载:"又宋承唐之法,分天下财赋为三,曰:上供;曰:送使;曰:留州。然立法虽同,而所以立法之意则异。""至军资库、公使库则皆财赋之在州郡者也。夫以经总制、月桩钱观之,则其征取于州郡者,何其苛细。以军资、公使库观之,则其储蓄之在州郡者,又何其宽假也。"又《古今图书集成方舆汇编·铨衡典》第六十七卷《官制部总论三·宋代官制》载:"二税分数隶属州县地利,赢余归之本州。经费职之军资库,犒宴职之公使库,而又使之回易,收其息利,其财何如哉。强不至纵弱,不至削,此国初之制然也。"

公使库是由宋太祖设立的一项重要的士人官员优待制度,南宋王明清(1127—1214)撰《挥麈后录》卷五载:"太祖既废藩镇,命士人典州,天下忻便,于是置公使库,使遇过客,必馆置供馈,欲使人无旅寓之叹。此盖古人传食诸侯之义。"可见宋太祖设立这项制度的初衷是"杯酒释兵权"推行文人治国后,解决官员因公差旅往来的吃住接待问题,以宽待士人。南宋王栐(生卒年不详)撰《燕翼诒谋录》卷三载:"祖宗旧制,州郡公使库钱酒,专馈士大夫入京往来,与之官罢任旅费。所馈之厚薄,随其官品之高下,妻孥之多寡。此损有余,补不足,周急不继富之意也。其讲睦邻之好,不过以酒相遗,彼此交易复还公帑,苟私用之则有刑矣。"又南宋李心传(1166—1243)撰《建炎以来朝野杂记·甲集》卷十七载:"公使库者,诸道监、帅司及边县、州军与戎帅皆有之。盖祖宗时,以前代牧伯皆敛于民以佐厨传食,以制公使钱以给其费,惧及民也。然正赐钱不多,而著令许收遗利,以此州郡得自恣,若帅宪等司则又有抚养、备边等库,开抵当、卖熟药,无所不为。其实以助公使耳。"而作为公使库的收支则属于"送使"和"留州"部分,朝廷给予地方政府极大的自主权，因此各州郡通常会想方设法借助公使库开展各种经营性活动，以扩充公使库的经费，以至于"公使苞苴，在东南为尤甚。扬州一郡，每岁馈遗，见于帐籍者，至十二万缗。江浙诸郡酒，每以岁遗中都官，岁五六至，至必数千瓶"。

因此，两宋时期凡诸监司路军州郡皆设公使库。南宋陈耆卿（1180—1236）撰《赤城志》卷七载：台州府"公使库，酒库，在厅东"。《古今图书集成方舆汇编·职方典》第一千二十一卷《严州府部汇考五》载：严州府遂安军"宋公使库，在州衙大厅东庑内。宋醋库，在遂安军门街东。宋都酒务，在州门外街西"。《浙江通志》卷四十二载：湖州府"宋公使库，在甲仗库北；都酒务，在骆驼桥东北，庆元中建；赡军酒库，在子城东南"。南宋范成大（1126—1193）撰《吴郡志》卷六载："公使库，公使酒库，并在设厅东。"南宋罗愿（1136—1184）撰《新安志》卷一载："公使库，在州治小厅前。"南宋罗浚撰《宝庆四明志》卷三载：明州府"公使库，设厅前西庑之后。乾道中，守张津以签判旧廨益之，屋久而圮。守胡矩重建，凡一百六十一间，磨有院，碓有功，酒有栈，钱米什物有库，公厅吏舍以及神宇，莫不整整。宝庆三年二月十五日经始十一月三十日告成，役二一万五百二十六，用楮券一万二千六百二十七缗有奇"。表明两宋时期各地不遗余力地改扩建州衙管库，而县级则设县仓、县库、酒务、税务，富阳县"县库，在县治；酒务，在县治之东去县二十步"。"还另设抵当库，附税务。"以备往来接待，为此还会配备接待的驿馆，据南宋潜说友撰《咸淳临安志》卷五十五载，仅富阳一地便有会江驿、马驿、长寿馆、迎恩馆、朝天馆等五处驿馆，另又见《杭州府驿递考》中在城北永宁寺后，县令楼潚建高风驿。在富阳城东观山（今称"鹳山"）东，先建有富春馆，后随着宋代士人官员往来日增，"（富春）馆狭甚，不足以容宾客"。县令程珌于"宋嘉定六年，创会江驿，建于通济桥。以富春据闽、广、江、浙之会，故名曰会江"，"以富春馆为监酒廨"。[7]可见，两宋时期官员接待之盛。南宋曾任富阳知县的程珌（1164—1242）作《富春驿记》："杜工部月明泊舟，对驿云：更深不假烛，月朗自明船。金刹青枫外，朱楼白水边。城乌啼眇眇，野鹭宿娟娟。皓首江湖客，钩帘独未眠。富春据钱塘上游，千车辚辚，百帆隐隐，日过其前而征，舍才数椽，客至无所馆，往往躏老子之宫，践浮屠之室，其来尘轶，其去水空，公私交病，不知几春秋，予弹丝稍间，筑驿江渚，至者如归，越山如画，金刹差参，其旁绝类，草堂所诗，旦夕代去，系舟驿下，收吴烟越雨，尽入毫端。继公之诗于数百年后亦一快也。癸酉冬记。"元代王恽（1227—1304）曾诗《富春县会江楼》："山光簇簇无连嶂，江水渌渌涨碧澜。何处风烟见真境，富阳楼上倚阑干。"可见当时富阳县会江驿风景独好之盛况。现富阳中学所处驿馆里的地名仍反映出自有宋以降富阳在此设置会江驿及富春馆接待往来官员的事实。当地官府往往在宴饮款待之余，还会加以当地出产的特产进行馈赠，在竹纸逐渐受到两宋文人士大夫偏爱的时代背景下，竹纸产地常以竹纸馈赠，可见北宋苏辙（1039—1112）撰《栾城集》卷四十中："元丰四年，内臣綦元亨差往广西，起发韶惠州钱颉以转运使权广州，送沉香七两、朱砂半劥、桂花竹纸等。"南宋吕祖谦（1137—1181）撰《东莱别集》卷八中："受之乍别，甚思念。辱书及竹纸皆收。"

而驿馆接待往来的费用,一般为"公使钱"。据王晓龙、梁桂圆定义:公使钱是宋代中央留给地方日常公务接待、犒赏、办公用品支出的主要经费,根据州府等级不同而有限定额度,但同时还允许其通过经营公使库牟利,实际经费数额远超规定额度[8]。两宋时期,出于往来接待宴请的实际,各地公使库的经营活动主要是酿酒醋售卖,以及刻书等,元代马端临撰《文献通考》卷十七载:"神宗熙宁四年,三司承买酒曲坊场钱,率千钱税五十储之以禄吏。七年,诸郡旧不酿酒者,许以公使钱酿之,率百缗为一石,溢额者论以违制律。"自朝廷下放一定经营权给公使库以自营谋利,如酒茶等官府专营商品,公使库也会因长官喜好,利用闲资进行刻书业务,一来谋利,二来馈赠。南宋郑虎臣(1219—1276)编《吴都文粹》卷二载:"嘉祐中,郡守王琪大为修治,修治之费假省库钱数千缗。漕司不肯除破。时方贵杜集,苦无全书。琪家藏本素精,即俾公使库镂板印万本,每部值千钱。士人争买之,即偿省库钱。余以给公厨陈经继之。"苏州府王琪开创了公使库刻书的先河,各地公使库皆参与刻书业以牟利,后世称之为公使库刻本,简称库本。从北宋陈师道(1053—1102)撰《后山集》卷十的"论国子卖书状":"右臣伏见国子监所卖书,向用越纸而价少,今用襄纸而价高,书莫不迫而价增于旧甚,非圣朝章明古训以教后学之意。臣愚欲乞计工纸之费以为之价,务广其传,不以末利,亦圣教之一助。伏候敕旨,臣惟诸州学所卖书,系用官钱买充官物,价之高下何所损益而外。学常苦无钱而书价贵,以是在所不能具有国子监之书,而学者闻见亦寡。今乞止计工纸别为之价,所冀学者益广见闻,以称朝廷教养之意。及乞依公使库例量,差兵士般取。"中透露出两个信息:一是当时北宋开封国子监所卖书"向用越纸而价少,今用襄纸而价高",根据北宋后期竹纸与皮纸之间的价格差,此处的"越纸"当为竹纸,而"襄纸"当为皮纸。二是国子监及诸州学所卖书均系所在州府公使库收支。公使库参与刻书业最著名的案例便是南宋朱熹(1130—1200)诉台州唐仲友动用公使钱刻书状:"本州(台州)违法收私盐税钱,岁计一二万缗入公使库以资妄用……卖公使库酒催督严峻,以使臣姚舜卿、人吏郑臻马沉陆侃为腹心,妄行支用至,于馈送亲知刊印书。"而唐仲友台州公使库刻本《扬子法言》现就收藏于辽宁图书馆,成为现存宋版书之经典和公使库刻本的代表。从现存文献中,可见诸司州府均设公使库,而公使库还多下设酒库、醋库,部分州府还设有书板库、纸局。在杭州,转运司和临安府就分别设有公使库,南宋潜说友撰《咸淳临安志》卷五十五载:"转运司公使钱酒库,在本司内。""公使钱库,在府衙东。公使酒库,元在府衙西;淳祐六年,赵安抚与教场东北门……书板库,在公使库内。公使醋库,在府衙后教场角子门。"南宋周淙(? —1175)撰《乾道临安志》卷二载:"公使库,在府衙之东。"也印证了临安府公使库的位置在府衙东。另外,南宋施宿等撰《嘉泰会稽志》卷四载:绍兴府"公使库在府衙"。还设有4个纸局"汤浦纸局、新林纸局、枫桥纸局、三界纸局"。

七、纸户：从"蠲纸"说起

蠲纸，源于唐代户部的一种免役制度，即"蠲符"。蠲符是唐代户部颁予科举中第者的证明文书，持有人可免除州府徭役差遣。

北宋欧阳修（1007—1072）撰《唐书》卷五十一载："玄宗初立求治，蠲徭役者给蠲符，以流外及九品京官为蠲使，岁再遣之。"蠲字的本义即免除，西汉司马迁撰《史记》卷一百三十《太史公自序第七十》载："汉既初兴，继嗣不明……蠲除肉刑，开通关梁，广恩博施，厥称太宗。"中即取免除之义。在后世多见于官方文书中免除赋税、田租和差役等。蠲符制度至后唐明宗朝废止，可见于北宋王溥撰《五代会要卷》十五载："户部。后唐天成三年闰八月，废户部蠲纸。四年五月，尚书户部状申，伏缘当司蠲符，近奉敕令有事功可著者，即户部奏闻又不开逐年及第进士及诸科举人事例。今据前进士赵彖乞蠲符者奉敕，凡登科第，皆充差徭，如或雷同，虑伤风化。兼缘近有敕命，不合更乞蠲符所宜，特示明规，务在劝人为学，除新敕前已给蠲符外，应礼部贡院每年诸道及第人等，宜令逐道审验，春关冬集，不得一例差徭，其及第人亦不得虚影占户名。""后唐明宗废户部蠲纸敕"最早可见于宋王钦若（962—1025）等撰《册府元龟》卷一百六十载："明宗天成三年闰八月，吏部郎中何泽请废户部蠲纸，奉敕：日月流行之处，至人亿万之家。既绝烦苛，无滥力役。唯忠孝二柄可以旌表门门。若广给蠲符，深为弊事。昨日所为，地图方域，逐闰重叠上供州郡之中，皆须厚敛。而犹寻降诫敕并勒废停。今此倖端，岂合更启。逐年蠲纸，宜令削去。"此敕也被清代嘉庆朝董诰（1740—1818）收入至《钦定全唐文》中。北宋欧阳修《新五代史》卷五十六《杂传》第四十四"何泽传"载："五代之际，民苦于兵，往往因亲疾以割股，或既丧而割乳庐墓，以规免州县赋役。户部岁给蠲符，不可胜数，而课州县出纸，号为'蠲纸'。泽上书言其敝，明宗下诏悉废户部蠲纸。"表明"蠲符"的选用一是要求产地，"课州县出纸"即各地就地取材，可见文献记载中唐宋时期出产蠲纸的州县并不多，据北宋乐史撰《太平寰宇记》载，出产"蠲纸"的地方仅有剑南西道雅州，江南东道温州、汀州，山南西道兴元府，山南东道万州等六处。另南宋叶廷圭撰《海录碎事》卷十九载："蠲纸，出普州任土所贵。"基本限于川蜀（含陕西汉中及重庆）、浙江、福建等当时传统造纸地区。二是品质标准上，要求高品质的纸张，正如南宋周辉（1126—1198）撰《清波别志》卷上载："唐户部有蠲符，开元四年，敕诸郡取紧厚纸，背皆书某州某年及纸次第，长官管干同署印记，并送朝集，使上户部本部官掌纳，依次第用之，其贵重如此。"表明"蠲符"的选纸要求"诸郡取紧厚纸"，即质地细密厚实的上乘纸张，已备存档及使用（如图4所示）。

至于其究竟是何材质，麻纸、藤纸、皮纸或竹纸不论，为提升"蠲纸"的紧厚程度，宋人创新了造纸工艺，为时人所重，正如南宋赵与时（1172—1228）撰《宾退录》卷二载："临安有鬻纸者，泽以浆粉之属，使之莹滑，谓之蠲纸。"及元代陶宗仪撰

《说郛》卷二十四上载："蠲纸。温州作蠲纸,洁白坚滑,大略类高丽纸。东南出纸处最多,此当为第一焉,由拳皆出其下。"明代杨慎(1488—1559)撰《谭菀醍醐》卷三载："蠲纸。古有蠲纸以浆粉之属,使之莹滑,蠲之为言洁也……唐世有蠲纸,一名衍波笺,盖纸文如水文也。"于是"蠲纸"被后世作为高品质纸张的代名词,在两宋士人中作为重要的交谊馈赠物,被广泛使用流行开来,正如南宋曾几(1084—1166)撰《茶山集》卷四《送绍兴张耆年教授之永嘉学官》载："海内孤寒士,江头独冷官,胡为涉脩阻,不肯近长安,蠲纸无留笔,生枝不带酸,名山天下少,行矣雪消残。"南宋张九成(1092—1159)撰《横浦集》卷十八《尚书札》载："令似学士:学问日新,恨未得一见,想见神骨清峻,双瞳照人,庚甲乃与贱命同,老汉抑何幸耶。蠲纸二百聊作挥洒供。"又南宋杨万里(1127—1206)撰《诚斋集》卷一百八载："则颁赆蠲纸笔墨,皆书围绝品,而下拜敬。"甚至是进入到宫廷御前,如南宋周必大(1126—1204)在其撰《玉堂杂记》卷中载："乾道七年。御前设小案,用牙尺压蠲纸一幅,傍有漆匣小歙砚,置笔墨于玉格,必大鞠躬书除目进呈讫奏。"

图4　蠲纸之余绪:温州皮纸

　　由于自唐玄宗开元年间起,由于"户部岁给蠲符,不可胜数",各地对蠲纸的需求量很大,南宋周密撰《癸辛杂识·前集》载："御批至政府从官,皆用蠲纸。"而元代陶宗仪撰《说郛》卷二十四上载："然(蠲纸)所产少,至和以来方入贡,权贵求索浸广,而纸户力已不能胜矣。"因此各地都采取蠲除造纸户赋役的方式来保证蠲纸的生产,可见南宋周辉(1126—1198)撰《清波别志》卷上载："一云,在唐凡造此纸户,与免本身力役,故以蠲名。"又元代陶宗仪撰《说郛》卷二十四上载："蠲纸。吴越钱氏时供此纸者,蠲其赋役,故号蠲云。"综上,蠲纸实际上可理解为三层含义:一则是免除科举中第者差遣徭役的蠲符用纸;二则是因蠲除赋役的造纸户所造纸;三则是后唐废止户部蠲纸后,与蠲纸品质相当的上供纸。

　　纸户,是指唐宋时期专业从事造纸的民户。陈振先生将唐及五代时期这些特殊民户负担的各种徭役概称为"官户役",即地方政府的所有需要都由专门的民户负担,除俸户、课户以外,还有诸如纸户、笔户等。后周显德六年(959)三月,明令废除"官户役",所有官员的俸禄、料钱都改由政府支出,其他纸户、笔户等也都同时被废除。北宋开国初因财力困难,太祖赵匡胤仿效唐代"官户役"制度重新设置"官俸户","给州县官俸户",俸户也称"回易料钱户"。每个官员都有固定的"俸户",而官府将有关官员的俸料"折支物色,每岁委官吏蚕盐一并给付"相应的俸户。俸户则除了缴纳田赋外,享有免除其他徭役的优惠。[9]宋太祖于开宝九年(976)废止"官户役",重新调整了北宋的徭役制度,建隆二年(961)五月,"令诸州勿复调民给传置,悉代以军卒"[10]。除了"职役"外,原先民户承担的日常夫役,都逐渐改由厢军(役兵)负担。因此,南宋章如愚说:"古者,凡国之役皆调于民,宋有天下,悉役厢军,凡役作营缮,民无与焉。"[11]夫役,也称力役,主要承担修筑城池、官廨、堤堰、驿路,以及运送军需物资等工作。但是,诸如从事造纸的专业性劳役,却是厢军(役兵)无法独立承担的。因此,尽管后唐明宗朝已废止蠲符制度,两宋以降官方依旧专门设纸户,鼓励民户从事造纸,以供官府大量的用纸需求。加之民间的用纸量,如对纸户不加以合理的保护措施,纸张的供给是难以为继的。因此纸张作为重要的官府物资,格外受到官府的严格管控和保护,会针对纸户采取免役的政策,以保障纸张的有效供应。元代陶宗仪撰《说郛》卷五十一下载:"省札,尚书省施行事。以由拳山所造纸,每张三文,与免户役。准此字令写大准此。"另《杭州府部汇考》载:"黄梅山……溪水环集,皆植松竹,竹多于松,里人取竹作纸充徭役也。"如逢不景之年,以及"贼马"等不利于造纸的情况发生,纸户难以完成上供纸的任务,地方官员还上书蠲免赋输,可见北宋毕仲游(1047—1121)撰《西台集》卷十三《朝议大夫贾公(仲通)墓志铭》载:"初为凤翔府郿县令,人以纸为业,号纸户,岁输钱十万,谓之槛钱。其后槛废,不治无以自资,而输不改纸户苦之甚。公曰,吾请于转运司,不肯蠲也,乃自请于朝,蠲其输。"另南宋赵鼎(1085—1147)撰《忠正德文集》卷二《乞免上供纸》中曾载南宋时期江西纸户受"贼马"之乱,"今全无纸户抄纸",作为重要产区的江西造纸业遭受重创,无法完成上供纸任务,也只得据实上报请求蠲免。

综上,既然两宋时期因纸张的需求极大,要求各地每岁配额指定纸户按数上供纸张,纸户可免其力役,即可视为造纸被认定为徭役的一种,那么作为职役的州府军资库、公使库、架阁库以及县衙库司的胥吏"库司"每年造纸周期内前往纸户监工督造,一同吃住,以保证如数上供纸张,因此,出现在富阳泗洲宋代造纸作坊遗址的带底部墨书"库司"的景德镇窑青白瓷碗残件就顺理成章了。

八、庙堂抑或丛林:得之于文书,失之于马背的赵宋

造纸术起源于汉代,从晋至唐则是造纸历史中最重要的时期。这表现在发现新的造纸原料,不断改进技术,广泛使用纸于各种用途并使纸向外传播等方面。虽早在1世纪前即用纸书写,但是直到这一时期,竹木简牍的书籍才完全被纸质的书籍所替代。[4]54到了唐代,由于政治稳定、经济发达以及官府对于学术的奖掖,纸

不但在产量方面突飞猛进，而且在质量方面也有所改进，政府一方面严格遴选最好的纸张用于书写文件及其他官方的正式用途，另一方面指定国内某些地区制造质地精美的特殊纸张，供应朝廷，成为"贡纸"。史书记载当时向政府进献这类贡纸的有11个地区之多。

政府在南方的长江沿岸各地设立了许多造纸工场，在今江苏、浙江、安徽、湖南、四川等地即有纸坊90余处。又生产一种大小一致、质量划一的标准纸张，称为"印纸"，供店铺、寺院及官绅之家作为账册纸用。由于唐代隆盛富庶，经济繁荣，纸张用途日益增加，如对外贸易、典礼节庆用纸，以及衣服、纸甲、室内装饰与文娱等。这一时期的纸本文件和书籍，完好留存至今的为数不多。现存纸本书籍年代最早而且卷帙最多的，是20世纪初年于甘肃敦煌千佛洞一石窟内发现的大批古代纸质卷轴，达3万余件，时期为4—10世纪。这些卷轴，多为佛经以及寺院幼僧使用过的文章范本，此外也有儒家和道家的经典、官方文件、商务契约、历书等，内容广泛。敦煌遗物中，多数的纸为大麻及楮皮所制，也有少数用苎麻造成。[4]56-58

在基本沿袭唐代公文形态、政务运作与制度的基础上，宋代逐渐发展形成了一整套成熟的文官治理体系，朝廷继续向各地征收贡纸以供官府的各种需要。

两宋时期朝廷用纸量极大，对浙江、安徽、江西、福建、川蜀等纸张主产区的纸张上供配额很高，南宋赵鼎（1085—1147）撰《忠正德文集》卷二《乞免上供纸》中载："臣契勘洪州年额合发，绍兴三年，上供纸八十五万张，内一半本色，一半折发，价钱依年例，下分宁武宁奉新三县收买。"单江西洪州一地就年上供85万张。据记载新安（今安徽省黄山市歙县）在1100余年以前每年向京师交纳贡纸7种，约150万幅，因为民间负担过重，宋徽宗下令自这一年起减少贡纸的数量。可见南宋罗愿撰《新安志》卷二《进贡·上供纸》载："上供七色纸，岁百四十四万八千六百三十二张，七色者，常样、降样、大抄、京抄、三抄、京连、小抄，自三抄以下买奏纸，是为七，外有年额折银纸，用以折。买大抄皆以上下限起发赴，左藏库又有学士院纸、右漕纸、盐钞茶引纸之属，不在其数中。始大中祥符四年六月，上以歙州岁供大纸数多，颇劳民思，有以宽之。知枢密院王钦若奏，本院诸房所请歙州表纸，自元年后置历拘管，今支使外，剩十一万八千三百张，望下三司住支一年，及于本州减造从之，又遣中使就院宣谕副都承旨张质已，下于太平兴国寺赐御宴，今供数不知何年所定。"政府为制造纸钞、交子及其他用途的纸，在徽州、成都、杭州及安溪（今属福建省）等地设置纸坊。还为满足书法与绘画的特殊要求，专门制造篇幅加大的纸张，称为"匹纸"。苏易简（957—996）撰《文房四谱》中《纸谱》载："黟、歙间多良纸，有凝霜、澄心之号。复有长者，可五十尺为一幅。盖歙民数日理其褚，然后于长船中以浸之，数十夫举抄，以抄之傍一夫以鼓而节之，于是以大熏笼周而焙之，不上于墙壁也。由是自首至尾，匀薄如一。"[1]197

自唐代以降，雕版印刷在中国开始兴起，起初多以佛经、历书为主，后来逐步发展到儒家道家经典、药方等。在杭州，五代吴越国钱俶（929—988）大量印行经咒，"最著名的当属1917年在湖州天宁寺、1971年在浙江绍兴发现的《宝箧印陀罗

皮纸与竹纸之间：庙堂抑或丛林

尼经》,以及1924年在杭州雷峰塔倒塌后发现的吴越经卷。此外,杭州灵隐寺主持僧人延寿(904—975)也曾印行大量的经卷、梵咒、佛像等,已知的经咒有12种以上,图像40多万幅……都是他亲手印刷。这些加上钱俶所刊印的8.4万份3种经咒,单就杭州地区而言,在短短三十几年的时间中,完成了如此大量的印刷品,实在是惊人的……而使杭州成为其后三四百年间印书最繁盛的地区。"[4]116-117杭州号称"东南佛国",在我国佛教史上具有重要地位,素有刊刻佛经的传统。在两宋时期富阳一带寺院林立,信徒众多。据南宋潜说友撰《咸淳临安志》卷八十二"寺观十""寺观十一"记载,仅富阳县新城县就有大小寺观81座之多,其刊印佛经、经咒、佛像等宗教用纸的数量十分惊人。

　　宋代印刷术盛行之后,需要大量纸张印制书籍,又进一步刺激了造纸业的发展,除先在东京开封,后在杭州国子监大规模印刷书籍之外,成都、杭州、建阳的众多私家及商贾也从事印刷及造纸业。南宋靖康元年(1126)开封被金人攻陷以后,国子监所存印版全部被掠截北去。南宋定都临安时,所失书版多重新雕镂。全国各地的官署、私人及书坊也印行了各种学术领域大量的书籍。另外,随着竹纸的出现,宋代的造纸业中心开始转向浙江、安徽、江西、福建等地。另外涉及诸司州县以及科举,都有专门的纸户提供纸。明承宋制,明代俞汝楫编《礼部志稿》卷一百"杂行备考""纸札"中详细记载了刑部、都察院每年向纸户的"本色纸张"采买、用量以及对纸户赔累申报捐免和补偿的情况:"刑部纸。刑部每年例送:主客司本色纸张,官价银二两七钱四分八厘;精膳司本色纸张,官价银六两七钱二分,共银九两四钱六分八厘。因纸户赔累,移咨刑部捐免矣。""都察院纸。万历三十三年起,每年折价银一百四十九两四钱七分,本色本纸八千七百六十八张。缘都察院有顺天巡按纸,赎贮顺天府,每年支银如前数给纸户,买纸纳内阁吏部衙门,实用银一百九十五两六钱五分,是纸户既赔银四十六两一钱二分,而又费交纳苦拘金,故本部愿将此项拆抵,即一百四十九两四钱七分准作一百九十五两六钱五分,其余仍支本纸在本部,将价随宜而买,樽节而用,而所便畿民多矣,详在部咨及都察院回咨,每年合部应支本折数簿存厅司,价有赢余随入积贮箱内,以备置买修理公费之用。"又《明会典》载:"洪武二十六年定,凡每岁印造茶盐引由契本盐粮勘合等项合用纸札,著令有司抄解。其合用之数,如库缺少定夺奏闻行移各司府州。照依上年纸数抄造解纳。如遇起解到部,随即辨验堪中如法。差人进赴乙字库收贮听用。产纸地方分派造解额数:陕西十五万张,湖广十七万张,山西十万张,山东五万五千张,福建四万张,北平十万张,浙江二十五万张,江西二十万张,河南五万五千张,直隶三十八万张。""凡本部公用各色纸札,每年三十一万四千九百五张。行都察院见收囚人纸内,四季关领应用,年终题知其岁用白榜纸。永乐间题准坐派安庆府,额办一万六千八百张,遇闰加派一千四百张解部。""凡宝钞司年例抄造供用草纸七十二万张,御用监成造香事草纸一万五千张,共七十三万五千张。合用石灰、木炭、铁器、木植等料,俱工部派办。"表明在明代光官府纸张的用量何其大。据钱存训先生总结,除官方用纸外,宋代的纸张主要用途还包括书籍、艺术和文房用纸,交易媒介用纸(如飞钱、交子、钱引、会子等),纪念意识用纸(如冥钱、纸冥器、纸神、圣贤崇拜等),服饰及居室用纸(如纸冠、纸鞋、纸衣、纸帐、纸被、纸甲等),装饰、墙壁和家庭用纸,娱乐及游戏用纸等六大类。北宋孟元老(? —1147)撰《东京梦华录》卷八载:"七月十五日中元节,先数日市井卖冥器、靴鞋、幞头、帽子、金犀假带、五绿衣服,以纸糊架子盘游出卖……及印卖《尊胜目连经》……挂搭衣服、冥钱在上焚之。"又明代宋应星撰《天工开物》"杀青"载:"盛唐时鬼神事繁,以纸钱代焚帛,故造此者名曰火纸。荆楚近俗,有一焚侈至千斤者。此纸十七供冥烧,十三供日用。其最粗而厚者名曰包裹纸,则竹麻和宿田晚稻稿所为也。"由于以纸制造冥钱焚烧,以及其他用纸量剧增,农民中有不少放弃种地而到纸坊工作,北宋廖刚(1070—1143)撰《高峰文集》卷一《乞禁焚纸札子》载:"是使南亩之民转而为纸工者十且四五,东南之俗为尤甚焉。"[12]另外,竹纸还广泛用于道教的日常,如画符等,见宋朝奉郎尚书度支员外郎充集贤校理赐绯鱼袋借紫臣张君房集进《云笈七签》卷之八十一载道教:"此符消九虫。当以六庚日,常以白薄纸,竹纸书服之。每庚皆如之,唯庚申书之不限多少。"

九、造纸与印刷的"双璧辉映":从宋版书看用纸

雕版印刷术的兴起始于唐代,主要用于民间生活用书和佛教经律。后唐国子监刊印九经,开创了儒家经典的先河,也是官方印书之始。雕版印刷术在宋代得到了极大的普及,促进了刻书业的发展,至神宗年间,官府解除不准擅刻书籍的禁令,各种印本极盛。[13]宋代刻书机构分为官刻、家刻、坊刻三大系统,遍布全国各地,当时形成了四川、杭州、福建三大刻书中心:北宋初年刻书以川蜀最盛,北宋后期两浙最为精美,南宋则闽刻数量居全国之首。南宋朱熹也多行刊刻之事,因受长期在福建的影响,多以竹纸刻行,其《晦庵集》卷六十四中提到:"楚词当俟面议,元本字亦不小,可便以小竹纸草印一本。"

南宋赵希鹄(1170—1242)撰《洞天书录·论书》"刻地篇"载:"凡刻之地,有三,吴也,越也,闽也。蜀本,宋最称善,近世甚希。燕粤秦楚,今皆有刻,类自可观,而不若三方之盛。其精,吴为最。其多,闽为最。越皆次之。其直重,吴为最。其直轻,闽为最。越皆次之。"南宋叶梦得撰《石林燕语》卷八载:"世言雕板印书始冯道,此不然。但监本五经,板道为之尔。柳玭训序言其在蜀时,尝阅书肆,云:字书小学率雕板印纸,则唐固有之矣。但恐不如今之工。今天下印书,以杭州为上,蜀本次之,福建最下。京师比岁印板,殆不减杭州,但纸不佳。蜀与福建多以柔木刻之,取其易成而速售,故不能工。福建本几遍天下,正以其易成故也。"因此,北宋官府的官刻印书,大多选择到杭州镂版印刷。同时,宋代的宗教事业发展迅速,为寺观藏书创造了有利条件,各地寺观开始大量印刻抄录宗教经籍,丰富寺观藏书。宋元时期一般读物供大众用者多印以竹纸,较讲究的书还是用皮纸。根据潘吉星团队对北京图书馆等藏有关古籍善本用纸进行的检验,存世的宋元时期古籍善本

以及宗教经籍刊刻用纸情况如表1和表2所示。

表1　宋元时期古籍善本用纸情况[6]262

刊刻年份	善本名称	用纸	加工工艺
南宋中期	廖氏世采堂刻《昌黎先生集》	细薄白色桑皮纸	
南宋景定元年（1260）	江西吉州刻本《文苑英华》	楮皮纸	
南宋咸淳年间	《咸淳临安志》	楮皮纸	
元大德九年（1305）	茶陵刻本《梦溪笔谈》 杭州刻宋版《文选五臣注》	楮皮纸 皮纸	
南宋绍兴三年（1133）	南宋临安府刻《汉官仪》	皮纸	
南宋庆元三年（1197）	四川眉山刻本《国朝二百名贤文粹》	皮纸	
北宋仁宗年间	司马光《资治通鉴》稿本	皮纸	
北宋元丰元年（1078）	内府写本《景祐乾象新书》	皮纸	
南宋淳熙十三年（1186）元代	内府写本《洪范政鉴》 浙江官刻本《重校圣济总录》	楮皮纸 麻料与皮料混料纸	

表2　存世宋元时期宗教经籍刻本用纸情况[6]258-262

刊刻年份	善本名称	用纸	加工工艺
北宋大观二年（1108）	藏经《佛说阿维越致遮经》	高级桑皮纸	双面加蜡、染黄
北宋元祐五年（1090）	福州刻本梵夹装《鼓山大藏》之《菩萨璎珞经》	竹纸	
南宋绍兴十八年（1148）	建本《毗庐大藏》	竹纸	
南宋咸淳二年（1266）	建本碛砂藏本《菠萝蜜经》	竹纸	
北宋开禧元年（1017）	刻本《妙法莲华经》	桑皮与竹料混料纸	

刊刻年份	善 本 名 称	用 纸	加工工艺
北宋明道二年（1033）	雕版《大悲心陀罗尼经》	桑皮纸	
北宋明道二年（1033）	兵部尚书胡则印施《大悲心陀罗尼经》	精竹纸	

通过表1和表2可见宋元时期刻书业用纸上的端倪：一则是官府刊刻及蜀刻本、杭刻本仍多采用皮纸和混料纸，以达到刊刻品质；二则是宗教经籍刊刻为达到传播目的，已部分采用竹纸印制，存世中多为建本即福建刻本。以杭州为中心的两浙刻本多采用皮纸或混料纸，鲜见竹纸刻本，正如南宋赵希鹄撰《洞天书录·论书》印书篇载："凡印书，永丰绵纸上，常山东纸次之，顺昌书纸又次之，福建竹纸为下。绵贵其白且坚，东贵其润且厚，顺昌坚不如绵、厚不如东，直以价廉取称。闽中纸短窄黧脆，刻又舛讹，品最下，而直最廉。余筐篋所收，什九此物，即稍有力者，弗屑也。"而在书籍装潢方面，精良的竹纸则显现出另外一种功效，在内页选用优质的徽产皮纸（澄心堂纸）的同时"活衬竹纸"（如图5所示），见明代高濂撰《遵生八笺·论藏书》载："宋板书刻，以活衬竹纸为佳，而蚕茧纸鹄白纸藤纸，固美而存遗不广，若糊褙宋书，则不佳矣。余见宋刻大板《汉书》，不惟内纸坚白，每本用澄心堂纸数幅为副，今归吴中，真不可得。"因此，宋元时期在刻书业，竹纸主要用于宗教经籍的刊印以及活衬装潢工艺上，而目前存世的宋元时期宗教经籍刊刻也主要集中在盛产竹纸的福建地区。

图5　元书纸

资料来源：蒋侃摄。

竹纸制造工艺的迭代式提升经明清两朝逐步完成,至清代康乾时期才日渐成熟,竹纸被广泛采用在皇家及官府书籍刊印领域。清代乾隆年间编撰《钦定四库全书》之《钦定武英殿聚珍版》,编撰官王际华等奏请中已经十分明确地表明清代皇家书籍印制基本采用的是竹纸。可见清代《钦定武英殿聚珍版程式》"政书类六考工之属"载:"乾隆三十九年四月二十六日,臣王际华英廉金简谨,奏为请,旨事前经臣金简奏请将四库全书内应刊各书改刻……仰蒙钦定嘉名为《武英殿聚珍版》实为艺林盛典……奏销现在四库全书处交到奏准应刻各书应按次排版刷印每部。拟用连四纸刷印二十部,以备陈设;仍各用竹纸刷印,颁发定价通行。其某种应印若干部之处,臣等会同各总裁酌量多少,另缮清单恭呈。""乾隆三十九年十二月二十六日臣王际华英廉金简谨奏所有应用:武英殿聚珍版排印各书今年十月间曾排印禹贡指南、春秋繁露、书录解题、蛮书共四种业经装潢样本呈览。今续行校得之鹖冠子一书现已排印完竣,遵旨刷印连四纸书五部、竹纸书十五部,以备陈设。谨各装潢样本一部恭呈御览外,又刷印得竹纸书三百部,以备通行。其应行带往盛京恭贮之处,照例办理。"此处可看出,《钦定四库全书》刷印用纸主要是两种,一种是连四纸,为竹纸的一种,主要用途是"已备陈设";一种是竹纸,则是"颁发定价通行"用于对外销售市面流通。

综上,富阳泗洲宋代造纸作坊遗址所处两宋时期是中国江南,尤其是两浙造纸从皮纸转向竹纸的转捩期,与相对成熟的皮纸相比,竹纸在成本经济性和生产规模上具有一定的优势,随着工艺的不断提升,竹纸逐渐成为官方用纸。纸张作为重要的国家文化资源,受到宋代朝廷和官府的重视和推动:一则是作为可以免除徭役的手工业,支持其常年运作保障官方用纸的巨大需求;二则是基本遵循宋代朝廷赋贡"上供、送使、留州"的三分原则,在保证上供纸配额的前提下,给予诸监司及州郡县等地方政府一定程度的自主性,满足其自用的需求,并鼓励地方政府发展造纸业;三则是两宋时期尤其是南宋定都杭州,进一步造就了杭州全国刻书中心的地位,印刷业的蓬勃发展,以及佛教的兴起、民间用纸等巨大的市场需求带动了杭州及其周边地区造纸业的发展,富阳作为京畿腹地更是迎来了造纸业的全面繁荣。泗洲造纸作坊以官办或者官助民办的形式,在当时吸引了来自全国各地,主要是江南地区的造纸工匠以及他们带来的先进造纸工艺,使得富阳成为两宋时期最具规模的竹纸生产基地以及国内最重要的竹纸产区。

参 考 文 献

[1] 苏易简.文房四谱[M].上海:上海人民美术出版社,2022.

[2] 崔致远.桂苑笔耕集[M].北京:中华书局,2007.

[3] 汉语大词典编辑委员会,汉语大词典编纂处.汉语大词典:第3卷[M].上海:汉语大词典出版社,1989:4637.

[4] 钱存训.中国纸和印刷文化史[M]//钱存训.钱存训文集:第二卷.北京:国家图书馆出版社,2012.

［ 5 ］ 杭州市富阳区档案局(馆).富阳档案(研阅):总第9期［A］.富阳:杭州市富阳区档案局(馆),2022.

［ 6 ］ 潘吉星.中国造纸史［M］.上海:上海人民出版社,2009.

［ 7 ］ 胡浚.绿萝山庄文集［M］.刻本.［出版地不详］:清乾隆二十一年刻本,1756(清乾隆二十一年):810.

［ 8 ］ 王晓龙,梁桂圆.宋代地方行政设施修建经费来源考论［M］//姜锡东.宋史研究论丛:第22辑.北京:科学出版社,2018:98.

［ 9 ］ 陈振.宋史［M］.上海:上海人民出版社,2003:116-117.

［10］ 毕阮.续资治通鉴［M］.长沙:岳麓书社,2008:16.

［11］ 章如愚.山堂考索后集:卷四十一［M］.刻本.［出版地不详］.明刘洪慎独斋刻本,1521(明正德十六年):2665.

［12］ 廖刚.高峰文集:卷一［M］.北京:商务印书馆,1935:15-17.

［13］ 包伟民,吴铮强.宋朝简史［M］.杭州:浙江人民出版社,2021:238.

富阳泗洲宋代造纸遗址的科学研究

龚钰轩[1,3]　李程浩[2]　乔成全[3]　施梦以[4]　龚德才[3]

1.江苏科技大学科学技术史研究所；
2.山东省文物考古研究院；
3.中国科学技术大学文物保护科学基础研究中心；
4.杭州文物考古研究所

摘　要：浙江富阳泗洲宋代造纸遗址的发现，对于研究我国宋代造纸工艺具有十分重要的意义。本文以浙江富阳泗洲宋代造纸遗址文化层中出土遗迹上附着的土壤和石质工具上的残余物为研究对象，通过借鉴造纸工业中纸浆回收与纤维筛分的方法，以及植物考古中植物遗存的提取方法，建立土壤中纤维的提取方法，从样品中提取纸张纤维，作为判定遗址造纸功能的直接证据。研究表明遗址中发现的竹纤维和纤维分散程度良好，基本排除是埋藏过程中自然降解而成的可能性；桑皮纤维经染色后呈紫红色，应经过了蒸煮加工；而竹纤维的润胀和切断现象说明其经过了打浆处理。这些提取到竹纤维和桑皮纤维的遗迹与造纸工艺流程高度相关，分别应为制浆工具石磨、抄纸槽和盛放纸浆的陶缸。这些研究结果为确定富阳泗洲遗址的造纸功能提供了科学、可靠的直接证据，同时对研究我国宋代造纸工艺具有十分重要的意义。

关键词：富阳泗洲宋代造纸遗址；纸张纤维；造纸原料；造纸工艺

一、引言

浙江富阳泗洲宋代造纸遗址位于浙江省杭州市富阳区，地处凤凰山至白洋溪之间的台地上,地势南高北低,地面平整开阔,属于低山丘陵区。2008—2009年杭州市文物考古所与富阳区博物馆组成联合考古工作队对遗址进行了两期的考古发掘,遗址于2010年6月8日至7月6日进行了覆土回填,并于2013年被确定为全国重点文物保护单位。2014年工作队对遗址又进行了勘探和小范围发掘,发现了火墙、水沟、水池、灶和缸等遗迹。

据发掘报告记载,该遗址是我国目前发现的年代最早、规模最大、工艺流程保存最完备的造纸遗址。遗址总分布面积约16000平方米,前两期总发掘面积为2512.5平方米。遗址自南向北分别有沤料池、漂洗池、灰浆池、蒸煮锅、纸药缸、抄纸槽、舂料抄纸工作间、火墙、焙纸工作间、贯穿南北的水沟及贯穿东西的水渠等一系列造纸遗迹。遗址所在地的富阳是浙江最重要的手工纸产地,手工纸生产历来在富阳的经济中占有重要的地位,其中,富阳元书纸是浙江竹纸的代表。富阳的造纸原料非常具有多样性,除生产竹纸外,富阳还生产皮纸和草料纸,原料有竹、桑皮、构皮、山棉皮、稻草等,分别用于制作祭祀、书写、包装等不同用途的纸[1]。

宋代是我国传统造纸的全面成熟阶段,具体表现为造纸原料种类的增加以及造纸工艺与技术的进步,这一时期出现了《文房四谱·纸谱》《负暄野录·论纸品》《笺纸谱》等多部论述纸张的专著,这些专著记载了纸张的历史典故,并对各种纸张的产地、排名、用途、规格、价格等进行了品评,但几乎未提及具体的造纸技术[2]。因而富阳泗洲宋代造纸遗址的发现,对于研究我国宋代造纸工艺具有十分重要的意义。

2009年唐俊杰在《中国文物报》上对富阳泗洲造纸遗址的发现进行了报道[3],遗址属性方面,黄舟松根据遗址出土的一件"司库"或"库司"墨书碗底、大量的茶盏和瓷炉,结合宋代地方志及唐代宗教场所兼职造纸的史实,判断该遗址可能是一处官方或宗教场所的大型造纸作坊。2012年遗址的发掘报告《富阳泗洲宋代造纸遗址》中详细地记录了遗址的地层堆积、遗迹和出土遗物。在残留物分析方面,报告中提到了竹纤维和其他纤维的发现,但未提及纤维的提取方法以及具体的鉴定依据。

为了弥补相关研究的不足,本文以遗址文化层中出土的遗迹上的土壤和石质工具上的残余物为研究对象,通过借鉴造纸工业中纸浆回收与纤维筛分的方法,以及植物考古中植物遗存的提取方法,建立土壤中纤维的提取方法,从样品中提取纸张纤维,作为判定遗址造纸功能的直接证据,进而为研究富阳泗洲宋代造纸遗址所使用的造纸原料提供科学、可靠的依据。

二、实验材料与方法

(一)样品

样品主要分为两类:

1. 遗迹上残留的土样

采用手铲或钢勺有针对性地取样,采样前对工具进行清洗,未使用纸、纺织品等纤维类材料擦拭工具,以防止污染。

取样的遗迹类型包括灶、水池、水沟和陶缸。由于取样时间距离遗址发掘时间较久远,为减少发掘后因雨水冲刷等问题对遗址造成的影响,水沟、水池样品均取自沟壁和底部的石缝,将表面污垢去除干净后进行取样。遗迹土取样信息如表1所示,取样位置见图1。

表1 遗迹土取样记录表

探访号	单位	样品编号	取 样 位 置
T2	G2	G2:1	沟壁
T8		G2:3	沟壁
T7	C3	C3:1	水池西壁和北壁
		C3:2	瘀土,腐烂三合板和碎编织袋下
	G7	G7:1	G7西侧的石块堆积石块夹缝
	Z7	Z7:1	Z7中部石块堆积内
T4	G3	G3:1	G3很浅,取自沟底
T5	C2	C2:1	东侧壁
		C2:2	接近东侧壁底部
	G6	G6:1	G6由砖垒成,清理十分干净,样品取自沟外
	G4	G4:0	G4回填用黄沙
		G4:1	拐角处沟壁石缝
T10	G缸5	G缸5:1	缸外侧遗址土
		G缸5:2	缸内底部黑土
T19	G8	G8:1	沟壁
		G8:2	沟底
T21	C8	C8:1	西壁、南壁两壁中部
		C8:2	西壁、南壁两壁靠近池底处
		C8:3	底部,生土、瘀土及木板腐殖质的混合物

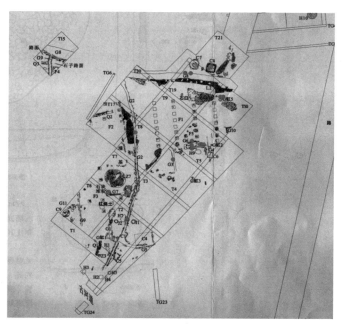

图1　遗迹取样单位平面分布

2. 石质工具上的残留物

据发掘报告记载,遗址共出土24件石器,包括石臼、石碓和石磨等。多数石器已交由富阳区博物馆保管,因拍照绘图需要,这些石器多进行了清洗,因而只对仍放置在遗址的一个石臼(图2)和石磨(图3)进行了取样,样品信息如表2所示。

表2　石质工具取样记录表

探访号	器物类型	样品编号	取　样　位　置
T19	石臼	T19臼:1	回填用黄沙
		T19臼:2	石臼外侧土
		T19臼:3	石臼外遗址土
		T19臼:4	石臼内侧清洗液
	石磨	T19磨:1	石磨所在探方土
		T19磨:2	石磨非使用面
		T19磨:3	石磨使用面清洗液
		T19磨:4	石磨使用面清洗液

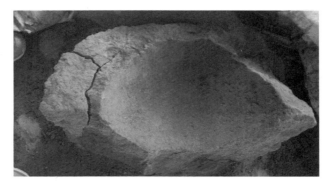

图2　T19石臼照片

图3　T19石磨照片

（二）实验方法

1. 实验仪器

分样筛（10目、48目、200目，直径5 cm）、电子天平、GL-88B漩涡混合器（海门市其林贝尔仪器制造有限公司）、ZHP-100智能恒温培养震荡箱（上海三发科学仪器有限公司）、DHG型智能电热鼓风干燥箱（上海成顺仪器仪表有限公司）、TGL-20B两用离心机（上海安亭科学仪器厂）、XWY-Ⅵ型纤维仪（珠海华伦造纸科技有限公司）、载玻片及盖玻片（载玻片尺寸为75 mm×25 mm，盖玻片为22 mm×22 mm）、不锈钢解剖针、尖头镊子、KQ-50B型超声波清洗器（昆山市超声仪器有限公司）。

2. 其他工具

一次性牙刷、一次性胶头滴管、样品管、烧杯、量筒、塑料杯等。

3. 试剂

氯化锌、碘化钾、碘，均为国药集团化学试剂有限公司生产。

（三）纤维的提取

1. 样品称取与浸泡

取样品约20 g于小烧杯中,加入适量水,用玻璃棒充分搅拌、揉搓至无泥团,在此过程中将土样中石子取出,用封口膜密封,静置24 h。

2. 样品分散

再次进行搅拌和揉搓,将上述混合液转移至200 mL小口锥形瓶中,加蒸馏水至200 mL后用封口膜密封,并在恒温培养震荡箱中进行震荡,震荡频率为200 r/min,震荡时间为2 h。

3. 过滤

(1)将混合液移至500 mL烧杯中,加水至500 mL,充分搅拌,待大颗粒开始沉淀后缓缓将上层液倒入分样筛(依次采用10目、48目和200目),剩余样品继续加水至500 mL并过滤,重复上述操作至烧杯中液体不再浑浊。

(2)清除烧杯中剩余物,并将3个分样筛中纸浆和土壤的混合物全部转移至大烧杯,重复(1)的操作,至烧杯中液体不再浑浊,分样筛中不再有土壤颗粒。

4. 纤维的收集与保存

先用样品勺刮取分样筛中的纤维,再用蒸馏水对样品筛筛壁和筛网进行反复清洗,将清洗液收集于样品管中进行离心(2500 r/min,5 min),离心后用一次性胶头滴管吸出大部分上层液。参照造纸厂纸浆的保鲜方法,纤维继续保存于样品管中不再进行干燥。

5. 设备的清洗

用高速水流对分样筛、烧杯和锥形瓶等进行反复冲洗,然后用超声波清洗器清洗2 min,再用干净的水流冲洗干净,防止样品之间相互污染。

（四）纤维的鉴定

1. 配制

配制碘氯化锌染色剂(Herzberg染色剂)。

2. 制片

遗址采集到的降解较严重的竹片、三合板和编织袋碎屑用蒸馏水浸泡24 h,用镊子夹取少量碎屑并用手指充分揉搓,提取物也经手指充分揉搓后置于载玻片上,滴两滴Herzberg染色剂,用解剖针均匀分散纤维,盖上盖玻片,用滤纸从盖玻片边沿缓缓吸去多余的染色剂。

3. 纤维鉴定

将制好的试片置于纤维分析仪的载物台上,调焦使图像清晰。然后从试片的一端开始按顺序观察每个视野中的每根纤维。依据王菊华的《中国造纸原料纤维特性及显微图谱》[4]进行纤维鉴定。

三、实验结果

（一）遗迹土样

各遗迹提取物鉴定结果如表3所示。植物块与纤维束、带胶纤维状物质、不带胶纤维状物质在遗迹中普遍存在，但在水池C2和陶缸G缸5内发现了竹纤维和桑皮纤维，而两个遗迹外的探方土对比样品中均未见该两种纤维。

表3　遗迹提取物鉴定结果

编号	提　取　物　类　别				
	纤维状物质（带胶）	纤维状物质（不带胶）	纤维束组织块	竹纤维	桑皮纤维
G2:1	○	○	○	—	—
G2:3	○	○	○	—	—
C3:1	○	○	○	—	—
C3:2	○	—	○	—	—
G7:1	○	○	○	—	—
Z7:1	○	—	○	—	—
G3:1	○	○	○	—	—
C2:1	○	○	○	○	○
C2:2	○	○	○	—	—
G6:1	○	○	○	—	—
G4:0	○	○	○	—	—
G4:1	○	○	○	—	—
G缸5:1	○	○	○	—	—
G缸5:2	○	○	○	○	○
G8:1	○	○	○	—	—
G8:2	○	○	○	—	—
C8:1	○	—	○	—	—
C8:2	○	—	○	—	—
C8:3	○	○	○	—	—

注：○表示含有该类物质，—表示不含有该类物质。

水池C2和陶缸G缸5均发现有竹纤维，如图4、图5所示，与染色剂作用后纤维呈蓝紫色，纤维较僵硬，纤维壁较厚，腔径较小，没有或者有轻微的弯曲现象，纤维壁上有明显的节状加厚，部分纤维出现纵向条痕现象，因而判断该纤维为竹纤维[4]。纤维基本保持原长度,少量纤维端部被切断,少量纤维有扭曲、润胀现象。

(a)

(b)

(c)

(d)

图4　水池 C2 中发现的竹纤维

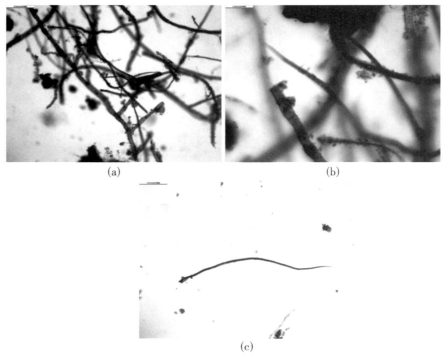

(a)

(b)

(c)

图5　陶缸 G缸5 中发现的竹纤维

除竹纤维外,水池C2和陶缸G缸5均发现有韧皮纤维,推测为桑皮纤维。如图6、图7所示,纤维多呈圆柱形,有明显的横节纹,纤维外壁上有一层透明胶衣,以端部尤为明显,部分纤维上附着有蜡状物,推测该纤维可能为桑皮纤维。纤维经碘-氯化锌染色后显紫红色,而熟料韧皮纤维染色后显紫红色,生料显黄绿色,故推测该纤维可能为熟料桑皮纤维。

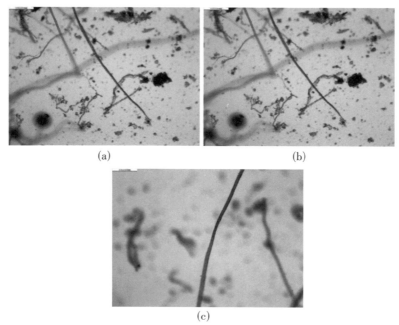

(a)   (b)

(c)

图6　水池C2中发现的桑皮纤维

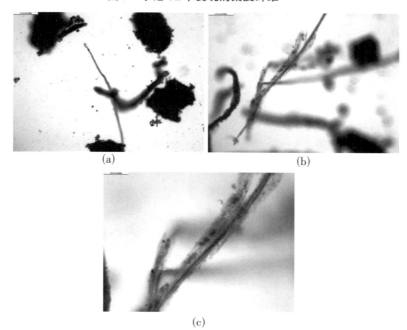

(a)   (b)

(c)

图7　陶缸G缸5中发现的桑皮纤维

显微镜下对水池 C2、陶缸 G缸5 的竹纤维和桑皮纤维进行配比计算,陶缸 G缸5 中竹纤维:桑皮=4.5:1,水池 C2 中竹纤维:桑皮=3.5:1,由于提取到的纤维数量有限,埋藏过程中纤维也可能出现不同程度的降解,因而配比可能有所偏差。

(二)石质工具上的残留物

石质工具提取物如表 4 所示,植物组织块与纤维束、带胶纤维状物质、不带胶纤维状物质在石质工具所在的探方地层或遗迹土中普遍存在。石臼内侧未见上述物质,此外,也未发现竹纤维或桑皮纤维;石磨的使用面(磨齿)则发现有竹纤维,但纤维数量较少。

表 4   石质工具上残留物的提取物鉴定结果

样品编号	提　　取　　物　　类　　别				
	纤维状物质 (带胶)	纤维状物质 (不带胶)	组织块	竹纤维	皮纤维
T19臼:1	○	○	○	—	—
T19臼:2	○	○	○	—	—
T19臼:3	○	○	○	—	—
T19臼:4	—	—	—	—	—
T19磨:1	○	○	○	—	—
T19磨:2	○	—	○	—	—
T19磨:3	○	—	—	○	—
T19磨:4	—	—	—	○	—

注:○表示含有该类物质,—表示不含有该类物质。

石磨的使用面(磨齿)发现的竹纤维,如图 8 所示,与染色剂作用后呈蓝紫色,纤维壁较厚,腔径较小,纤维较为僵硬,没有或者有轻微的弯曲现象,纤维壁上有明显的节状加厚,部分纤维出现纵向条痕现象,故判断该纤维为竹纤维[4]。纤维基本保持原长度,纤维端部未见切断痕迹,少量纤维有扭曲、润胀现象。

理论上,石臼作为打浆工具,应在其内侧发现纸张纤维,但本次实验未提取到纤维。该石臼内壁光滑,遗址发掘时石臼内侧已做过清理,发掘过程中及发掘后的一段时间内,石臼可能因暴露在外界环境中而受到雨水冲刷,因而纤维难以在石臼内壁上保留下来,而石磨的磨齿部位之间的细小凹槽则为纤维的保留提供了有利条件。

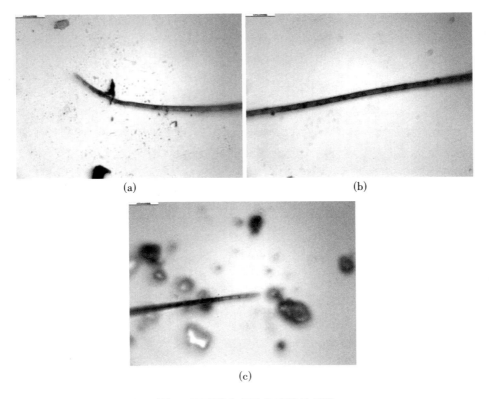

(a)

(b)

(c)

图8　石磨磨齿部位发现的竹纤维

四、讨论

（一）分散的纤维

通过对比发现，遗迹中发现的纤维普遍存在杂质，包括植物组织块与纤维束、带胶与不带胶纤维状物质。这些杂质与中国古代常见造纸原料纤维在形态上有明显的差异，在生土中并未发现，考虑到遗址文化层堆积较浅，推测上述物质可能来自现代植物根系。除上述杂质外，在水池C2和陶缸$G_{缸}5$内还发现了竹纤维和桑皮纤维，在石磨磨齿发现有竹纤维。竹和桑皮是中国古代常见的造纸原料，这些纤维在形态上保留有人工制浆的痕迹。

植物纤维在组织结构及化学成分分布上具有极不均匀性，在天然状态下都包裹于非纤维物质层中（主要是木素，还有半纤维素、果胶、蛋白质等），纤维要用于造纸必须通过化学和机械作用使之从非纤维中分离出来。根据非纤维物质的化学组成，传统造纸工艺常采用沤制和碱性蒸煮法将其去除，使得被包裹的纤维分散开来。而南方埋藏环境多为酸性，因而竹和桑皮在埋藏过程中自然降解出竹纤维和桑皮纤维的可能性很小。文献方面，尚未见竹或树皮在土壤埋藏过程中降解为纤维的相关报道。因此,基本排除提取到的分散的竹纤维和桑皮纤维是竹竿或树皮在埋藏过程中自然降解而成的可能性,其应为经过机械或化学作用分离出来的造纸纤维。

(二)韧皮纤维的颜色与蒸煮工艺

经 Herzberg 染色剂染色后,熟料韧皮纤维会呈紫红色,而生料呈黄绿色[4]。泗洲造纸遗址提取到的桑皮纤维经染色后均呈紫红色,由此判断该纤维是熟料而非生料。所谓熟料是指用碱液蒸煮过的纤维,生料指未经蒸煮的纤维。蒸煮是中国传统造纸中的一项基本工艺,我国自汉代起就采用碱液蒸煮技术加工造纸原料,这一技术也为后世所沿用[5]。在碱性溶液中蒸煮可以有效去除造纸原料中的非纤维物质[6],现今逐渐演化为碱法制浆,即采用更高的温度和碱性来处理更为复杂的造纸原料,以缩短造纸时间[7]。遗址发现有一大型灶遗迹 Z7,该遗迹平面略呈椭圆形,东西长径约 540 cm、南北短径约 455 cm、深约 65 cm。由大小不一的石块垒砌而成,现仅存底部的倒塌堆积,其中心的石块垒砌较规整,疑为火膛,其上堆满了倒塌的乱石。近底部填土中包含有大量的红烧土及炭粒,其内采集到石灰颗粒。上述发现表明,该遗迹应为蒸煮锅,进而结合提取到的纤维颜色可以判断,该遗址发现的桑皮纤维应在此处进行过蒸煮处理。

(三)纤维的润胀与打浆工艺

纤维细胞壁的结构包括胞间层、初生壁和次生壁,其中次生壁是指细胞壁的内层,可分为次生壁的外层、中层和内层。打浆使纤维受到切力,除了搓揉、梳解浆料之外,在打浆过程中纤维还会发生一系列变化,包括细胞壁的位移与变形、初生壁层以及次生壁外层的破除、纤维的切断、纤维的润胀、纤维的外部细纤维化与内部细纤维化、纤维整体变形等[10-12]。

如图 9 所示,遗址中提取到的竹纤维存在一定的润胀现象。"润胀"是指高分子化合物在吸收液体的过程中伴随体积膨胀的一种物理现象。纤维的化学组成中含有纤维素和半纤维素,这些成分的分子结构中含有极性羟基,会与水分子产生极性吸引,在这种吸引下,水分子进入纤维素内部的无定形区,从而增大了分子链之间的距离,纤维因此变形;变形又使分子间的氢链进一步被破坏,游离出更多的羟基,进而促进了润胀作用[7]。纤维的润胀主要发生在纤维次生壁的中层,而纤维细胞壁的初生壁层、次生壁的外层含有较多的木质素,由于木质素不能发生润胀,并将次生壁的中层紧紧包裹,因而次生壁的中层内的细纤维无法得到润胀。因此,纤维要产生润胀现象,必须通过打浆的机械作用破除其初生壁层和次生壁中层[7]。

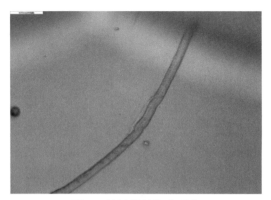

图9　竹纤维的润胀现象

（四）纤维的切断与打浆工艺

切断区别于一般意义上的剪断,是打浆过程中发生的横向断裂现象。打浆时,纤维会受到设备的剪切力,纤维与纤维之间也会互相摩擦,从而导致纤维被切断。切断可以发生在任何部位,但一般发生在纤维的薄弱部位[7]。曲腾云曾对竹纤维在土壤埋藏过程中的降解做了研究,发现竹纤维降解过程中会发生劈裂,出现孔洞,并逐渐降解为蜷曲的碎片状[8]。这种劈裂与打浆过程中发生的断裂有所区别,纤维发生劈裂时端口往往不止一个,纤维既发生横向断裂,又发生纵向断裂。富阳泗洲遗址提取到的竹纤维中,部分纤维发生了横向断裂(图10)。综上分析,该纤维的断裂可能是打浆造成的。值得注意的是,在石磨磨齿处也提取到了少量竹纤维,因而石磨很可能是该遗址重要的打浆工具。尤明庆等[9]在对石转磨力学原理的研究中提到,沟槽可以剪断颗粒,石磨上扇的重量一般要大于石磨下扇才能产生较大的水平剪切力。由此可见,富阳泗洲遗址中发现的这些被切断的竹纤维很可能与石磨打浆有关。

图10　竹纤维的切断痕迹

五、结论

从遗址中提取纸张纤维，一方面可以作为判定遗址造纸功能的直接证据，另一方面也是确定遗址造纸原料的根本方法。本研究将过滤法应用于富阳泗洲遗址纸张纤维的提取中，所采用的样品包括遗迹上附着的土样和石质工具上的残余物。经纤维提取和鉴定后发现，在水池C2和陶缸G缸5内残留有竹纤维和桑皮纤维，在石磨磨齿部位也发现有竹纤维。水池C2中竹纤维与桑皮纤维的比例为4.5∶1，陶缸G缸5中竹纤维与桑皮纤维的比例为3.5∶1。遗址发现的竹纤维和桑皮纤维分散程度良好，基本排除是埋藏过程中自然降解而成的可能性；桑皮纤维经染色后呈紫红色，应经过了蒸煮加工；而竹纤维的润胀和切断现象说明其经过了打浆处理。这些证据表明，提取到竹纤维和桑皮纤维的遗迹与造纸工艺流程高度相关，分别应为制浆工具石磨、抄纸槽和盛放纸浆的陶缸。本研究的结果为确定富阳泗洲遗址的造纸功能提供了科学、可靠的直接证据，同时对研究我国宋代造纸工艺具有十分重要的意义。

参 考 文 献

［1］ 富阳市政协文史委员会.中国富阳纸业[M].北京:人民出版社,2005:39-47.
［2］ 潘吉星.中国科学技术史:造纸与印刷卷[M].北京:科学出版社,1998:1-184.
［3］ 唐俊杰.杭州富阳泗洲发现宋代造纸遗址[N].中国文物报,2009-01-07(2).
［4］ 王菊华.中国造纸原料纤维特性及显微图谱[M].北京:中国轻工业出版社,1999:50-260.
［5］ 潘吉星.中国科学技术史:造纸与印刷卷[M].北京:科学出版社,1998:1-20.
［6］ 彭洋平.中国古代农作物秸秆利用方式探析[D].郑州:郑州大学,2012.
［7］ 何北海.造纸原理与工程[M].北京:中国轻工业出版社,2010:18-60.
［8］ 曲腾云.纺织纤维在土壤填埋和生理盐水中降解行为表征[D].上海:东华大学,2015.
［9］ 尤明庆,苏承东.关于石转磨力学原理的注记[J].力学与实践,2014,36(4):520-523.

周塘桥南宋墓出土纸张原料及制作工艺研究

柳东溶[1]   乔成全[1]   郑　铎[2]   龚德才[1]

1.中国科学技术大学科技史与科技考古系[①];
2.常州市考古研究所

① 第一作者:柳东溶(1987.5—),男,博士研究生,从事纸质文物保护研究。
通讯作者:龚德才
gdclucky@ustc.edu.cn

摘　要:2018年8月,江苏省常州市周塘桥一座南宋墓中出土了一批纸质文物。本研究对其中3件南宋时期的纸质文物进行了基本性能分析、光学性能分析、纤维分析、视频显微镜观察、扫描电子显微镜能谱分析和X射线衍射仪分析,揭示了纸张的原料和制作工艺。研究结果可为南宋时期纸张的相关研究以及后续纸质文物保护研究提供参考依据。

关键词:南宋;竹纸;制作工艺

一、绪论

　　周塘桥南宋纪年墓位于江苏省常州市天宁区花园村周塘桥自然村西南100 m的宁沪高速芳茂山恐龙服务区施工现场。2018年8月,该墓被发现并暴露出两座墓葬,其中一座墓葬保存环境较好,为长方形砖室墓,墓室覆盖着石盖板。这座墓出土了一方墓志和160余件(套)珍贵文物,包括丝织品、银器、铁器、铜器、陶瓷器和纸张等。

　　本文研究对象是周塘桥南宋墓出土纸张中的3种不同类型纸质文物,分别是棺内大量埋藏的纸质文物1(图1(a))、纸质文物2(图1(b))和纸质文物3(图1(c))。本研究对3件纸质文物进行了基本物理性能和光学性能分析、纸张表面形貌观察、纤维显微分析、扫描电镜能谱分析、X射线衍射仪分析等研究。

(a)　　　　　　　　　(b)　　　　　　　　　(c)

图1　出土文物实物

二、实验材料及方法

（一）实验材料

本研究所使用的样品来自周塘桥南宋墓出土的3种不同类型纸张。这3种纸张分别编号为ZTQ-T1、ZTQ-W1和ZTQ-W2。如图2所示，ZTQ-T1样品的外表为深黄色，纸张表面凹凸较粗糙，局部可见较粗的纤维束。ZTQ-W1和ZTQ-W2样品的外表为黄色，纸张表面光滑细腻。

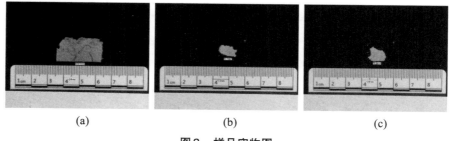

(a)　　　　　　　　　(b)　　　　　　　　　(c)

图2　样品实物图

注：(a)为ZTQ-T1，(b)为ZTQ-W1，(c)为ZTQ-W2

（二）实验方法

1. 纸张基本性能

纸张的基本性能分析参考GB/T 451.3—2002《纸和纸板厚度的测定》，采用数显测厚仪（千分精度0.001 mm，平头）对每张纸样进行了5次测量，并取平均值作为测量结果。根据GB/T 451.2—2002《纸和纸板定量的测定》，采用F2004T电子天平（北京赛欧华创科技有限公司）对样品质量进行了5次测量，并取平均值作为测量结果，采用PicMan图像处理技术软件测量样品的面积[1]。

纸张的定量计算采用以下公式：

$$D = G/\sigma^{[1]}$$

式中，D表示纸张的定量，单位为g/m²；G表示纸张的克重，单位为g；σ表示纸张的面积,单位为 m²。

纸张的紧度计算采用以下公式:

$$J=D/\sigma^{[2]}$$

式中,J 表示纸张的紧度,单位为 g/cm³;D 表示纸张的定量,单位为 g/m²;σ 表示纸张的厚度,单位为 mm。

2. 光学性能

白度测试参考 GB/T 7974—2013《纸、纸板和纸浆漫蓝光反射系数–D65 亮度(差分/几何,室外日光条件)的测量》,采用 NH310 电脑色差仪进行测试,每个纸样进行 5 次测试,并取平均值作为结果。

色度测试采用 CIELab 颜色空间,通过 NH310 高品质便携式电脑色差仪(深圳威丰仪器有限公司)进行纸张样品的色度检测。每个纸样进行 5 次测试,并取平均值作为结果。

3. 纸张纤维分析

为了对周塘桥南宋墓出土的纸张进行纤维显微观察,首先按照 GB/T 28218—2011《纸浆纤维长度的测定图像分析法》的要求制备了 Herzberg 染色剂溶液。随后,取一小片纸样夹在载玻片中心处,滴加 2～3 滴 Herzberg 染色剂溶液进行染色,并使纤维充分均匀地分散在染色剂中。然后盖上盖玻片,在纤维分析仪 XWY-VI(珠海沃伦纸业科技有限公司)下观察纤维的形态和染色特征。

4. 视频显微镜观察

采用超景深视频显微镜(VHX-2000C,KEYENCE 公司)对样品进行观察,观察条件为环光照明、100 倍率,对纸张正面和背面均进行图像采集。

5. 扫描电子显微镜能谱

对样品进行扫描电镜能谱分析(SEM-EDS),扫描电镜采用 ZEISS Gemini SEM450,配备牛津 Aztec 系列 X 射线能谱。样品观察前进行喷铂处理,喷铂时间为 90 s,电流为 25 mA,电压为 1.00 kV。在 6.2～7.3 mm 的工作距离对样品进行显微观察,X 射线能谱测试条件为面扫。

6. X 射线衍射仪分析

采用 Rigaku 公司的 Miniflex600X 射线衍射仪对 ZTQ-W1 样品正面的表面物质成分进行分析,测试条件为电压 40 kV,电流 15 mA,扫描范围 5°～65°。

三、结果和讨论

(一)纸张基本物理性能结果与讨论

表 1 是纸样基本物理性能的检测结果,从表中可以看出 ZTQ-T1、ZTQ-W1 和

ZTQ-W2文物样品之间存在一定的差异。定量和紧度是纸张基本性能指标,其高低会影响纸张的物理、光学和书写性能。

ZTQ-T1样品的厚度为0.18 mm,定量为42.47 g/m²,紧度为0.240 g/cm³。对于ZTQ-W1和ZTQ-W2样品,发掘时ZTQ-W1样品位于外部,ZTQ-W2样品位于内部。ZTQ-W1的样品厚度为0.05 mm,ZTQ-W2样品的厚度为0.10 mm,两者都非常薄。由于样品的限制,很难直接比较重量和面积,但ZTQ-W2样品的紧度较高。这些结果可能是因为ZTQ-W2样品经过了研光技术。因为定量相同的纸经过研光处理后会变薄,紧度也会提高[2]。总体上,通过基本物理性能检测结果可以看出,3件文物样品之间存在一定的差异。

表1 基本物理性能

样品名	厚度(mm)	质量(g)	面积(m²)	定量(g/m²)	紧度(g/cm³)
ZTQ-T1	0.18±0.01	0.0182±0.0000	0.000429	42.47±0.10	0.24±0.01
ZTQ-W1	0.10±0.00	0.0024±0.0002	0.000064	37.19±1.31	0.37±0.01
ZTQ-W2	0.05±0.00	0.0016±0.0001	0.000075	21.87±2.42	0.42±0.04

(二)光学性能结果与讨论

3件文物样品的光学性能检测结果包括白度和色度Lab值,用于反映纸张的色彩特性。白度表示纸张表面对光线的漫反射能力[3]。如果纸张中含有较多的有色物质,它会吸收更多的光线,导致漫反射减少。从造纸工艺来看,原料的浸泡和蒸煮时间越长、次数越多,并且洗涤越彻底,纸浆中的有色成分就越少,纸张的白度就越高。从表2的白度结果可以得知,ZTQ-W1样品的正面白度为23.57%,ZTQ-W2样品的正面白度为21.63%,而ZTQ-T1样品的正面白度为15.78%。根据白度测试结果,可以推测3种纸张的制作工艺存在一定差异,并且ZTQ-W1和ZTQ-W2样品的纸张原料的精炼工艺较好。色度Lab值结果显示,ZTQ-W1样品的正面和背面的L有明显差异,a和b有一定差异。这反映了ZTQ-W1样品的正面和背面可能在成分上存在差异。

表2 白度及色度Lab值结果

样 品 名		白度(%)	L	a	b
ZTQ-T1	正面	15.78±0.01	45.75±0.02	5.85±0.03	8.27±0.02
	背面	15.50±0.01	44.62±0.01	5.35±0.05	7.51±0.03
ZTQ-W1	正面	23.57±0.02	54.97±0.01	5.88±0.06	8.49±0.02
	背面	24.85±0.02	57.62±0.01	6.38±0.03	9.87±0.03
ZTQ-W2	正面	21.63±0.03	58.45±0.01	8.40±0.07	12.96±0.04
	背面	23.24±0.02	58.61±0.01	8.19±0.03	12.59±0.02

注:L表示亮度值,a表示红–绿色度值,b表示黄–蓝色度值。

（三）纸张纤维分析结果与讨论

用Herzberg染色剂溶液对3件文物样品的纤维进行染色后，在纤维仪下可以清晰地观察到样品的纤维形态及染色特征（如图3所示）。ZTQ-T1样品中含有大量纤维聚集不够分散的纤维束与杂纤维。纤维平均长度约为1.52 mm，平均宽度约为14.00 μm。ZTQ-W1样品观察到了竹纤维典型特征之一的网状表皮细胞，纤维平均长度约为1.14 mm，平均宽度约为13.00 μm。ZTQ-W2样品中，纤维的平均长度约为0.91 mm，平均宽度也约为13.00 μm。染色后纤维呈现为蓝紫与黄绿色，并且纤维长度在2.00 mm以内，纤维表面光滑、刚直，很少弯曲，有横节纹，纤维两端尾尖细，纤维壁光滑，具有导管细胞和薄皮细胞等特征细胞。通过对比相关文献，3件样品都符合竹浆纤维的特征[1,4-7]。因此可推断3件文物样品均为竹浆纤维[8]。

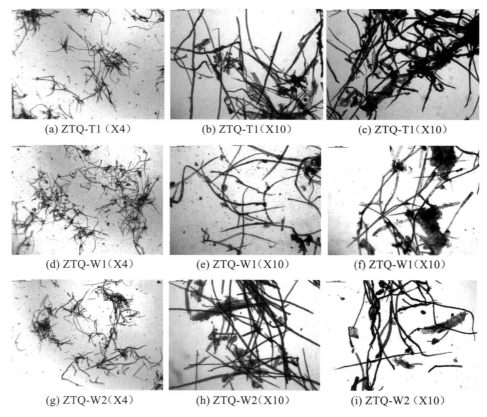

(a) ZTQ-T1（X4）　　(b) ZTQ-T1（X10）　　(c) ZTQ-T1（X10）

(d) ZTQ-W1（X4）　　(e) ZTQ-W1（X10）　　(f) ZTQ-W1（X10）

(g) ZTQ-W2（X4）　　(h) ZTQ-W2（X10）　　(i) ZTQ-W2（X10）

图3　ZTQ-T1(A-C)、ZTQ-W1(D-F)、ZTQ-W2(G-I)样品的纤维显微图

（四）表面形貌观察结果与讨论

通过超景深视频显微镜可以清楚地观察纸张的表面形貌特征（如图4所示）。在ZTQ-T1样品的正面可以看到纤维间的孔隙上存在污染物，但没有人为添加的

填充物,背面可以观察到纤维较为松散,并且还可以看到未打散的纤维束。ZTQ-W1样品的正面明显存在被人为加工的痕迹,而且纤维与纤维之间存在填充或涂布的物质,背面则无法看到纤维间存在物质。ZTQ-W2样品的正面平整光滑,并且有明显被矸平和凹陷的痕迹,而背面无法看到任何加工痕迹。

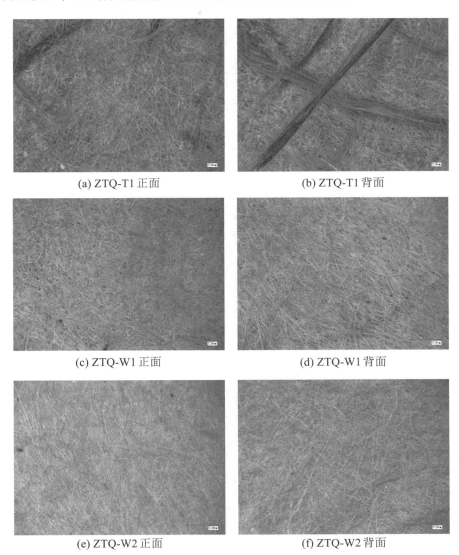

(a) ZTQ-T1 正面   (b) ZTQ-T1 背面

(c) ZTQ-W1 正面   (d) ZTQ-W1 背面

(e) ZTQ-W2 正面   (f) ZTQ-W2 背面

图4　ZTQ-T1(A、B)、ZTQ-W1(C、D)、ZTQ-W2(E、F)样品的电子显微图(观察倍率:100)、纸张显微图(观察倍率:100)

(五) SEM-EDS 观察结果与讨论

用扫描电镜对纸张微观结构和填充材料进行观察,发现ZTQ-T1样品的正反面有细纤维和较宽的纤维,纤维较松散,还有薄壁细胞(如图5所示)。ZTQ-W1样品的正面可以观察到明显的颗粒状和片状填充物,而背面没观察到填充物,可以判断纸张正面确实存在人为加工的痕迹。ZTQ-W2样品的正面比背面更平整光滑。

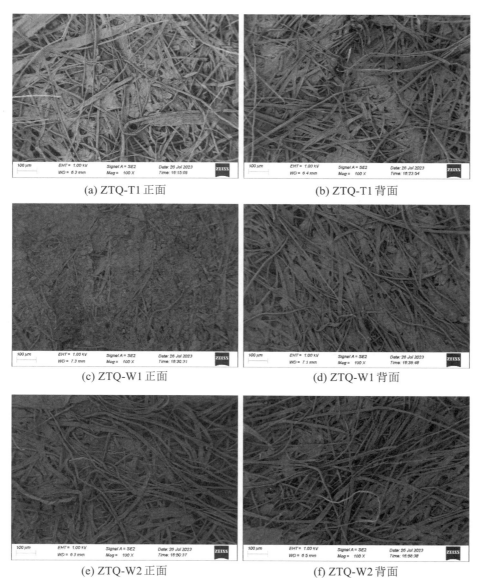

(a) ZTQ-T1 正面

(b) ZTQ-T1 背面

(c) ZTQ-W1 正面

(d) ZTQ-W1 背面

(e) ZTQ-W2 正面

(f) ZTQ-W2 背面

图5　ZTQ-T1(A、B)、ZTQ-W1(C、D)、ZTQ-W2(E、F)样品的SEM观察图

古代纸张在原料沤煮时,主要使用石灰(CaO)、草木灰(K_2CO_3)。在抄纸和后加工阶段,纸浆中会添加或纸张表面会涂布白垩粉($CaCO_3$)、滑石粉($H_2Mg_3(SiO_3)_4$)或高岭土($Al_2O_3 \cdot 2SiO_2 \cdot 2H_2O$)等矿物颗粒[5,8]。

表3为ZTQ-T1、ZTQ-W1、ZTQ-W2的正面和背面的能谱检测结果。从元素检

测结果看,三件样品纸张原料沤煮时可能使用了石灰(CaO)或草木灰(K_2CO_3)[9]。

表3　SEM-EDS结果表

元素	ZTQ-T1		ZTQ-W1		ZTQ-W2	
	正面(%)	背面(%)	正面(%)	背面(%)	正面(%)	背面(%)
C	54.69	52.88	30.66	50.07	44.09	42.13
O	44.00	43.81	35.70	38.31	33.02	34.49
Na	—	—	—	0.17	0.88	—
Si	0.83	0.80	9.42	1.49	4.29	8.55
S	0.29	0.24	0.39	0.21	0.31	0.44
Ca	—	1.58	0.71	0.58	—	0.86
Cl	—	—	—	0.77	6.75	2.93
Al	—	—	7.87	0.50	1.47	2.66
Mg	—	—	0.15	—	0.12	0.24
Fe	0.19	0.69	1.13	0.10	1.24	1.92
K	—	—	0.38	—	0.70	0.81
Zn	—	—	—	—	4.21	2.07
Sn	—	—	3.70	1.75	—	—
Pb	—	—	9.87	6.05	2.92	2.90

由ZTQ-T1样品能谱分析结果可知,纸浆制作过程中未加填料,纸张制成后也未进行再加工。样品检测到含量很低的S,Fe元素,可能是埋藏环境带来的杂质元素。从ZTQ-W1样品的能谱分析结果可知,纸样正面比背面有更高含量的Si,Al,K,Pb元素,同时显微观察中发现正面有大量颗粒状和片状物。因此可推测纸张正面添加了高岭土($Al_2O_3 \cdot 2SiO_2 \cdot 2H_2O$)和铅白($2PbCO_3 \cdot Pb(OH)_2$)混合的颜料,这是一种二次加工纸。图1(b)显示的纸张表面黑色部分可推测为铅白氧化成的二氧化铅(PbO_2)。由ZTQ-W2样品能谱分析结果可知,Si,Cl,Al元素含量较高,同时显微观察可以发现纤维间存在较多颗粒物,可推测纸浆原料中含有高岭土($Al_2O_3 \cdot 2SiO_2 \cdot 2H_2O$)成分的填料。样品中Cl元素的含量较高,其原因是发掘现场对样品进行了消毒处理,使用的含氯消毒液(C_8H_9ClO)残留在了纸张上。

(六)X射线衍射仪分析

在ZTQ-W1样品正面能谱(EDS)分析结果的基础上,采用XRD分析进一步确认纸张表面白色粉末颜料的成分。如图6的XRD谱图所示,白色粉末的主要成分为高岭土和铅白。因此,可确认ZTQ-W1纸样是一种表面施加白色颜料的加工纸。

周塘桥南宋墓出土纸张原料及制作工艺研究

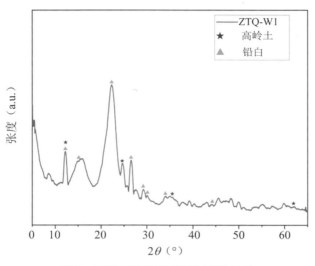

图6　ZTQ-W1样品正面的XRD结果

　　上述分析表明,南宋时期的竹纸与现代竹纸在制作工艺上几乎相似,沤煮材料均为石灰和草木灰,纸浆中含高岭土填料,颜料或涂料含高岭土、铅白等[10]。由此可以推测南宋时期手工竹纸的工艺已经很成熟。

四、结论

　　本文对周塘桥南宋墓出土的3件不同纸张文物的原料及制作工艺进行了研究。从纸张定量和紧度、光学性能、纸张显微观察结果,可推测南宋时期的造纸工艺已经相当成熟。纸张纤维观察结果表明3件纸张文物的纸张原料均为竹浆,由SEM-EDS和XRD的分析结果可推测,3件纸张文物的沤煮用材料均为石灰、草木灰。ZTQ-W1纸样存在填料和涂布颜料,填料和颜料的成分为高岭土和铅白混合物。ZTQ-W2纸样存在成分为高岭土的填料。3件纸张文物所反映的南宋时期手工竹纸的造纸和加工工艺已经具有较高的水平。

参 考 文 献

［1］　刘畅.手工纸显微图像分析[M].北京:清华大学出版社,2016.

［2］　刘胜贵,陈建德.认识纸张性能,严把印刷质量关[J].印刷技术,2016(5):54-55.

［3］　马秀军,蒋漪.陶瓷检测对陶瓷产品质量控制的意义[J].江苏陶瓷,2023,56(3):44-45.

［4］　易晓辉,李英,雷心瑶.传统生料法与熟料法手工竹纸性能差异研究[J].中国造纸学报,2022,37(3):78-85.

［5］　王菊华.中国造纸原料纤维特性及显微图谱[M].北京:中国轻工业出版社,1999.

［6］　易晓辉.中国古纸与传统手工纸植物纤维显微图谱[M].桂林:广西师范大学出版社,

2022.

［7］ 陈刚,赵汝轩.中国手工纸工艺与纤维分析图释[M]. 上海:上海科学技术出版社,2023.

［8］ 潘吉星.中国科学技术史:造纸与印刷卷[M]. 北京:科学出版社,2017.

［9］ 龚德才,杨海艳,李晓岑.甘肃敦煌悬泉置纸制作工艺及填料成分研究[J].文物,2014(9):85.

［10］ 方媛,陈亦奇,毛芳,等.荆州博物馆馆藏明清刻本纸张原料及制作工艺分析[J].文物保护与考古科学,2021,33(4):80-88.

"乌金纸"①考

汤雨眉[1]　**汤书昆**[2]

1. 中国科学技术大学科技史与科技考古系；
2. 中国科学技术大学手工纸研究所

　　中国人颇感自豪的是发明了纸这种极其重要的载体，1900多年前东汉时的尚方令蔡伦（62—121）被公认是纸的发明者，享有纸祖的声誉，同时也是世界文明史上的名人。然而20世纪中后期，从丝绸之路的起点西安往西，考古学家先后发现了灞桥纸、金关纸、中颜纸、悬泉置纸、放马滩纸等西汉纸残存物。其中，出土自甘肃天水放马滩西汉早期（文帝—景帝）的"纸地图"残片距今约2200年，是发现最早的纸质文物。如果沿着干旱的丝绸之路继续挖掘，很难说什么时候就会有更早的纸品的发现。

　　之所以说到蔡伦之前古纸的考古发现，并不是要贬低蔡伦总结提炼并给早期造纸术定型的丰功伟绩，实际上是想说中国古代的纸是十分丰富与奇妙的，既有不少我们还完全不知道的纸与造纸内容，同时也还有大量历史名纸曾经灿烂辉煌，但已经先后消失在历史长河里而难窥形貌。如汉末被描绘为"研妙辉光"的"左伯纸"，早在东晋书圣王羲之就用过的有着丝绢一样质感的"蚕茧纸"，唐代文人雅士间名声很大的"薛涛笺"，五代南唐皇家秘府珍藏的"澄心堂纸"，北宋初年有系列美丽颜色的"谢公笺"等。

一、乌金纸起源、产地、用途的文献考辨

　　乌金纸也是介于消失与传世之间的一种历史名纸，为什么这样说呢？我们来看一下古代文献中是怎么记述与描绘的，先看最经典的两段：

　　明末宋应星《天工开物·五金·黄金》记："凡造金箔，既成薄片后，包入乌金纸内，竭力挥椎打成。凡乌金纸由苏、杭造成。其纸用东海巨竹膜为质。用豆油点灯，闭塞周围，只留针孔通气，熏染烟光而成此纸。每纸一张打金箔五十度，然后弃去，为药铺包朱用，尚未破损，盖人巧造成异物也。"[1]

　　明末清初方以智《物理小识·卷七》记："造金箔隔碎金以药纸，挥巨斧捶之，金已箔而纸无损，纸初褐色，久则乌金色。魏良宰云：乌金纸惟杭省有之。其造纸非

① 清代赵学敏《本草纲目拾遗》卷九《器用部》载："乌金纸：江浙造纸处，多有两面黝黑如漆，光滑脆薄，不中书画，惟市铺用以裹珍宝及药物作衬纸，又呼熏金纸，以其熏黑捶研而光也。"

《治下疳集听》："用乌金纸铜杓内炒末，加冰片少许涂。"

《复明散陈嘉木眼科要览》："专治翳膜遮睛，瞽者亦可复明。用七八岁童子口中吐出蛔虫一条，用竹刀剖开，清水洗净，将新瓦以炭火焙干，勿焦，研极细末，乌金纸包好；再用硼砂四两，将蛔虫包藏其中，一七日取出，以骨簪蘸药点眼，一日三次，后将骨簪脚拨去眼中翳膜，热水洗之，少顷又点，点完此药，无不重明。"

"又名羊皮金，出广东，凡金箔店皆有售者，呼皮金纸。"

《毛世洪养生集》："治跌扑擦伤，钉鞋打伤足跟，病久荫疮擦痛，并冻疮足跟烂流水。凡小擦伤刀伤，肿溃红赤，皮光潮湿，皆效；看患处大小，以此翦取，将金面贴伤处，过宿即愈。"

城东淳右桥左右之水不成,其法先造乌金水刷纸,俟黑如漆,再熏过,以捶石砑光。性最坚韧,凡打金箔,以包金片打之,金成箔而纸不损。以市远方,价颇昂值,盖天下惟浙省城人能造此纸故也。"[2]

从宋应星和方以智的记载,可以得出以下5点信息:① 两人在世时的明末清初,乌金纸的主要用途很明确,是捶打金箔的包纸或隔纸,打过五十回金箔的乌金纸还能完整地拿到药铺里包朱砂,可见当时的乌金纸极其有韧性,在这一物理指标上出类拔萃。② 乌金纸唯在苏州与杭州两府造,或者如魏良宰云:"乌金纸惟杭省有之,天下惟浙省城人能造此纸。"不管是苏杭还是省城杭州,总之其他地方造不出来或没有造,因此物以稀为贵,售价颇昂贵。③ 关于造纸的水,魏良宰说得比较玄乎,"非城东淳右桥左右之水"造不了,看来某一时间的乌金纸对一条河的一小段的某种水高度依赖,但可惜对这一玄妙的水来造乌金纸究竟有什么奥妙之处没有说。④ 用"东海巨竹膜"为原料,用"豆油点灯"熏染,那么东海指哪里?巨竹膜指什么竹或竹的哪部分?"巨竹"是指特别大的竹吗?这些都是不清晰的。⑤ 魏良宰是什么年代的人没有交代。

作为用途非常特别的历史名纸,①和②的信息明确,没有多少疑问。③涉及造这种品质非凡的纸对水的高度讲究,但是否其他地方的河水就造不出来并无印证。④原料的特定产地和品种也确定不了。这些放到后文中再解释。

魏良宰是什么年代的人对乌金纸的起源探究其实很关键,历史与乡邦文献表述也颇混乱复杂。

2009年西泠印社出版的《绍兴市非物质文化遗产读本》一书中的"乌金纸制作技艺"条目这样介绍:"乌金纸是400多年前的十六世纪,有一个叫魏良再的人发明而成。"[3]这是把乌金纸的创制与魏良再关联,而无论是魏良再还是魏良宰都没有发现任何佐证史料。

20世纪60年代《宁波大众报》登载沈暨王《乌金纸春秋》一文说:"乌金纸相传为晋代魏良宰所创,至今有1500年历史。"[4]

民国时期《重修浙江通志稿》记载:"乌金纸之制作,相传发明于晋代上虞赵姓,民国十六年赵仁丰一家移肆于杭州。"[5]

上述3条记述都是相传而不是信史资料,涉及明代晚期和晋代两个相差近1300年的发明时段,涉及不明地域的魏良宰(魏良再)和地域明确的上虞赵姓两个完全不同的发明人来源。

民国时期王汉辅所撰《种瓜亭笔记》记载:"后世写经画象,用乌金纸或磁青纸矣,即其遗意也,较古人省工力多矣。乌金纸元时始有,磁青纸因之而兴。"[6]

明代著名学者杨慎(1488—1559)所著《墨池琐录·卷二》记载:"南唐《昇元帖》以匦纸摹搨,李廷珪墨拂之,为绝品。匦纸者,打金箔纸也。其次即用澄心堂纸,蝉翼拂,为第二品。"(《昇元帖》为南唐皇室出秘府所藏历代法书珍品刻帖成4卷,每卷后刻有"昇元二年三月建业文房摹勒上石",故名)[7]

元代陶宗仪在《南村辍耕录·卷十》中记载:"又有高宗绍兴中国子监本,其首尾与淳化(指淳化阁帖)略无少异。当时御前者多用匮纸,盖打金箔者也。"[8]

明代屠隆(1544—1605)著《考盘余事·卷一》记载:"南纸其纹竖,墨用油烟以蜡,及造乌金纸水敲刷碑文,故色纯黑而有浮光,谓之乌金拓。"[9]

道教文献典籍汇编《道法会元》之《高上神霄玉枢斩堪五雷大法·风》中记载:"右书符讫,用乌金纸一贴、甲马一个烧之,喝将'起'云。"《玉枢斩堪五雷大法》一书由王文卿作序,而王文卿(1093—1153)为南北宋之交的道家神霄派创始人[10]。

上述5条文献记述反映出的信息:① 南唐和宋代皇室多用打金箔的"匮纸"摹揭法书碑文做成法帖和国子监书籍"首尾"封页,但"匮纸"是否就是乌金纸没说。② 明确提出元代才有乌金纸的说法,而且主要用途是"写经画象",并说著名的磁青纸是受到乌金纸启发而兴起的,但判断的依据没有说。③ 历史上著名的乌金拓因为用"造乌金纸水敲刷碑文"而得名。④ 北宋时道教做法事时已经用了乌金纸。

不管打金箔用的"匮纸"是否就是乌金纸,五代南唐(937—976)时这种纸的品质已经非常成熟了,因为与李廷珪墨并用摹揭而"为绝品",连千古名纸澄心堂纸在这一专项用途上都只能"为第二品"。那么,这种打制金箔的名纸发明的时间无疑会更早。

按照明清时期传习到今天的工艺,手工打金箔是先将金锭打成薄片,逐层夹入乌金纸中。乌金纸一副是2400张,外裹绷纸,在石质细密坚硬的青石砧上用铁锤锤击3万多次,即成金箔。金箔厚度约为0.0003毫米。

古代文明中制造金箔的技艺出现很早,在非洲撒哈拉一座约3500年前(约前1500)的墓葬考古已发现金箔制品;约3450年前(约前1450)的古埃及墓葬文物上甚至出现了打金箔的图像。

按照金箔行业自己的说法,中国制作金箔的历史被认为源于东晋(317—420)时的建康(今南京),成熟于宋、齐、梁、陈四朝,而六朝古都南京正好是从东晋到陈朝这五朝的首都,是中国金箔的发源地。200多年前,对金箔工艺颇有兴趣的乾隆皇帝曾在巡游金陵时拜谒金箔工艺祖师爷葛仙翁(东晋炼丹家葛洪)的金箔祠堂。而在南朝宋时山谦之编撰的地志《丹阳记》中,也有造金银箔和设锦署的记载(宋时丹阳郡辖九县多为今南京辖地)。但那个时期是否就用乌金纸作为隔纸捶打则不得而知。

但实际上中国金箔的历史要早很多。战国早期曾侯乙墓(时间在2400~2500年前)共出土金箔940片,多用来贴附于铅锡饰物表面,该批金箔最厚0.378 mm,最薄0.037 mm,相差0.341 mm。据金箔工艺研究者分析,应该没有用隔纸,而是一片片捶成,因此,厚薄不均明显。2000年北京老山汉墓中发现了批量贴有金箔的陪葬品,此墓葬被认为是西汉燕王家族某位妃嫔之墓,距今约2100年。

问题是西汉中期锤金箔用隔纸吗?西汉中期有那么结实的纸吗?当然,在西方,早期捶打金箔时流行用羊皮纸(parchment),即刮至极薄且厚度均匀的羊羔皮或胎羔皮(vellum)薄片。中国早期从直接捶打金片到用优质隔纸打金箔,中间什么时间用过什么过渡材料却不清晰。

总结这些有关乌金纸纷乱的历史文献和传说,大致可以对这一历史名纸的第一组问题作如下描述:

乌金纸在古代的用途主要是作为捶打金箔时的隔纸,也曾用于像磁青纸那样以金银作为颜色的写经画像,以及道士们做法事时与神"沟通"的用品;也有很大可能用于皇家摹揭碑帖法书的高端用途。后者目前的存疑处是摹揭用的"匮纸"与乌金纸是否为一类纸缺乏研究。

早在2100年前即有捶金箔行业和金箔产品,但很难想象在蔡伦之前100多年会有理化性能很出色的纸,因此从手工造纸技艺的演化历史看,捶打金箔的隔纸在东晋时发育到完全可实用从逻辑上说是现实的。至于当时是否使用的是今天意义上的乌金纸,目前尚无实物或文献依据。

从中国造纸工艺发展历程看,乌金纸发明于东晋这100年间存在可能性和现实性,但发明人是魏良宰还是上虞赵家,还是其他造纸工匠,均缺少直接可信的依据。乌金纸在五代到北宋时期已经出现是有文献佐证的,自元代始创可以作为一说,但认为发明于16世纪的明代晚期的现行主流说法反而是不成立的。

乌金纸历史上的生产中心一直是苏州与杭州地区("凡乌金纸由苏、杭造成"),一些特殊的时期则只在杭州城生产("盖天下惟浙省城人能造此纸");而捶打金箔的基地一直以南京为中心。从18世纪后期到20世纪80年代,乌金纸的制作基地以杭州富阳、绍兴上虞为主(如图1、图2所示),宁波奉化为辅;捶打金箔则以南京栖霞区与江宁区为主,苏州和广州为辅;今天,南京是全世界最大的金箔生产地,位于江宁的南京金线金箔总厂是世界上最大的金箔厂。

图1　乌金纸基地蔡林村"乌天下"金箔匾

图2　蔡林村乌金纸工艺展示画

二、乌金纸原料、工艺及性能的实验复原

关于造乌金纸的原材料和工艺,实际上由于这种中国名纸的特殊用途熟悉的人不多,造纸地点又特别局限在几个小村落,因此,历史文献和民间传说里零星说到的诸多记载并不知道哪些是对的,哪些是有道理的,哪些是完全不对的。

历代有关乌金纸的文献上很少提到造乌金纸所用的原料,这也是中国古代工艺文献的通病,极少涉及原料加工技术过程,因为文化人不参与实操,工匠没有文化不能亲自记载。宋应星是关注技艺本身的工艺专家,在《天工开物》里说乌金纸"用东海巨竹膜为质",已经是很少见的记载了。但"巨竹膜"是什么呢?根据记载猜测或许是指竹子的外皮或内层竹肉,但"巨"指什么就不明白了。还有中国造纸的竹有很多,造乌金纸对竹的种类有要求吗?

又如造乌金纸所用的水,方以智《物理小识》转引魏良宰很玄妙的说法,"其造纸非(杭州)城东淳右桥左右之水不成"。由于乌金纸需要特别的柔韧紧密和湿强度,对水质要求无疑会高,但是否极端到只有淳右桥下一小段水才能造出达标的乌金纸,这就涉及成纸标准的内涵以及水的内涵。可惜明代以前的乌金纸目前没有发现传下来的实物,而古人也不可能测试分析"淳右桥左右之水"的指标。

再如造乌金纸取烟熏染而实现乌黑发亮质感的烟料,《天工开物》描述的是"用豆油点灯,闭塞周围,只留针孔通气,熏染烟光而成此纸"。《物理小识》描述的是"其法先造乌金水刷纸,俟黑如漆,再熏过,以捶石研光"。而造乌金纸行业内则说用"青油点烟",那么"青油"指什么?

当代造纸技术专家缪大经、周秉谦《金箔专用载体——乌金纸》一文中提出:"乌金纸历来以植物油点灯所产出烟炱为原料,成为灯黑,有别于一般工业炭黑。无论干性油(青油即柏籽油,或桐油),半干性油(豆油或菜油、麻油)都是碳氧化合物在空气不足时的不完全燃烧而生成灯黑。""传统的方法是在一间暗房内,排列几十上百盏油灯,盛满青油(20世纪开始已多用柴油)和点燃的灯芯,灯盏的上方适当距离反盖一瓦片,以收集全部油烟(如图3所示)。每隔十几分钟,当瓦上积满青烟,用鹅毛轻轻拂扫,让这个疏松、质轻而极细的烟炱(灯黑)落在干而结实的纸上,决不能暴露在空气中而飞散损失。"[11]那么,青油是"柏籽油"吗?

图3 蔡林村陶钵油灯覆瓦点烟工具

虽然乌金纸只是中国古代名纸中的一种,但如果按照真实性原则推敲,类似的疑问还有不少。在直接研究文献和传说无法释疑求证的情况下,通过工艺复原来探索上述问题是立足科学实验方式的另一条路径。

2016年,中国科学技术大学手工纸研究所与杭州市富阳区逸古斋竹纸工坊开始合作,尝试复原已经业态完全中断约30年的富阳乌金纸制作工艺。2016年12月至2019年4月近两年半时间里,复原小组深度访问了中国近百年乌金纸原纸主产地富阳区稠溪村、副产地奉化市棠岙村(原纸和白房),乌金纸原纸熏染工艺(烟房与黑房)主产地上虞市蔡林村,以及打制金箔基地南京金线金箔总厂。2017年春夏之交到2019年春天,复原小组先后从稠溪村聘请了4位30年前造过乌金纸原纸的男性老年技工、2位捶打过原纸的女性技工,借用富阳区大源镇大同村朱家门村民组逸古斋竹纸工坊的场地设施和工具,进行了2轮从砍原料到捶打原纸的复原实验,造出了约200刀乌金纸原纸。

复原小组在生产性实验中,对比了从明末清初到30年前造的乌金纸样品,并在中国科学技术大学手工纸研究所实验室对旧纸和新复原的纸进行了技术性能的测试。由此,实现了乌金纸制作过程中若干无法解答的关键问题的实证辨析,分述如下。

(一)乌金纸原纸用的是什么原料?

按照文献记载,乌金纸以竹为原料,但用的是哪一种竹或哪几种竹,用料的要求,以及是不是百分之百以竹为料(有无添加或混合竹以外原料),都是没有明确说法的。

通过深度调研、复原实验、测试比照发现:乌金纸原纸并不像当代大部分文献介绍的那样用毛竹为原料(有介绍还提及加桑皮、麻等长纤维植物混合),而全部以苦竹为原料,连外层青皮一起入料塘浸泡(不刮皮)。苦竹竹节长,纤维质量高,多糖成分少,造出的纸耐虫蛀和色感佳。

复原中非常意外地发现并非所有的苦竹都适合造乌金纸。在第一年不分品种砍伐苦竹造纸失败后,复原小组在中国林业科学研究院亚热带林业研究所位于杭州市余杭区的万亩苦竹基地(如图4所示)深入调研,一共24个品种的苦竹,真正适合造乌金纸的只有2种左右,而大部分苦竹造不出够标准的乌金纸原纸。在实验地的富阳,最佳砍竹时间为农历二十四节气的小满(通常为公历5月20—22日)后7~15天内。

(二)造乌金纸原纸的水有什么特别讲究?

古代"非(杭州)城东淳右桥左右之水不成"的说法无法印证,但很明确的是浸泡、清洗苦竹原料需要用山溪清澈的流水。复原中意外发现的关键用水要求是抄纸需"冬水"。

实验中按照正常古法工艺流程的时序,5月底到6月初"小满"后7~10天内砍苦竹,然后经过料塘浸泡、捶料、浆石灰、腌料、洗料、豆浆发酵、石甑蒸煮、碓打制浆等系列工序,到能抄纸时通常已经是10—11月。2017年第一轮试制因为苦竹砍的品种不对又补砍,稠溪村抄纸师傅时隔30余年后重新熟悉乌金纸独特的抄造技艺也花费了一些时间,正式抄纸已经是12月,而且因为没有时间工序意识,时有中断歇工,结果一池原料,到开春后完成抄纸只剩半池多。

意外和失败因此出现:开春后不久地气回暖,水温上升,抄造出的纸立刻发松膨胀,同样张数的纸垛会变厚一倍以上。复原小组现场负责人有30余年造竹纸经验,他感觉不对劲,在沟通后立即停止抄造,查找原因。

通过拜访、详询乌金纸造纸老人,向手工纸技术分析专家请教,得知稠溪村旧日要求苦竹乌金纸必须在冬天的低水温条件下抄造,否则纸质太松就难以进行下一步的反复捶打,青油细烟颗粒也不容易在疏松的纤维结构上被密集吸附。稠溪村老的行规是开春后抄造出的纸质疏松的乌金纸原纸,工序中后段"白房""黑房"

和"打金箔"的验纸人都会将其视为次品。因此,按照行规,抄纸必须在"冬水"里完成(如图5所示)。

(a)

(b)

图4　亚热带林业研究所的苦竹基地及分类标牌

图5　稠溪村老纸工用冬水抄造苦竹纸

『乌金纸』考

（三）乌金纸熏染涂刷的材料"青油"是什么？

由于复原实验尚未进行到"黑房"实操阶段，因此，关于"青油"的探究处在研究期。调研稠溪村、蔡林村和南京金线金箔总厂，对于"青油"的说法都是一致的，是化工提炼的柴油的一种，卖的时候就叫"青油"。民国时期以来用的就是这种柴油，县城里就有卖的。但是，乌金纸的历史至少已有千年，甚至可能上溯到1700年前的东晋，清代中期以前中国并没有化工提炼柴油，显然历史上的"青油"是另外的材料。

缪大经、周秉谦认为"乌金纸历来以植物油点灯所产出烟怠为原料"，包括"青油"即柏籽油、桐油、豆油或菜油、麻油都可用。而《天工开物》则认为是"用豆油点灯，闭塞周围，只留针孔通气，熏染烟光而成此纸"。即柏籽油、豆油是"青油"。检索研究文献，柏籽油是柏树类侧柏的果实压榨出的油。

但复原小组在研究文献中也发现了另外的说法，即"青油"是乌桕树的果实压榨的油。乌桕果实外之蜡质称"桕蜡"，可提制皮油，供高级香皂、蜡纸制造用；种仁榨取的油称"桕油"或"青油"，可作为油墨、油漆的添加原料。

那么，优质乌金纸所用"青油"到底以何种植物油为最好，参照制墨行业精选黄山松、易水松点烟制出顶级墨的经验，目前复原小组正在实验中。

（四）乌金纸"白房"捶打工具的挑剔要求

苦竹原纸做成后，需要用木槌在捶石上敲打千遍以上，使原纸变得紧密有光，然后再入"黑房"涂刷染黑。在中国传统造纸技术的物理加工方式中，采用上述工艺的并非乌金纸一种，因此，最初复原小组没有特别关注木槌和捶石的要求。

但原纸做成后，需要捶打时才从稠溪村乌金纸造纸老人处获悉，他们祖祖辈辈都用石楠木做木槌，其他木头不行；捶石则需要采用坚硬、细密，且没有一点凹凸石纹和裂缝的整块石头。将信将疑的复原小组成员观察了稠溪村旧存的造纸木槌与捶石的外观和特性，坚信了造纸老人们的说法是对的，开始四处寻找符合要求的石楠木和整石。

复原小组在深山里找到已经稀少的石楠树，履行相关手续后取料并阴干处理，最后制成了3柄不同规格的木槌；捶石很难找到符合要求的，取料并反复抛光后仍有细细的凹凸纹。

从原理上说，作为特殊用途使用的乌金纸特别强调紧密光润，原纸要用木锤一张张在捶石上捶打加工，每张都要打上千遍，因此，木槌不能掉木屑和捶面与纸接触部分的受损导致凹凸不平，否则一捶纸就会出现破损，或捶打多遍也无法出现油润光亮的捶后质感。捶石需要坚硬细密也是同理，否则以乌金纸捶打的强度，石面很快会产生凹凸，而石质不细密同样出现不了油润光亮的捶后质感；至于石面有凹凸纹，捶打后纸上必有痕印，就成了废纸或次品。

（五）特殊的发酵工艺：很少听到的黄豆浆发酵法

苦竹乌金纸有一道特殊的工序是浇黄豆浆来发酵（如图6所示），这在竹纸体系里是很少见到的。为什么要用豆浆来发酵？稠溪村、蔡林村和棠峇村的乌金纸造纸老人们的说法是上辈子传下来的做法就是这样的，若缺了这道工序就难造出好的乌金纸。

复原小组请教了中国手工造纸分析技术代表、近90岁的王菊华，同时进行了实验室佐证，得知其原因为苦竹本身含的多糖类营养成分明显比其他竹类少。因此，去除掉苦竹中对成纸无益处的体型短小的杂细胞和多糖成分，使提取的纤维更加纯粹，需要加入营养丰富的黄豆浆来吸引微生物工作。

图6　在苦竹原料中浇入黄豆浆

三、新复原乌金纸原纸（未捶打）实验分析数据

2019年3月，中国科学技术大学手工纸研究所实验室对比清代晚期遗存的乌金纸（白纸、黑纸），对新复原乌金纸原纸（未过"白房"捶打）进行物理指标测试，结果如下：

新复原乌金纸原纸相关性能参数分析指标包括厚度、定量、紧度、抗张力、抗张强度、撕裂度、撕裂指数、湿强度、白度、耐老化度下降、尘埃度、吸水性、伸缩性、纤维长度和纤维宽度等。按手工纸测试要求，每一项指标都需重复测量若干次后求平均值，其中定量抽取了5个样本进行测试，厚度抽取了10个样本进行测试，抗张力抽取了20个样本进行测试，撕裂度抽取了10个样本进行测试，湿强度抽取了20个样本进行测试，白度抽取了10个样本进行测试，耐老化度下降抽取了10个样本进行测试，尘埃度抽取了4个样本进行测试，吸水性抽取了10个样本进行测试，伸缩性抽取了4个样本进行测试,纤维长度测试了200根纤维,纤维宽度测试了300根纤维。表1中列出了各参数的最大值、最小值及测量若干次所得到的平均值或者计算结果。

表1　新复原乌金纸原纸相关性能参数

指　标		单　位	测试数据		平均值	结　果
			最大值	最小值		
定　量		g/m²				24.5
厚　度		mm	0.068	0.062	0.066	0.066
紧　度		g/cm³				0.371
抗张力	纵　向	N	15.4	11.0	13.0	13.0
	横　向		10.7	7.6	9.4	9.4
抗张强度		kN/m				0.747
撕裂度	纵　向	mN	189.7	140.1	172.6	172.6
	横　向		251.4	203.2	227.9	227.9
撕裂指数		mN·m²/g				8.2
湿强度	纵　向	mN	1114	910	1002	829
	横　向		730	492	655	
白　度		%	12.7	12.2	12.4	12.4
耐老化度下降		%				1.3
尘埃度	黑　点	个/m²				32
	黄　茎					20
	双浆团					0
吸水性	纵　向	mm	15	12	14	8
	横　向		12	10	11	3
伸缩性	浸　湿	%			20.10	0.50
	风　干				19.90	0.50
纤维	长　度	mm	2.8	0.3	0.9	0.9
	宽　度	μm	39.4	0.4	13.0	13.0

由表1数据可知,所测送检样品平均定量为24.5 g/m²;最厚约是最薄的1.097倍,经计算,其相对标准偏差为0.029,纸张厚薄较为一致;通过计算可知,紧度为0.371 g/cm³,抗张强度为0.747 kN/m,因为尚未经过捶打,紧度还远远没有达到晚清纸样的水平(1.005);撕裂指数为8.2 mN·m²/g;湿强度纵横平均值为829 mN。

所测送检样品平均白度为12.4%。白度最大值约是最小值的1.041倍,相对标准偏差为0.012,白度差异相对较小。经过耐老化测试后,耐老化度下降值为1.3%。

所测送检样品尘埃度指标中黑点为32个/m²,黄茎为20个/m²,双浆团为0个/m²。吸水性纵横平均值为8mm,纵横差为3mm。伸缩性指标中浸湿后伸缩差为0.50%,风干后伸缩差为0.50%,说明伸缩差异不大。

送检样品在10倍和20倍物镜下观测的纤维形态图分别如图7和图8所示。纤维长度:最长为2.8 mm,最短为0.3 mm,平均长度为0.9 mm;纤维宽度:最宽为39.4 μm,最窄为0.4 μm,平均宽度为13.0 μm。

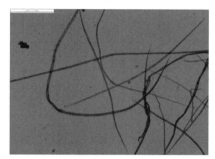 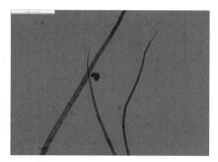

图7　新复原样纸纤维形态图(10倍放大)　　图8　新复原样纸纤维形态图(20倍放大)

四、总结

纸是人类文明十分重要的载体,同时又是在出土环境下脆弱难保存的文物,历史名纸作为非常经典的古文化遗存,多存于传世的书画和典籍里。但像乌金纸这样特定用途的名纸,一方面作为打制金箔隔纸,道教做法事用纸,中医药包装、烧符治病用纸,早期法帖摹揭上石的中华名纸,传世实物非常稀少,仅仅靠出土与传世实物遗存是难以辨析其真正面目的;另一方面,关于乌金纸的文献记载本身就很少,并且极少涉及材料和工艺,因此辨析文献和工艺中的讹误找不到抓手。

类似乌金纸这样的中国历史名纸还有不少,因此,在充分研究历史文献和存世不多传世文物(如图9、图10、图11所示)的基础上,采用全流程工艺复原和实验室技术分析方式是一条可行的名纸辨析和活态恢复之路。

图9　完成"白房"捶打并裁切的20世纪60年代原纸

图10　晚清乌金纸原纸（逸古斋藏）

图11　晚清金箔乌金纸（杭州私家藏）

参 考 文 献

[1]　宋应星.天工开物[M].钟广言注释.广州:广东人民出版社,1976:339-340.

[2]　方以智.物理小识[M].长沙:湖南科学技术出版社,2019.

[3]　李永鑫.绍兴市非物质文化遗产读本[M].2版.杭州:西泠印社出版社,2009:148.

[4]　沈暨王.乌金纸春秋[N].宁波大众报,1962-01-05(3).

[5]　浙江省地方志编纂委员会.重修浙江通志稿:第二十六册[M].北京:方志出版社.

[6]　王汉辅.种瓜亭笔记[J].中华小说界,1914(11):134.

[7]　杨慎.墨池琐录[M].上海:上海古籍出版社,1991:5.

[8]　陶宗仪.南村辍耕录[M].北京:中华书局,1959:177.

[9]　屠隆.考盘余事[M].北京:商务印书馆,2017:4.

[10]　佚名.道法会元[M].北京:华夏出版社,2004:395.

[11]　缪大经,周秉谦.金箔专用载体:乌金纸[J].包装世界,1996(5):37.

浅论谢公笺的渊源

洪佳杰[1]　**易晓辉**[2]

1.中国社会科学院大学；
2.国家图书馆古籍保护科技文化和旅游部重点实验室

摘　要：谢公笺作为与薛涛笺齐名的色笺，同时与富阳竹纸关系密切，但学术界对谢公笺的创制者有不同观点，为了进一步探究这一疑点，本文从谢公笺的相关历史文献入手，重新整理和解读，初步形成对谢公笺的整体形象；随后对《笺纸谱》这部首次记载谢公笺的书进行研究，探讨《笺纸谱》究竟是费著所著，还是对前人散佚文字的整理；再对谢公笺中的谢公身份进行探讨，从谢景初的生平背景入手分析他与谢公之间的关联度，并探讨谢公是否另有其人。

关键词：谢公笺；笺纸谱；谢景初；谢涛

一、引言

在论及富阳纸的历史时，许多资料常会提到宋代的谢公笺。通常认为，谢公笺中的"谢公"，指的是宋人谢景初，浙江富阳人，谢公笺为谢景初创制的一种彩色笺纸。有关谢公笺的渊源，前辈学者有过一些研究，但因相关史料的考证存在争议之处，对于谢公笺知否为谢景初所创制这一问题，学者们的观点出现明显分歧。

最早对这一问题提出质疑的是台湾省著名造纸专家陈大川，他在《中国造纸术盛衰史》中认为谢公笺的"谢公"应该是浙江富春的谢司封，他和薛涛一样是唐代著名的造纸家。浙江富阳造纸厂周秉谦则针对陈大川的观点,发表了《谢景初和"谢公笺"——兼与陈大川先生商榷》[1]一文,认为谢公笺为北宋中叶浙江富阳人谢景初所创。后来刘仁庆在《论谢公笺——古纸研究之九》[2]中认为谢公应为谢景初,并认为谢景初可能是生产、销售该纸的组织者,以自己的名声进行宣传,获得"谢公笺"之名,为后世所识。王菊华则在《中国古代造纸工程技术史》[3]中详细记述了和谢公笺有关的历史文献,同时也整理了陈大川、蒋玄怡、大村西岩和周秉谦等人的论证结果,并未提出自己的看法。总体来看,虽然学者们提出了各自的观点,但有关谢公笺的渊源仍然没有确切说法。

为弄清这一问题,本文将从与谢公笺相关的几部古籍史料入手,仔细梳理费著《笺纸谱》等古籍的成书过程,分析其中有关"谢公笺"内容的来源。并通过比对谢景初、谢涛和谢绛3人的生平,以及谢涛的为官经历及生活轨迹,推测谢公笺的"谢公"更有可能为谢景初的祖父谢涛,后世流传过程中,误将谢公认为是谢景初。希望通过文献史料的追本溯源,弄清谢公笺渊源的有关问题。

二、史料中的谢公笺

我国古代早在魏晋时期就出现过笺纸的相关记载,至唐代时十色笺、薛涛笺等多色笺纸就已经非常著名。从文献记载来看,十色笺、薛涛笺、谢公笺都为多色笺纸,许多文献中常常会伴随出现,在具体的颜色品类上甚至会有类同(类书、专著、随笔等中所记载的内容大同小异)。为了梳理其发展关系,本文将唐代以来有关十色笺、薛涛笺、谢公笺的相关记载汇总于表1。由于本文主要讨论谢公笺的渊源,整理文献时重点关注北宋时期文献资料,也对宋代之前和之后的文献进行进一步的探究,从中梳理谢公笺的发展脉络。

表1 历代有关十色笺、薛涛笺、谢公笺的文献

姓 名	年 代	文 献 出 处	相 关 内 容
齐 己	863—937年	《唐代湘人诗文集》[4]	又挂寒帆向锦川,木兰舟里过残年。 自修姹姹炉中物,拟作飘飘水上仙。 三峡浪喧明月夜,万州山到夕阳天。 来年的有荆南信,回札应缄十色笺
李 肇	生卒年不详,800年左右	《唐国史补校注》[5]	纸则有越之剡藤笺,蜀之麻面、屑末、滑石、金花、长麻、鱼子、十色笺,扬之六合笺,韶之竹笺、蒲之白薄、重抄,临川之滑薄

姓　名	年　代	文　献　出　处	相　关　内　容
乐　史	930—1007年	《太平寰宇记》[6]	巴蜀土地肥美,有江水沃野,山林竹木蔬食果实之饶,橘柚之园。郊野之富,号为近蜀,丹青文采,家有盐泉之井,户有橘柚之园,纸维十色,竹有九种。 旧贡:薛涛十色笺
苏易简	958—997年	《文房四谱》[7]	蜀人造十色笺,凡十幅为一榻,每幅之尾,必以竹夹夹之,和十色水逐榻以染,当染之际,弃置搥埋,堆盈左右,不胜其委顿,逮干,则光彩相宜,不可名也
杨　亿	974—1020年	《杨文公谈苑》[8]	十样蛮笺出益州,寄来新自浣花头
祝　穆	?—1255年	《方舆胜览》[9]	蜀笺、有薛涛十色笺
吴中复	1011—1078年	《冀国夫人任氏碑》	夫人微时,见一僧坠污渠,为濯其衣,百花满潭,因名其潭曰浣花。唐妓薛涛家潭傍,以潭水造纸,为十色笺
李　石	两宋之间	《续博物志》[10]	元和中,元稹使蜀,营妓薛陶造十色彩笺以寄,元稹于松华纸上寄诗赠陶
景　焕	北宋	《牧竖闲谈》[11]	自后元公赴京,薛涛归,浣花之人多造十色彩笺。 蜀中薛涛,制松花纸、金沙纸、杂色流沙纸、彩霞金粉龙凤纸、绫纹纸,近年皆尽,惟十色笺尚在
叶廷珪	北宋	《海录碎事》[12]	银沫冷,十色笺,蠲纸,侧理纸,蚕茧纸,云蓝纸,乌丝栏,东阳鱼卵,纸为良田,赫蹏书
费　著	不详	《笺纸谱》[13]	所谓谢公者,谢司封景初师厚,师厚创笺样,以便书尺,俗因以为名。谢公有十色笺:深红、粉红、杏红、明黄、深青、浅青、深绿、浅绿、铜绿、浅云,即十色也
方中德	1632—?年	《古事比》[14]	纸之以人得名者:张永羲、蔡侯、左伯、谢公、薛、李氏澄心堂著
方以智	1611—1671	《通雅》[15]	费著蜀笺谱言,谢公笺在薛涛先,谢司封景初师厚所造也

如表1中文献所示,唐代有关多色笺纸的文献只有两条,可了解的信息均没有提及十色笺的创制者,且"万洲""蜀"都表明唐代的十色笺与蜀地之间存在密切关系。

从时间上看,《国史补》成书于唐代开元至长庆之间100年的时间,即713—824,较之齐己有着时代优势,可说明十色笺出现的时间最晚不迟于824年。

从著书者看,李肇在世期间均没有入蜀的记载,在蜀地亲身体验蜀纸的可能性不大,但在文字中提及十色笺,说明十色笺在当时颇具名气。《北梦琐言》[16]中记载"诗僧齐己驻锡巴蜀,欲吟一诗,竟未得意",这表明齐己曾在巴蜀游历过,对巴蜀当地的物产有一定了解,因此,其在诗中所说的"十色笺"和《国史补》中的"十色笺"所指的确有可能是同一类纸。

宋代的《太平寰宇记》《方舆胜览》《冀国夫人任氏碑》《续博物志》都指出十色笺为薛涛所制。潘吉星在《中国造纸史》[17]中根据"十样蛮笺出益州,寄来新自浣花头",认为十色笺应该在谢景初祖父时期就已出现,后面失传,谢景初在蜀地为官时受到薛涛笺的影响,于是起意制作更加漂亮的十色信笺。但这首诗本来是北宋韩溥所作的《寄弟诗》,韩溥的出生年不详,根据《宋史》中对韩溥的记载可知,在开宝三年(970)至淳化二年(991)这段时间他在朝廷履职,所以韩溥所写的诗要早于《太平寰宇记》,而且诗句中出现"浣花头",这与薛涛笺的历史记载有着很强的关联性,所以后世就认为韩溥所写的就是薛涛笺。

苏易简撰写的《文房四谱》中的《纸谱》的成书时间远远早于谢景初(1020—1084)的生活时间,因此,苏易简记载的十色笺与谢景初应该是没有任何关系的。

叶廷珪于政和五年(1115)中进士,从时间上来看,《海录碎事》成书于谢景初任职于成都之后,所以其记载的十色笺有可能是与谢景初有交集的谢公笺。

根据表1中元代之后的文献,自元代费著的《笺纸谱》出现提出谢公笺,并明确指出谢公就是谢景初,在后世的文献中介绍纸类时就开始出现谢公等字样。

通过上述对文献的分析可知,十色笺在唐代就已经出现,在宋代已经称为一个色笺品类。但关于谢公笺,已知的宋代文献中并没有明确记载,而是出现在元代的文献中。这就难免产生一个疑问,如果谢公笺是以宋人的名字命名的一类纸笺,那宋代文献中为什么不见其踪迹,为解决这个疑问,就需要从费著的《笺纸谱》入手来探究。

三、对费著《笺纸谱》的探讨

(一)《笺纸谱》中的矛盾点

《笺纸谱》为元代费著所著,记载了四川地区唐宋时期纸业的发展状况。《笺纸谱》成书篇幅较短,没有作为单行本发行,均是作为丛书的附篇传世,现存最早的版本为明嘉靖年间杨慎《全蜀艺文志》[18],后收录至《四库全书》中。在后世流传中,除了《四川通志》和《四库全书》的《全蜀艺文志》在内容中存在增减和脱漏谬误，其他各个版本内容基本一致，因此，嘉靖时期的《全蜀艺文志》收录的《笺纸谱》是后世各个版本的源头。

现存《笺纸谱》的内容，其中出现一些不符合费著著书环境的疑点，对研究费著与《笺纸谱》之间的关系提供了重新审视的新思路。

费著，生卒年不详，明正德年间发行的《四川总志》卷九《成都志·人物志》中记载："费著，进士，授国子助教，有时名。居母丧尽礼，哀毁骨立。历汉中廉访使，调重庆府总管。明玉珍攻城，著遁居犍为而卒。兄克诚，擢第，时人谓成都二费。"明玉珍攻城是在元至正十七年（1357），费著主要活跃在元顺帝时期（1320—1370），即费著编撰《笺纸谱》的时间在1320—1357年之间。

《笺纸谱》记载："广都纸有四色，一曰假山南，二曰假荣，三曰冉村，四曰竹丝，皆以楮皮为之。双流纸出于广都，每幅方尺许，品最下，用最广，而价亦最贱。"其中出现两个地名：双流、广都。

《隋书·地理志》[19]记载："蜀郡统县十三，户十万五千五百八十六。成都，双流，新津，晋原，清城，九陇，绵竹，郫，玄武，雒，阳安，平泉，金泉。"注释解释双流提到："旧曰广都，置宁蜀郡，后周郡废。仁寿元年改县曰双流。有女伎山。"

《旧唐书·地理志四·剑南道》[20]记载："龙朔二年，升为大都督府，仍置广都县。咸亨二年，置金堂。""双流，汉广都县地，属蜀郡。隋置双流县。广都，龙朔三年，分双流置，取隋旧名。"

《宋史·地理五·成都府路》[21]记载："县九：成都，华阳，新都，郫，双流，温江，新繁，广都，灵泉。"

《元史·地理三·成都路》[22]记载："县九：成都，华阳，新都，郫县，温江，双流，新繁，仁寿，金堂。"

根据从隋代到元代对成都地区的行政区块划分变迁可以看出，在元代之前成都地区一直保留有叫"广都"的行政区域，但是在元代的成都九县之中并未提及，说明在元代"广都"这一地名已经被弃用。

费著祖上是四川广都费氏，又曾在成都地区任职，应该对元代成都的行政区块熟悉，而他却在《笺纸谱》中提及广都，在文中也没有指出"广都"是当时何地，这并不像是著书人会犯的错误，更像是对前人史料的合集，因此，会沿用当时的行政区划。

《笺纸谱》中多次出现"蜀人"这一代称，然而费著作为成都本地人，却在《笺纸谱》中用外人在蜀地任职的语气来称呼属地当地人，与费著的身份不符。

费著曾为至正《成都志》作序："全蜀郡志无虑数十，唯成都有《志》有《文类》，兵余版毁莫存。蜀宪官佐搜访百至，得一二写本。乃参稽订正，仅就编帙。凡郡邑沿革与夫人物风俗，亦概可考焉。遂鸠工锓梓，以广其传。"正如费著自己所说，他在当时兵乱版毁境况下没有足够的条件支持他编纂成都当地民俗物产之类的作品。

《四库全书总目提要》中提及费著的《笺纸谱》《蜀锦谱》《岁华纪丽谱》有"东京

梦华之思焉"。元顺帝作为元代最后一任统治者,距离南宋灭亡将近半个世纪,作为元顺帝时期的费著,其生活时代与宋代相比已经有了明显的变化,在不是南宋遗民的身份下,能展现出孟元老笔下《东京梦华录》时期的宋代繁华,这与费著的人生经历也似乎不相符合。

根据以上疑点,费著极有可能不是《笺纸谱》的作者,费著只是多采录前人资料,集成《笺纸谱》,故其中沿用了宋人对职官、行政区划的称呼等。

(二)《笺纸谱》的来源

如果是费著辑录前人的抄本,那么能找到这些抄本,对于了解谢公笺为何没出现在宋代文献中的疑问,无疑有帮助。

《笺纸谱》记载:"范公在镇二年,止用蜀纸,省公帑费甚多,且怪蜀诸司及州县缄牍必用徽、池纸。范公用蜀纸,重所轻也。"

范公指南宋时期的范成大,淳熙元年(1174)调任四川制置使,并于淳熙三年(1176)离任,有两年在成都的生活经历。由此可知《笺纸谱》所用的前任抄本应该是在淳熙三年(1176)之后,南宋于1279年灭亡,所以只要考究1177—1279年成都地区进行过哪些相同的编纂活动,便可对《笺纸谱》的由来进行推断。

成都地区在宋代总共进行过5次大规模的地方性民俗地理文献著作的编纂活动,分别是,熙宁七年(1074)赵抃编纂《成都古今集记》,绍兴三十年(1160)王刚中纂修《续成都古今集记》,淳熙四年(1177)范成大编纂《成都古今丙记》,淳熙八年(1181)胡元质编纂《成都古今丁记》,庆元五年(1199)袁说友纂修《成都志》。

从时间上来看,《成都古今丙记》《成都古今丁记》和《成都志》最有可能是《笺纸谱》内容的直接来源,但是《成都古今丙记》为范成大所著,《笺纸谱》中有对范成大若干主观褒扬,故《成都古今丙记》可以排除,只从《成都古今丁记》和《成都志》进行探究。

胡元质在《成都古今丁记》自序中记载:"成都古今记,起自熙宁甲寅,前帅赵阅道集之,凡三十卷。后八十七年,当绍兴庚辰,王时亨复为续记二十二卷,废置因革纤悉巨细,靡不载也。又十有八年,当淳熙丁酉,范至能复为丙记十卷,距时亨日未远,虽不至如前续记之多,然二书之所不及者,则加详矣。予以是年秋。代匮帅蜀四路,兵民之寄实在焉。蜀久困于征输,榷酤之额,虽减盐茗之课犹重,其它边防、民政事所当行,利兴害去,皆有端绪可覆而考也。居三年缀为丁记二十五卷,粗成一书。"

根据胡无质的自序可知,《成都古今丁记》的主要内容是对范成大《成都古今丙记》内容的增补,主要涉及榷酤、盐茶、边防、民事四个方面,并没有涉及当地物产,就不大可能是《笺纸谱》的来源。因此,《笺纸谱》来源很有可能是袁说友的《成都志》。

《四库全书总目》[23]记载袁说友:"说友字起岩,建安人,流寓湖州。登隆兴元年进士第……官四川安抚使时,尝命属官程遇孙等八人辑蜀中诗文,自西汉迄于淳熙，为成都文类五十卷……则非惟诗文散佚，并其集名亦湮没不传矣。今据永乐大典所载，搜罗排纂，得诗七卷、文十三卷。"由此可见，袁说友的文集大部分已经散佚，后经四库全书编纂者从《永乐大典》中搜罗编纂出7卷诗和13卷文集，《成都志》却不在其中。

袁说友在《成都志序》称："乃命幕僚，撼拾偏次，胚胎于白、赵之记，而枝叶于《续记》之书，剔繁考实，订其不合，而附益其所未备。""白"，指唐代的白敏中，撰写过《成都记》；"赵"，指北宋赵抃，编写过《成都古今集记》。序中说到，袁说友在编纂《成都志》时参考了《成都记》《成都古今记》《续成都古今集记》，并结合作者当时掌握的史料才将其完成。

在袁说友到成都担任安抚使之前，范成大就曾任四川制置使，可以说范成大是袁说友的前任，而袁说友对范成大所作的诗文极为推崇，因此，才能在《成都志》中将范成大任职的细节描述得十分详细，故《笺纸谱》中记载："霞光笺疑即今之彤霞笺，亦深红色。盖以胭脂染色，最为靡丽，范公成大亦爱之。然更梅溽，则色败萎黄，尤难致远，公以为恨。一时把玩，固不为久计也。"

费著会冠以《笺纸谱》作者的头衔，有可能与宋元交替之时成都动乱有关。

历史上，蒙古军曾经两次攻破成都，使四川地区发生巨大动乱，并且大量的地方志在战乱中散佚，其中包括《成都志》，只有零散的残章流传于世，且这些残章没有标明作者姓名。后费著编写《成都府志》之时，搜集到这些流传下来的残章，并没有对其进行考证，皆收录至《成都府志》之中。杨慎在编纂《全蜀艺文志》之时，袁说友的《成都志》早就已经亡佚，又杨慎搜集到费著的《成都府志序》，或将《笺纸谱》误以为出自费著的《成都府志》，因此，将《笺纸谱》列为费著所著。

四、谢公其人

（一）谢景初与谢公

既然《笺纸谱》的内容取自前人，书中所述，谢公即为谢景初，是否会因为流传问题而出现偏差，谢公是否另有其人。

《宋史》中没有对谢景初立传，与他同时代的范纯仁在其《范忠宣公文集》中收录了《朝散大夫谢公墓志铭》，对谢景初的生平做了详细的记载（如图1所示）。

谢景初（1020—1084），字师厚，其先祖阳夏人。未中进士之前，祖父谢涛去世，谢景初作为谢家长孙"荫为太庙斋郎"，后"再荫诚将作监主簿"。后"中进士甲科，迁大理评事，知越州余姚县，九迁至司封郎中历通判，秀州、汾州、唐州、海州、湖北转运判官，成都府路提刑狱，为怨者所诬，坐免司封都官郎中，又坐举官免屯田郎中"。被免职之后，当时的参知政事元厚之和其他十人在枢密院为谢景初申冤，洗雪冤情后，谢景初曾恢复之前的官职，最后以朝散大夫身份去世。

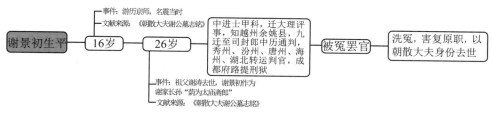

图1 谢景初生平

《朝散大夫谢公墓志铭》的记录节点在谢涛去世,即仁宗庆历六年(1046),时年谢景初26岁,通过记载可以证明谢景初受到祖父的余荫在京都内做官,因此谢景初26岁之后就常住东京。

谢景初自幼聪颖,7岁就能属文,13岁就能理解《礼》,讲解无滞。16岁游历京师,名声大噪,欧阳修和梅尧臣等人皆惊叹他的才华。如果谢景初26岁之前在富阳生活过,凭借此等才华未尝不可能创制"谢公笺"。了解26岁之前的谢景初,需要从他的父辈入手。

《宋史》第295卷《谢绛传》中有对谢景初的父亲谢绛(994—1039)立传(如图2所示),《谢绛传》中有对谢景初的祖父谢涛(961—1034)生平的记载。《谢绛传》记载:"谢绛,字希深,其先阳夏人。祖懿文,为杭州盐官县令,葬富阳,遂为富阳人。"谢景初的祖先是阳夏(今河南太康)人,后在杭州盐官(今浙江海宁)担任县令,死后葬在富阳,所以谢家便成为富阳籍。

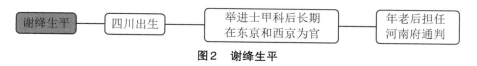

图2 谢绛生平

《宋史》未对谢涛中进士之前事迹进行记录,能知道的是谢涛中举之后便担任梓州榷盐院判官,梓州即四川三台,后因谢涛成功抵御李顺反叛升迁至华阳县(今四川双流)。在华阳县任职期间,恢复叛乱之后的民间生产,升任秘书省著作佐郎、知兴国军。赴汴京任职之后,担任过尚书兵部员外郎、侍御史知杂事,最后累至太子宾客(如图3所示)。

图3 谢涛生平

谢涛主要在四川和东京做官,是否在富阳有居住不清楚,其子谢绛也是在他四川任职期间所生,后谢绛跟随谢涛到东京生活,举进士甲科后也长期在东京和西京为官,年老后担任河南府通判。根据《谢绛传》所述,谢绛一生是否回过富阳没有记载,但推测父亲葬在富阳,从祭祖来说应该是待过的。(咸淳)《临安志》中记载(如图4所示),谢景初和他兄弟中进士时是开封籍贯,同时上文提到,谢景初16岁游历东京,说明他16岁之前并不在东京居住。

这就有两种可能,一种是谢景初年幼时,跟随其父谢绛一直在四川生活,16岁才回到东京。另一种可能是谢绛将谢景初兄弟俩寄养在富阳老家,在谢景初16岁时,因为谢绛职位变迁,才将谢景初带回东京。根据天圣七年(1029)颁布的开封府进士应举的户籍规定,拥有开封户籍7年以上并实际居住"即许投状",户籍不足7年、不住开封者,"不在接收之限"。这说明谢景初在东京至少生活了7年,但是否一直长住后来离开东京则尚未可知,所以谢景初在其16岁到23岁之间至少不在富阳长住,更不大可能在富阳创制谢公笺。若谢景初16岁之前在富阳居住过,凭借他的才华创制出了十色笺,但是对于一个尚未中科举的人来说,当地人也不会以"谢公"之尊称来称呼他,并以此命名一种纸笺。

可以大致推断出,谢公笺中的谢公与谢景初从文献记述看并没有必然的联系。

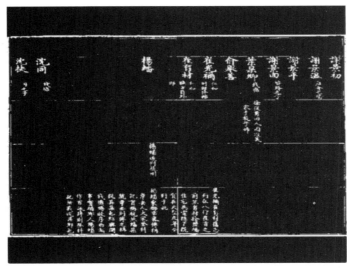

图4　进士籍贯记录册

(二)谢涛与谢公

如前文所述,谢家三代除了谢景初外,谢涛也在成都地区任职过,并且谢涛在中举之前原籍就是富阳,无论是履历还是籍贯,谢涛似乎比谢景初更符合谢公的称呼,为了验证这一猜想,需要从谢涛的为官生涯入手。

《宋史》对谢涛在四川地区任职的记载:

> 以文行称,进士起家,为梓州榷盐院判官。李顺反成都,攻陷州县,涛尝画守御之计。贼平,以功迁观察推官,权知华阳县。乱亡之后,田庐荒废,诏

千年泗洲 —— 中国手工纸的当代价值与前景展望 ——

118

有能占田而倍入租者与之,于是腴田悉为豪右所占,流民至无所归。涛收诏书,悉以田还主。

从史籍上来看,在谢涛之前就已经出现了大量关于十色笺的记录,唐代就已经出现以薛涛笺为代表的蜀地十色笺,并且根据宋代记录,蜀地当时的十色笺发展也处于兴盛期。但谢涛在任期间,李顺叛乱,对当地生产生活造成严重的破坏,相信作为当地支柱产业的造纸业也一度陷入停摆状态,在经过谢涛的整治之后当地民生也逐渐开始恢复。

宋代的富阳地区,竹纸技术得到极大的提升,能够制作出竹纸中精品,而作为富阳籍的谢涛对当地的这些竹纸精品并不会陌生。或许在恢复四川当地造纸行业的时候,谢涛将富阳地区的造纸技术与四川当地的造纸技术进行融合,改良了十色笺。同时谢涛凭借着在蜀地的政绩,足以被当时的百姓尊称为"谢公",于是当地百姓为了纪念谢涛,将这种新改制的十色笺取名为"谢公笺"。

五、总结

从以上分析来看,谢公笺这一名词出现矛盾的主要原因,在于史籍材料的断层,原本应该出现在宋代的文献中的内容,却在元代"横空出世"。

已经能够初步确定的是,十色笺最初产自四川成都,并且十色笺在谢景初出生之前就已经出现,所以十色笺这一品种不是谢景初所制。

记载谢公笺的《笺纸谱》内容来源于袁说友的《成都志》,所以从理论上来说只要翻阅《成都志》就可以证明,谢公笺的谢公究竟是谁,但是《成都志》早已散佚,无法见其真容,所以谢公究竟是何人,还是一个谜团。

结合所收集到的资料,对谢公笺的由来有一个大致的推论:谢涛在蜀地为官期间致力于恢复当地生产,并对十色笺的染纸技术加以改进,极大地改善了战乱后蜀地的百姓生活。于是当地百姓将十色笺称为谢公笺是颇具有可能性的,这一称呼被后来的赵抃收录在《成都古今集记》。袁说友编写《成都志》时参考《成都古今集记》,将谢公笺收录,恰逢南宋当时官场风气被商品经济冲击,导致官员中享乐成风,贪污腐败随处可见。作为心怀正气,以天下事为己任的袁说友想到作为谢涛后人的谢景初,也是一位在成都为官时一心为地方百姓排忧解难,却被诬陷罢官的正直官吏,为纪念谢景初,便将谢公笺记录成由谢景初所制。后费著收集到含有谢公笺的部分《成都志》,将其编录到《笺纸谱》中,所以后世流传谢公笺由谢景初所制。

参 考 文 献

[1] 周秉谦.谢景初和"谢公笺":兼与陈大川先生商榷[J].中国造纸,1993(6):67-69.

[2] 刘仁庆.论谢公笺:古纸研究之九[J].纸和造纸,2011,30(6):62-66.

[3] 王菊华.中国古代造纸工程技术史[M].太原:山西教育出版社,2006.

[4] 李群玉.唐代湘人诗文集[M].湖南:岳麓书社,2013.

[5] 李肇.唐国史补校注[M].北京:中华书局,2021.

[6] 乐史.太平寰宇记[M].刻本.金陵:金陵书局,1882(光绪八年).

[7] 苏易简.文房四谱[M].上海:上海人民美术出版社,2022.

[8] 杨亿.杨文公谈苑[M].上海:上海古籍出版社,1993.

[9] 祝穆.方舆胜览[M].北京:中华书局,2003.

[10] 李石.续博物志[M].北京:中国书店,2019.

[11] 景焕.牧竖闲谈[M].上海:上海古籍出版社,1988.

[12] 叶廷珪.海录碎事[M].北京:中华书局,2002.

[13] 费著.笺纸谱[M].北京:中华书局,1985.

[14] 方中德.古事比[M].合肥:黄山书社,1998.

[15] 方以智.通雅[M].北京:全国图书馆文献缩微中心,1994.

[16] 孙光宪.北梦琐言[M].北京:中华书局,2002.

[17] 潘吉星.中国造纸史[M].上海:上海人民出版社,2009.

[18] 杨慎.全蜀艺文志[M].北京:线装书局,2003.

[19] 魏征.隋书[M].北京:中华书局,1973.

[20] 刘昫.旧唐书[M].北京:中华书局,1975.

[21] 脱脱.宋史[M].北京:中华书局,1985.

[22] 宋濂.元史[M].北京:中华书局,1976.

[23] 永瑢.四库全书总目[M].北京:中华书局,1956.

[24] 徐松.宋会要辑稿:选举[M].北京:中华书局,1957.

[25] 谢元鲁.《岁华纪丽谱》《笺纸谱》《蜀锦谱》作者考[J].中华文化论坛,2005(2):21-26.

[26] 陈启新.对《笺纸谱》不是元代费著所作的探讨[J].中国造纸,1996(6):68-70.

[27] 方正,李明杰.《蜀笺谱》版本源流考[J].图书情报研究,2021,14(3):38-43.

[28] 贾超.南宋诗人袁说友行年考[J].新国学,2017,15(2):144-160.

[29] 胡钰.袁说友《成都文类》研究综述[J].现代语文(学术综合版),2015(9):18-19.

[30] 孙海通,王海燕.全唐诗[M].北京:中华书局,2013.

[31] 邱靖嘉.《金史》纂修考[M].北京:中华书局,2017.

[32] 陈莹.《成都记》与《成都古今记》:辑佚与研究[D].成都:四川大学,2006.

[33] 杜雨芹.袁说友诗歌研究[D].成都:西南交通大学,2020.

贵州传统手工竹纸的发展与传承

吴　昊　陈　刚

复旦大学文物与博物馆学系

摘　要: 贵州传统手工竹纸虽不及皮纸远近闻名,但同样在百姓的日常中扮演着重要角色。当地竹纸产自明代,在清代中后期至民国时期得以快速发展,质量、产量相继提高,用途逐渐广泛,对于贵州有着重要的价值与意义,特别是中高档的毛边纸产品充分解决了当地文化用纸短缺的问题。目前,贵州各地在保护传统竹纸制作工艺中存在保护力度不强、重视程度不高、方法单一等诸多问题,需要未来能够扎实开展造纸点普查,科学评估工艺价值,增强保护意识,合理改良造纸工艺,努力开拓产品市场,从而促进这项传统工艺的可持续性发展。

关键词: 贵州;竹纸;传统工艺保护

贵州,地处西南,群山环绕,交通闭塞,而林木葱郁,河溪清澈,资源丰富。该地造纸肇始虽晚,发展历程较短,但速度迅猛,在中国造纸史上有着重要地位。在600多年的发展历程里,传统手工造纸从贵州的个别地区逐渐遍布各个州县,各地又依托林木、河流等丰富的自然资源,发展出多种多样的造纸工艺,形成了独具贵州特色的造纸文化。

一般认为,贵州以盛产和使用皮纸为主,学界对于贵州传统造纸工艺的研究也多围绕印江、丹寨、贞丰等皮纸产区而展开。但是在实地调查中发现,竹纸同样在当地生产规模较大,使用广泛,甚至有作为文化传播载体的毛边纸的生产。因此,梳理贵州地区竹纸的发展脉络,探究其产生的原因及用途,有利于揭示竹纸在当地人民生产生活中所扮演的角色,尤其是毛边纸对于文化用纸以皮纸为主的贵州的独特意义与价值,从而丰富对贵州传统手工纸的研究。同时,针对目前当地传统手工竹纸保护中的问题,提出一些建议,希望能够为未来传统手工竹纸的保护发展提供借鉴,促进当地实效保护的开展。

一、贵州传统手工竹纸的历史回顾

(一) 发展历史

贵州之地,虽早在秦代就纳入行政建置,但远在要荒,难以管理,各方面发展水平低下。直至明代,贵州建制为省,交通状况的改善和人口的迁入为该地区的开发带来了条件与活力,传统造纸工艺约在这一时期才得以传入贵州。

1. 明代——贵州手工竹纸初步发展

在贵州官方的历史文献中,直至嘉靖《贵州通志》才有对当地纸业的记载,如"在渔矶湾。先是,养龙坑都匀土民造纸极粗恶,止堪作稿,其咨呈本纸,具出浙江、江西诸处商贩……乃招募浙江江西纸匠数人……"[1]这清楚地记载了当时贵州所造之纸质地粗糙,且为此引进浙江、江西的造纸技术加以改善。但明代历史文献对当地纸张的原料、造纸的工艺却未有明确记录。

关于竹纸的起源,在贵州坊间流传着一些说法,其中较为普遍的是乌当香纸沟的竹纸。相传在明代洪武年间,朱元璋"调北征南"之时,"越国汪公"的后裔从江浙率兵途经湖南再到贵州,带领一支军队屯驻在今天的乌当香纸沟。为了祭祀军中阵亡的将士,驻军利用当地竹木和水等自然资源,修建槽坊,以竹制作"香纸钱"作为祭品,并将该地命名为"湘子沟"以纪念祖籍为湖南的将士。于是,乌当香纸沟成为了当地手工造纸的起源地,工艺也相继传到白水河村等其他地方。[2]虽然坊间的说法难以考证,但是浙江、江西、湖南在宋代已是著名的竹纸产地,竹纸制作工艺相对发达,再结合前文提到的"招募浙江江西纸匠数人"可以推断,贵州很有可能在明初依靠丰富的竹林资源和传入的技术已经开始制造竹纸。在20世纪新修的《黔西南布依族苗族自治州志·轻纺工业志》中有关于竹纸的明确记载:"黔西南州毛边纸生产,据兴仁县三道沟现存碑刻记载,始于明末的1641年。"[3]这是仅有的关于贵州竹纸产生时间的文字记录,据此可以明确竹纸在明代已传入当地,且明末兴仁县已有毛边纸的生产,但是对于该时期竹纸在贵州的具体发展情况尚不可知。

从明代贵州造纸业整体的发展来看,虽然全省有22个府州卫产纸,但产量不高,从业者不过数百人[4]。通过上述分析,并结合贵州的地理环境及全国范围内竹纸的发展情况等综合推断,贵州竹纸在明代仅仅得到初步发展,尚未广泛普及,仅存在于部分零散区域,所产竹纸的主要用途应是粗糙的生活、祭祀用纸。

2. 清代——贵州手工竹纸接续发展

贵州手工竹纸在清代,尤其是在清代中后期得到进一步发展,产地不断扩大,多地的志书中出现了"以竹为纸"的记载,如康熙《湄潭县志》记载:"平灵台……上皆茂林,其竹可为纸,名平灵纸。"[5]道光《贵阳府志》记载:"慈竹……一名钓鱼竹,取嫩竹可做纸。"[6]光绪《黎平府志》记载:"而绵钱纸、草纸出太平山,以嫩竹为之。"[7]道光《松桃厅志》[8]、咸丰《兴义府志》[9]等地方志提到了用一种"纸竹"来制纸,虽然未知这类竹子的具体所指,但是专门将一类竹命名为"纸竹"的行为,间接地说明了竹纸生产在该时期已经相当普遍。据考证,该时期贵州竹纸制作工艺的直接来源为四川、湖南等地。雍正年间,遵义由四川划入贵州,贵州与四川的联系更加紧密,四川相对更先进的造纸技术由此传入贵州。部分文献中记载了四川人陆续迁入贵州开始制纸的现象,如光绪十三年至十四年时,四川铜梁造纸人苏正位迁来绥阳大桥,他根据当地竹、煤、水、石(烧石灰用)等造纸原料和燃料的分布情况,选址设厂开槽,生产"大帘毛边纸"[10]。与贵州毗邻的湖南也是重要的技术输出地,如岑巩县的竹纸工艺就是由湖南传入的。在实地调查中了解到,龙鳌河流域的黄氏家族在清代初期由湖南靖州迁至岑巩,随之带来了竹纸工艺。

贵州当地竹纸的质量在该时期得到较大提升。民国《桐梓县志》记载:"(清代)夜娄里以水竹、慈竹造成白纸曰火纸","水竹,节长而质薄,至大者径二寸作白纸"[11]。"白纸"在当地一般指代皮纸,这里所说用竹造"白纸"说明竹纸至少在外观上已与皮纸相接近。道光《遵义府志》记载:"竹纸惟绥阳专制,其上者曰厚水纸,料专用水竹,粉白细腻,极佳者胜上皮纸。"[12]反映出当时遵义的绥阳是竹纸的专门产地,生产的竹纸质量较优。民国《续遵义府志》在对清代后期遵义造纸业的记载中提到:"正安,肤烟坪以金竹、水竹制者,可抵川纸之红批、毛边。"[13]这清楚地说明遵义已经有毛边纸类中高档产品的生产。但是民国初期,文通书局为解决印刷所需纸张短缺问题,曾派人在省内多地购买各类纸张,对当地手工纸的评价则为"土纸质量低劣、尺码规格及宽窄长短不一"[14]。总体来看,贵州地区的竹纸质量虽然有所提升,但生产没有统一标准,质量参差不齐。

这时期竹纸在人们的日常生产生活中得到了广泛使用,如"筛蚕……裹面需用竹纸糊好。必用竹纸者,取其发燥也"[15],"以竹杂草者为草纸,以供冥锚粗用"[12]等。此外,"以竹制者曰竹纸,皆宜书"[12],"石阡纸,极光厚,可临帖"[16],说明竹纸在当时也已作为文化用纸。结合前文提到的遵义竹纸推测,当地作为文化用纸的竹纸极大可能属于毛边纸类。

3. 民国——贵州手工竹纸逐步发展至鼎盛

民国时期,贵州手工竹纸快速发展,质量、产量相继提高,以至达到鼎盛。民国初期,华之鸿创办的文通书局承担了新政府的印刷业务,为满足印刷所需,派人至四川夹江拜师学艺,并聘请专制竹料纸师傅来黔,于西山自办三个手工造纸厂,招雇近百名工人,利用当地竹材造竹纸,称西山纸,"日产纸可达三万多张"[14]。民国《息烽县志》记录了当时造纸的繁荣景象,并对纸质的评价颇高,"西山纸颇有名,拟诸赣闽制出之毛边曾不多让,畅销于省城及邻县,有供不应求之概。沿河数十里遍产诸类竹,除少数给竹工取制什器及编席外,皆为造纸之原料"[17]。与此同时,南山、黔西天灵寺等地纷纷开始生产毛边纸,毛边纸制作工艺逐步向外传播。

抗战期间,机构和人口等向贵州迁入造成了各类纸张需求增加,尤其是印刷业的发展导致印刷用纸的需求扩大,但大部分机制纸厂受制于战火,加之外地纸张无法运进,所以纸张的供给只能依靠本省。遵义、息烽等地是当时重要的竹纸产地。抗战初期,遵义"年产贡川、毛边及皮纸约十万刀,草纸十五万刀,总价值约二十万元"[18]。1937年息烽西山复兴纸厂年产毛边纸7000刀,共11.37吨[19]。此时,毛边纸不仅产量较大,价格也甚高。从单价来看,毛边纸的价格相较于皮纸有过之而无不及。1939年张肖梅在《贵州经济》中提到了当时的纸价,"龙里,毛边,每刀一元八角;桐梓,漂白毛边纸,每刀一元;桐梓,顶白毛边纸,每刀一元二角;息烽,西山纸,每刀两元"[20],这些地区所产毛边纸的价格均在每刀一元以上。皮纸的品种虽然丰富,但单价普遍在每刀一元以下,仅都匀的"四二本色料单夹纸、二夹纸、四夹纸,每刀一元一角"[20]。毛边纸的价格高于皮纸,间接地说明了当时毛边纸的质量上乘且十分畅销。

民国时期,贵州所生产的竹纸除了粗纸外,其他大部分均属于毛边纸类,其品种共约有十种。1932年7月,贵州省手工业品展览展出的手工纸中属于毛边纸类的有"毛边纸、漂白毛边纸、顶白毛边纸、天灵纸、西山纸等"[21]。张肖梅在《贵州经济》中还提到"天林、对方、毛边、西山四种,均以竹为原料,均类毛边纸,惟名称不同而已"[22]。遵义生产的"土报纸"、桐梓县生产的天顺纸等也均属于毛边纸类。除了用于印刷外,毛边纸还是当时文化书写、学生作业的大宗用纸[21]。此外,遵义、湄潭还生产漂白和本色贡川纸,但漂白贡川纸制作成本高昂,所造槽户不多[23]。

虽然竹纸在此时期发展至鼎盛,但终究是受到了特定的历史条件的影响,未能持续较长时间。抗日战争胜利以后,机构和民众大量移出,工商投资顿时锐减。加之解放战争时期不断的通货膨胀,各行各业呈现萧条之状。手工造纸业生产市场在经历了鼎盛之后日渐衰退,各类纸张的产量有所降低。

4. 中华人民共和国成立以后——贵州手工竹纸从曲折发展到走向衰落

中华人民共和国成立以后,贵州手工纸业整体发展曲折,最终逐步走向衰落。20世纪50年代,贵州人民政府积极采取多种措施解决当地手工纸业的衰退问题。该时期,由于机制纸市场量少,学习、办公用纸等以毛边纸为主,社会用纸需求量大,毛边纸成为了多地主要产品,其生产有所恢复和发展,如普安、兴仁两个县年产毛边纸80吨左右,产品除销售本省部分地区外,还销往广西、云南的毗邻地区[3];1954年盘县老厂镇有造纸手工业户593户,从业人员1549人,纸窑361孔,纸槽520个,主产毛边纸,年产量达531吨,产品不仅内销,还向东南亚等地区出口等[24]。除了毛边纸产地、产量的扩大以外,盘县、息烽等地在造纸过程中加入明矾、松香和硫酸铝等以解决毛边纸抗水不强的问题。

在全国推进工业化的背景下,各地造纸厂引进机械设备进行现代化改造,手工纸生产作为落后产能的代表日渐萎缩。1958年起,人民政府对92个厂、社、组分别根据不同情况进行改造和调整,大部分不具备发展条件的厂、社、组被迫调整转产或停产[21]。文化大革命期间,"破四旧"的浪潮席卷到传统造纸业,当时用于祭祀的竹纸被当作封建迷信大肆批判,进一步造成纸业规模的减小。1979年后,随着农村开始实行农户联产承包责任制,手工纸的生产规模略有回升,印江、贞丰、乌当等曾经生产手工纸的村寨又重新出现造纸副业户、专业户和手工纸集体厂、社[21]。该时期仅盘县、兴仁、普安等地竹纸的产量、规模较大。据文献记载,1978年至1982年,黔西南州毛边纸生产有所增加,年产量近200吨[3];根据资料统计,1985年盘县5个造纸厂的毛边纸产量几乎占据了全省手工纸产量的一半[21]。

20世纪90年代至今,贵州省的手工纸业迅速衰落,生产逐渐粗放化,产品以生活、迷信用纸为主。据2016年贵州省文化厅编写的《古法造纸工艺调查实录》统计,目前贵州省约有16个县还有手工竹纸生产,均以家庭为单位,规模小、产业零散,纸张用途单一。笔者在2021年的实地调查中发现,贵州多地的手工造纸规模正在快速减小且生产时断时续,部分地区已经完全停产。

(二)产地分布

对历史文献的整理和实地走访发现,贵州的竹纸产地除了乌当、兴仁等在明代已存在的以外,绝大部分起始于清代。民国时期仅新增了瓮安、榕江、天柱等地。至中华人民共和国成立前,贵州竹纸产地分布极其广泛,涵盖了各个地级市和自治州,几乎各个县均有生产。大部分地区以生产用于生活、祭祀等的粗纸为主。作为文化用纸的毛边纸以黔中部的黔西、息烽、龙里和黔北部的遵义、湄潭、绥阳、桐梓等地为主,其次为黔西南部的盘县、普安和兴仁。

中华人民共和国成立初期,除了延续生产生活、祭祀用的粗纸外,多地开始转向生产毛边纸这一类文化用纸。毛边纸的产地数量在该阶段有所增加,约占了全省县城总数的一半。

现在贵州手工竹纸的生产规模已大幅度缩小,纸张用途以祭祀为主,其中仅盘县、岑巩、三穗等地保留了相对完整的毛边纸传统制作工艺。

(三)种类和用途

"土纸"一词在当地统称手工纸,但实际中多指包括皮纸和竹纸在内的低档手工纸,中高档的文化用纸一般有特定的名称,如毛边纸、白纸、棉纸和以尺寸或产地命名的纸等。除了将用于祭祀、生活的低档竹纸称作"土纸"外,当地也将其称作"草纸"。而具体到某一种竹纸,通常根据用途、规格、产地等命名,如火纸、裹脚纸、对角纸、规格纸、西山纸、天灵纸等。同时,由于不同地区有各自习惯的叫法,竹纸的名称十分丰富繁杂。倘若根据纸张制作工艺或者质地来分类,竹纸主要包括贡川纸、毛边纸和粗纸三大类。

至于竹纸的用途,主要为文化用纸、生活用纸和迷信(祭祀)用纸。首先,文化用纸主要指书写、印刷用纸。这一用途在清末至中华人民共和国成立初期最为明显,主要将其用于新闻宣传、书籍印刷、公文写作、学生写作业以及族谱、契约文书和日常书写等。文化用纸主要为贡川纸类和毛边纸类,尤以毛边纸类最多。毛边纸的名称、种类繁多,大多以产地、用途、工艺、规格等命名,有天林纸、天灵纸、天顺纸、南山纸、西山纸、官堆纸、新闻纸、写字纸、土报纸、漂白毛边纸、顶白毛边纸、二帘纸、对角纸等。本色贡川纸、漂白贡川纸、漂粉纸、白粉纸等属于贡川纸类,产量较小。其次,生活用纸主要指包装用纸,这一类纸主要根据用途命名,有引线纸、火炮纸、裹脚纸、卷烟纸、糊裱纸、包面纸、包边纸、勾边纸等,还包括卫生用纸等。最后,迷信用纸主要指祭祀时所用的纸钱、用于丧葬的纸张等。其名称有火纸、烧纸、钱纸、草纸、迷信纸等。生活用纸和迷信用纸主要以低档竹纸为主,这也是当地产量最大的竹纸品种。有时也会将用于书写的毛边纸作为生活、迷信用纸。

(四)产生原因

竹纸之所以能在贵州地区落地生根,主要与当地资源、竹纸特性、实际需要等密不可分。

首先,水源和竹材是生产手工竹纸的必备条件。贵州地处长江和珠江两大流域的上游交错地带,境内水系发达。省内河网较为密集,河流虽然属于山区雨源性河流,河水流量主要由天然降水补给,受天气影响较大,但当地属于亚热带湿润季风气候,降水量比较丰沛,拥有比较丰富的水资源。另外,贵州在亚热带湿润季风气候的影响下,气候温和湿润,适宜竹木生长,是竹材的盛产地。据统计,贵州竹类共有15个属,54个种,主要竹种为楠竹、斑竹、慈竹、方竹、淡竹、水竹、箭竹等,集中成片分布在黔北的赤水河流域,其次为黔东南地区的天柱、锦屏、黎平、榕江等县,多分布在海拔300~1300 m的低山地区及清水江、都柳江等河谷斜坡上[25]。如今,兴仁、盘县、赤水等地以拥有"万亩竹海"而闻名,成片的竹林也成为了当地重要的旅游资源。因此,在拥有丰富的水源和竹材资源的基础上,加之明清时期随着移民而来的造纸工艺,贵州具备生产手工竹纸的基本条件。

其次,从竹纸本身来说,虽然竹纸的纤维较皮纸、麻纸的纤维而言更加细短,纸质方面稍显逊色,但其制作成本尤其是低档竹纸的成本比后两者低了许多。这主要体现在原料和工艺两个方面。第一,如上所述,贵州拥有丰富的竹材资源,同时相较于楮树而言,竹子属于禾本科植物,生长速度快,繁殖能力强,从而竹材更加易得。明清两代,随着贵州人口的增长,各个领域的纸张需求逐渐增大。以竹为原料能够很好地满足纸张市场的需求,尤其是在生产低档用纸如包装、祭祀等纸时,竹纸显得更加经济适用。第二,从工艺上来讲,竹纸的制作工艺不仅包括了与皮纸、麻纸类似的经过一次或多次蒸煮处理的熟料法,还包括了仅依靠发酵工艺的生料法。竹纸多样的制法在丰富产品种类的同时也降低了一些产品的生产成本,尤其是应用生料制法能够减少大量燃料的消耗。普通百姓不同于上层阶级,他们仅仅想要以物美价廉的产品来满足日常生活所需,而竹纸很好地适应了普通民众的实际需要。因此,竹纸本身具有的经济适用性这一特点为其在百姓生活中的畅行奠定了基础。

最后,竹纸的存在能够很好地满足民众的多元需求,这是竹纸能够在贵州流行的根本原因。明清两代,大量的移民给贵州带去的不仅是生产力与生产技术,也带去了中原的思想文化、风俗习惯等。清明节、中元节和丧葬习俗等相继传入贵州,造成了当地纸张的用途和需求增加。文献中存在诸多关于当地迷信或祭祀用纸的记载,如"清明节前后十日,人各上坟,挂纸钱于坟上,谓之挂青"[26];"十月一日,俗以纸作衣履往墓间焚之曰送衣"[26];"孝子孝眷哭于前,亲友送于后,以钱纸掷路,谓之买路钱"[27]等。由于竹纸经济适用,当地民众主要将竹纸作为迷信或祭祀用纸。其次竹纸极大地满足了百姓生产生活中的多元需求,据调查,民间普遍将其作为裹脚纸、卷烟纸、火炮纸、引线纸、卫生纸、糊裱纸等。除了作为生活、迷信用纸外,竹纸在当地的文化用纸中也扮演了重要角色,这一类竹纸主要为毛边纸。毛边纸的大量生产和广泛运用在民国时期最为显著。民国时期,在印刷业的不断发展以及特定的历史条件下,贵州生产毛边纸在很大程度上弥补了当地文化用纸数量的不足。通过实地调查了解到,岑巩、三穗等地将其作为写族谱、写契约、日常记事、学生写作业、习字等用纸,如岑巩县白水村现存民国三十六年(1947)《黄氏族谱》即为当地竹纸所制。遵义、息烽、盘县、黔西、兴仁等地生产的毛边纸不仅是机关、报社的公文书写、新闻宣传、书籍印刷用纸,还是百姓日常书写、学生写作业等用纸。中华人民共和国成立初期,由于当时毛边纸在文化领域运用广泛且当时机制纸的供给量少,多地开始转向生产毛边纸,产地数量几乎占了全省县城总数的一半。总的来说,在文化用纸缺乏的背景下,毛边纸在书写、印刷等领域的普遍适用使其在贵州得以盛产,极大地弥补了当地皮纸产量的不足。此外,毛边纸对于部分地区来说具有较大的经济价值,盘县、兴仁等地的毛边纸不仅在省内和邻省销售,还向外出口,是当地重要的经济支柱。

由此可见,当地的资源优势、竹纸本身的特点以及实际需要共同促成了竹纸在贵州的产生、延续和发展。

二、贵州传统手工竹纸的传承对策

回顾贵州传统手工竹纸的发展历程的重要目的是能够引发人们对贵州竹纸

工艺的关注,促进实效保护的开展。21世纪以来,由于国家对非物质文化遗产愈加重视,非物质文化遗产的保护与发展成为了重要的议题。对于贵州省传统手工竹纸来说,虽然相对封闭的地理环境以及当地对竹纸的使用需求使得省内多地保留了相对完整的竹纸制作工艺,但是其发展仍不可避免地面临着许多问题,如生产规模缩小,2016年贵州省文化厅组织开展了对手工造纸点的调查统计工作,其中三穗地区约有造纸户40户,而笔者2021年实地走访了三穗,调查发现当前仅剩泥山村和界牌村约5户造纸户,并且泥山村因水资源短缺生产时断时续。概括来讲,从业人员大幅减少、纸张种类和质量下降、工艺向粗放化发展、生产规模快速下降等是当地手工纸传承发展面临的巨大阻碍。目前,学界对非遗保护的策略多有讨论,在笔者看来,贵州未来竹纸工艺的保护传承应着重做好以下工作。

(一)扎实开展统计调查,及时更新造纸点动态

贵州省文化厅曾组织各非遗保护单位对省内的现存手工造纸点、物质遗存等进行了调查统计,并于2016年出版了《工艺调查实录》一书。2021年笔者在走访部分地区的非遗单位后,搜集到他们当时的调查材料,发现有相当一部分的调查材料内容简单,不够深入。以三穗的调查报告为例,该报告虽然涉及工艺的渊源、流程、特征、价值等多方面内容,但具体内容不够翔实,如对制作工艺的整理,仅仅记录了大致工序的名称。而就出版的《工艺调查实录》来讲,该书也仅仅是以统计表的形式呈现了各地的造纸状况,附上了一些工艺流程图,这虽然能够揭示当地手工纸的发展现状、工艺的大致流程,但是忽略了其所蕴含的工艺特色、文化底蕴等。任何非物质文化遗产的存在都不是单一的,传统造纸工艺是一个有机整体,记录制作工艺的同时也应当对工具设备、造纸口述史、纸张种类、用途等进行整理,以及对工艺价值、文化内涵等进行挖掘。

相较于6年前,贵州传统手工竹纸的生产规模已经大幅度缩小,绥阳、三穗等地区的手工竹纸更是濒临绝迹。通过实地调查发现,许多地区的非遗单位对当地手工造纸的现状不甚了解。以盘县为例,通过竹海镇政府非遗办公室了解到,当地现存造纸户不到30户,但是经过笔者的走访得知,现仅剩7户造纸户,分布在黑土坡村和石门村。在未来的保护过程中,各地非遗单位应紧跟造纸点动态,这一方面要求统计各地造纸点数量的变化,另一方面要求关注工艺变化、产品销售的情况等。

(二)对各项工艺实行全面的价值评估

虽然贵州各地区纷纷将传统竹纸制作工艺申报为市级或省级非物质文化遗产,但从有些地区的申报书或调查报告中发现,部分地区存在着对工艺价值认识不清晰或未进行深入挖掘的问题,如三穗竹纸的调查报告中仅仅将其工艺具备的价值归为历史、传统工艺和经济价值,内容简单,并未凸显其独特的价值。同时,历史价值中对造纸起源的考证存在偏颇之处,据笔者考证,三穗一直传承的是手

工竹纸的生料制法,该种方法制作文化用纸的出现时间大概率在清代[28],所以三穗竹纸业极大可能始于清代,而不应早至明初。

目前贵州仍存在10余处传统手工竹纸造纸点,若将其全面保护,不仅难度大、成本高,而且效果有限,因此对工艺价值的全面评估显得尤为重要。只有对工艺价值产生清晰的认识,才能找到未来保护工作中的重点所在。在评价工艺价值时应注意以下4点:①明确评估的标准,确定评估的主体,秉承科学性、客观性、真实性和完整性的原则;②评估方法多元化,可包括文献查阅、实地调查、访谈记录、问卷调查、对比归纳等多种方法;③注重对工艺价值的充分挖掘和详细评估,不仅应包括其内在的历史、科学、文化等价值,还应包括外在的可使用价值、经济价值等;④分析工艺价值的构成,各构成之间的相互联系以及比例,着重突出各地工艺某些方面的特有价值,以免造成评估结果千篇一律的情况。

(三)增强保护意识,确立"分类保护、重点保护"的思想

根据笔者的调查来看,贵州各地对手工竹纸造纸工艺的保护措施单一且力度较小,大部分地区仅仅是通过补贴非遗传承人的方式,而整体的保护工作未有实质性的进展。如前文所述,目前贵州手工竹纸造纸点较多,种类较丰富,价值也不尽相同,故而单一、片面、薄弱的保护措施不仅不能应对多样化的保护主体,而且保护效果欠佳。因此,各地需增强保护意识,在全面调查省内造纸点和充分分析工艺价值的前提下,确定"分类保护、重点保护"的思想,从而走多样化的保护传承路径。对于如盘县、岑巩等工艺特点明显、纸业基础良好、有发展空间的地区应注重采取"三位一体"的保护方法,即生活性、生产性和生态性保护,这要求在地方政府的组织领导下,坚持以人为本,保持传统造纸核心工艺的原真性,逐步推动手工纸生产,重视非遗与社区、乡村的联系,让传统工艺尽可能重回百姓的日常生活。相比于上述地区,大部分地区的传统手工竹纸生产规模小、纸张质量下降严重、从业人员少,未来发展阻碍较大,而对于这一部分地区,可因地制宜地采取两种保护举措:一是如乌当、三穗等具有一定的旅游资源基础的地区应侧重于文旅融合的保护发展模式,依托当地的旅游资源,在保持造纸工艺、工具完整性和原真性的前提下,建立传统造纸工艺的博物馆、传习所等非遗保护基地,促进人们对这项传统工艺的认识与理解;二是针对一些工艺缺乏特色、生产规模小、产品低劣等粗纸的生产地,主要倾向于对工艺流程、工具设备等的调查记录,以丰富贵州传统手工竹纸的历史面貌。

(四)加大研究力度,合理改良造纸工艺

目前,由于市场对纸质要求的降低,各地以生产较为粗糙的生活、迷信用纸为主,制作工艺也有所简化,如盘县省略了传统的"打浆把"的做法、减少了洗料的次数、增加了二次蒸煮时碱的用量,以降低生产成本,降低劳动强度,但这也造成了当地传统毛边纸核心工艺的消失或改变。针对盘县、岑巩等这一类发展空间较大的产地,发展文化用纸势必为未来保护工作的重点方向。若其核心工艺得不

到复原和保护,纸质难以提升,那么所谓的"保护传统造纸工艺"则为纸上谈兵,空言无补。同时,"片纸非容易,措手七十二",传统手工造纸具有生产周期长、工艺复杂、生产成本高等特点,降低制作成本和劳动强度也是未来保护工作中的重点。

因此,加强对传统竹纸造纸工艺的研究势在必行,一方面通过揭示传统造纸工艺的科学内涵,提高人们对传统工艺的科学认知;另一方面,在满足不破坏其核心价值的前提下,为合理改良造纸工艺提供指导,以提高纸张质量及造纸效益,使其更能够满足当代社会的需求,从而促进其可持续发展。

(五)加强对外交流,努力开拓产品市场

相对封闭的地理环境虽然使得多数传统造纸工艺得以保留,但是也造成了与外界的沟通交流不畅,整体发展滞后。如今,贵州各竹纸造纸点主产粗纸,以供内销,产品单一,质量低劣,而岑巩等地有生产书画纸等意愿,但受困于成本、技术、销售等因素,最终未能形成多样化发展态势。

毛边纸作为我国典型的手工竹纸之一,其制作工艺丰富,纸质层次多样,曾不仅作为书写、印刷用纸,也广泛用于生产生活装饰品、作为包装纸等,因而具有较强的市场适应性。从闽赣等地既往的发展经验来看,目前毛边纸不但在古籍修复、年画印刷、书法绘画等领域,而且在文创产品、生活装饰品、日常生活用品等方面具有较大的发展前景。因此,在未来的保护发展举措中,政府应充分发挥牵头作用,加强对外交流,尤其是部分具有发展潜力的毛边纸产地,积极借鉴优质的造纸工艺保护发展经验,包括工艺的改进、产品的开发与销售等多方面内容,主动寻求发展机遇,努力开拓产品市场。

三、结语

虽然贵州以皮纸而著名,但纵观当地竹纸的发展史可以发现,竹纸制作工艺自明代传入以来发展同样迅速,在清代中后期至民国时期其质量、产量、生产规模不断提高,主要发展出贡川纸、毛边纸和粗纸三类纸张,在当地文化、生活、迷信等方面得以普遍使用。至中华人民共和国成立前,几乎各地均有手工竹纸的生产。因此,竹纸对于贵州的价值不言而喻,尤其是毛边纸的生产在文化用纸需求增加的历史背景下,极大地弥补了当地皮纸产量的不足,充分解决了文化用纸短缺的问题。总体来讲,竹纸在贵州地区的畅行是当地优越的自然条件、竹纸本身的经济适用性以及实际需要共同促成的结果。

如今,非物质文化遗产的研究与保护正在如火如荼地开展。虽然贵州多地保留了传统手工竹纸的制作工艺,但是其生产规模正在大幅萎缩,工艺也正朝着粗放化方向发展。学界对其关注度较低,各地非遗保护工作也存在着保护力度弱、重视程度低、方法单一片面等诸多问题。本文主要针对实地调查中发现的问题,

从宏观层面提出了些许建议。希望未来贵州省与各地方及手工匠人能够"自上至下、从内到外"协同合作,统筹规划,加强对工艺的调查和价值的研究,营造优质的发展环境,加大创新力度,让传统工艺融入现代社会,促进当地传统手工竹纸的可持续性发展。

参 考 文 献

[1] 谢东山.(嘉靖)贵州通志:卷八[M].刻本.贵阳:嘉靖三十二年刻本,1553(嘉靖三十二年).

[2] 田茂旺.贵州白水河村传统手工造纸保护研究[J].西南民族大学学报(人文社会科学版),2011,32(7):51-56.

[3] 黔西南布依族苗族自治州地方志编纂委员会.黔西南布依族苗族自治州志:轻纺工业志[M].贵阳:贵州人民出版社,1995:72.

[4] 林兴黔.贵州工业发展史略[M].成都:四川省社会科学院出版社,1988:91.

[5] 杨玉柱.(康熙)湄潭县志:卷一[M].油印本.湄潭:康熙二十六年刻本,1687(康熙二十六年).

[6] 周作楫.(道光)贵阳府志:卷四十七[M].刻本.贵阳:朱德遂绥堂刻本,1852(咸丰二年).

[7] 俞渭.(光绪)黎平府志:卷三[M].刻本.黎平:黎平府志局刻本,1882(光绪八年).

[8] 萧琯.(道光)松桃厅志:卷十四[M].刻本.松桃:松高书院刻本,1836(道光十六年).

[9] 邹汉勋.(咸丰)兴义府志:卷四十三[M].刻本.贵阳:文通书局铅印本,1913(民国二年).

[10] 王裔彬.近百年来绥阳几项工商业剖析[M]//中国人民政治协商会议绥阳县委员会文史资料研究委员会.绥阳县文史资料选辑:第4辑.绥阳:绥阳县人民印刷厂,1984:39-65.

[11] 李世祚.桐梓县志:卷十七[M].铅印本.桐梓:民国十八年铅印本,1929(民国十八年).

[12] 郑珍.(道光)遵义府志:卷十七[M].刻本.遵义:道光二十一年刻本,1841(道光二十一年).

[13] 周恭寿.续遵义府志:卷十二[M].遵义:民国二十五年刊本,1936(民国二十五年).

[14] 华树人.贵阳永丰纸厂的创办和发展[M]//中国人民政治协商会议贵州省贵阳市委员会文史资料研究委员会.贵阳文史资料选辑:第9辑.贵阳:贵阳云岩印刷厂(内部刊行),1983:95.

[15] 郑珍.(道光)遵义府志:卷十六[M].刻本.遵义:道光二十一年刻本,1841(道光二十一年).

[16] 田雯.(康熙)黔书:下卷[M].刻本.贵阳:康熙二十九年刻本,1690(康熙二十九年).

[17] 顾枞.息烽县志:卷十一[M].油印本.息烽:民国油印本,1941(民国三十年).

[18] 蓝天.抗日战争初期的遵义工商业[M]//中国人民政治协商会议贵州省贵阳市委员会文史资料研究委员会.贵阳文史资料选辑:第13辑.贵阳:贵阳云岩印刷厂(内部刊行),1988:66.

[19] 贵州省息烽县地方志编纂委员会.息烽县志[M].贵阳:贵州人民出版社,1993:366.

[20] 张肖梅.贵州经济[M].重庆:中国国民经济研究所,1939:23.

[21] 贵州省地方志编纂委员会.贵州省志:轻纺工业志[M].贵阳:贵州人民出版社,1993:56.

［22］ 张肖梅.贵州经济[M].重庆:中国国民经济研究所,1939:28.

［23］ 朱超俊.遵义湄潭二县纸业调查[J].企光,1942,3(1-2):31-42.

［24］ 贵州省盘县特区地方志编纂委员会.盘县特区志[M].北京:方志出版社,1998:329.

［25］ 贵州省地方志编纂委员会.贵州省志:林业志[M].贵阳:贵州人民出版社,1994:52-55.

［26］ 陈熙晋.(道光)仁怀直隶厅志:卷十四[M].刻本.仁怀:道光二十一年刻本,1841(道光二十一年).

［27］ 田昌雯.普安县志:卷十[M].石印本.普安:民国石印本,1926(民国十五年).

［28］ 陈刚.中国手工竹纸制作技艺[M].北京:科学出版社,2014:173-175.

连四纸制作技艺及其科学性探究

李谋闰

中国科学技术大学科技史与科技考古系

摘　要:连四纸是手工竹纸的一种,产于江西省铅山地区,其制作技艺被列为国家级非物质文化遗产保护项目。此次实地田野调查在上饶市境内开展,主要调查区域包括广信区、河口镇、鹅湖镇、葛仙山乡、天柱山乡、陈坊乡以及石塘镇,走访了非物质文化遗产国家级传承人章仕康和县级传承人付冬林。与非物质文化遗产传承人群体交流,并在其协助下,厘清了连四纸造纸技艺的步骤与工序。现将连四纸造纸技艺概括为砍条制丝、蒸料制浆、抄纸、焙纸、加工包装等5个步骤,具体包括砍条、发酵、制丝、腌料、蒸料、自然漂白、舂料制浆、打槽、加纸药、抄造、榨纸、焙纸、加工包装等13道工序。

关键词:连四纸;竹纸;砍条制丝;蒸料制浆;抄纸;焙纸

一、铅山连四纸

(一) 铅山连四纸

连四纸,又称连史纸、连泗纸。连史纸是明清时"连四纸"(Liansi Paper)的讹称[1],久而久之,连史纸成了连四纸的别称。连四纸,原产于我国江西、福建等省[2],传统连四纸制作技艺发源于武夷山脉北麓的铅山县和南麓的福建省邵武市、光泽县。《辞源》载:"旧时,凡贵重书籍、碑拓、契文、书画、扇面等多用之。产江西、福建,尤以江西铅山县所产为佳。"铅山连四纸是中国古代高级手工竹纸的一种,素有"片纸非容易,措手七十二"[3]之说,自古以来久负盛誉,具有相当高的历史和科学价值。

铅山连四纸是江西铅山县特产的高级竹纸,纸质绵密柔韧,着墨即润,白近羊脂,力学性能好,防虫耐候性好,故素来书籍、碑帖、书契、书画、扇面、信笺等多用之。铅山连四纸于2016年被批准为中国国家地理标志产品。

(二)铅山地区环境

铅山县位于江西上饶市境内,铅山地处武夷山脉北麓,属亚热带温湿型气候。铅山地区天然毛竹资源丰富,杨桃藤(猕猴桃藤)、毛冬瓜(毛花杨桃)、六历小、楠脑、水卵虫树根等纸药原材料四时皆可就地取材,山地终年泉水、溪流不绝,水源充沛。受益于得天独厚的自然环境,铅山地区很早就开始了铅山连四纸的生产活动。

图1 铅山地区自然环境近景

(三)国家级非物质文化遗产

20世纪80年代末期,连四纸制作技艺在铅山地区几乎绝迹[4]。为了抢救性保护连四纸,使连四纸制作技艺不失活态。国务院办公厅于2006年6月将"铅山连四纸制作技艺"公布为"首批国家级非物质文化遗产保护项目"。铅山企业家全力推进铅山连四纸的产业化进程,打造以铅山连四纸为核心,集文娱消费为一体的产业化模式。而以章仕康为代表的非物质文化遗产传承人则是铅山连四纸得以存续的关键,正是由于他们,铅山连四纸制作技艺才保持住活态。

二、非物质文化遗产传承人

笔者所在的团队分别于2022年1月、2023年2月,先后在江西上饶市境内开展实地田野调查,走访了非物质文化遗产国家级传承人章仕康、县级传承人付冬林、县级传承人冯清静等。下面以章仕康、付冬林为代表,简要介绍非物质文化遗产传承人群体。

图2　汤书昆教授团队与当地群众合影

(一)传承人章仕康

1. 章仕康家族造纸传承谱系

表1内容均源自章仕康(如图3所示)本人口述,至于章光炳以上没有相应信息,则是缺乏文字记载以及无相应口述记录所致。

表1　章仕康家族造纸传承谱系(源自章仕康本人口述)

姓名	亲属关系	出生年月	擅长工序
章光炳	爷爷	1906年9月11日	抄纸
吴丹连	奶奶	1912年10月12日	焙纸
章加斗	父亲	1929年10月20日	抄纸
揭美仙	母亲	1938年3月23日	焙纸
章仕康	本人	1971年5月7日	抄纸
揭丽香	妻子	1975年10月1日	未从事
章正伟	儿子	2000年3月18日	未从事

结合访谈,有如下信息:① 章仕康本人,他的父亲章加斗,他的爷爷章光炳,都是擅长抄纸这道工序,同时熟悉造纸各流程;② 章仕康的母亲揭美仙、奶奶吴丹

连,都是擅长焙纸这道工序,其中,吴丹连熟悉造纸各流程;③ 章仕康的妻子揭丽香、儿子章正伟,均未从事造纸行业。

图3　章仕康工作照

2. 访谈记录

　　章仕康是铅山连四纸重新试制成功的第一人,同时也是铅山连四纸制作技艺国家级传承人。访谈时章仕康回忆:其父从小就跟着父母打下手,擅长抄纸,并熟悉造纸各流程,母亲擅长焙纸。初中毕业后,他就开始以手工造纸为生,但后面铅山造纸业经历了倒闭潮,他被迫转业。直到2006年,铅山连四纸制作技艺被列为非物质文化遗产项目,在地方政府的扶持下,他与徐堂贵、翁仕兴和何晓春在铅山县天柱山乡浆源村着手尝试恢复制作连四纸。经过反复试错与校正,在2009年,章仕康等人终于将连四纸成功试制出来。

　　在铅山连四纸试制成功后,章仕康致力于铅山连四纸古法制作技艺的挖掘、抢救、整理、恢复等工作。他手抄的纸品得到了杭州西泠印社、中国国家图书馆修复中心等单位的认可,并有纸品为上海世博中心所收藏。

　　2023年2月调查时,章仕康受聘于铅山连四纸发展有限公司,担任造纸总工程师。

（二）传承人付冬林

　　付冬林(如图4所示),"铅山连四纸制作技艺"非物质文化遗产县级传承人,铅山县鹅湖镇门石村人,1969年生,居住地鹅湖镇为铅山手工纸重要产区。付冬林家庭造纸传承谱系如表2所示。访谈时付冬林回忆:他祖上先辈居住在鹅湖镇,世代以造纸为业,以纸为生,他本人在家庭造纸作坊环境下长大,八九岁时即跟着长辈们学习造纸,十来岁就开始参与抄纸工作,从事造纸行业已有30余年,长期以来一直在家从事手工纸制作工作,属于家庭作坊式生产。

表2　付冬林家族造纸传承谱系（源自付冬林本人口述）

姓　　名	亲属关系	擅长哪道工序
付长生	爷爷	抄纸
罗莲英	奶奶	焙纸
付炳元	父亲	抄纸
张荣娣	母亲	焙纸
付冬林	本人	抄纸
李满凤	妻子	焙纸
付师君	女儿	未从事

图4　付冬林工作照

2022年1月调查时，付冬林已受聘于铅山连四纸发展有限公司，从事抄纸工作。

三、铅山连四纸制作技艺

（一）砍条制丝

连四纸以毛竹为造纸原料。毛竹较青檀树皮、楮树皮、桑树皮等韧皮类原料，纤维含量相对较少，但果胶、木质素等杂质较多。因此，想要制作高品质的竹纸，需对原料进行细致的处理工作。

1. 砍条

砍条是第一道工序，"条"特指竹梢生长出两到三对新枝的嫩竹，嫩竹处在刚刚分枝还未长叶的阶段。有别于"盛夏伐好竹"[5]的说法，砍条活动会在立夏至小满前后进行，时间跨度约15日。砍条特别讲求竹子的老嫩程度适宜，过嫩竹丝量太少，过老竹丝质地不好。为此，料户需在立夏前后上山巡视，择选嫩竹，并做好标记,在小满前后分批次、多地点地进行砍条活动。就地将嫩竹的根部、梢部及枝丫劈掉。砍竹所用的工具现在多是砍柴的刀,过去则是类似洋镐头的工具,一侧是锄头,另一侧是刀。

将砍伐得到的嫩竹堆放在山上阴凉处自然阴干,自然阴干持续10日左右。但亦有主张,砍伐得到的嫩竹应立即送去发酵[6]。实地调查发现,绝大多数料户均是就地堆放嫩竹,任其自然阴干后再搬运。

2. 发酵

原料毛竹中,除纤维素外,还有果胶、木质素、半纤维素、灰分等成分。就造纸而言,需要提纯纤维素,去除其他非纤维素成分,其中果胶、半纤维素和木质素对纸张的不良影响最大。果胶不仅会使纤维粗硬成束,还会降低后续蒸料效率,而半纤维素的增加,则会直接导致纸张机械性能下降。因此,原料毛竹一般需要进行脱胶处理,即沤制发酵。从古至今,我国造纸业普遍采用生物发酵的方法,尽管发酵形式不尽相同,但目的都是去除果胶、半纤维素等杂质。

实地调查发现,铅山地区目前通行的发酵形式主要为塘浸法和堆浸法。

塘浸法需要人工开挖池塘或使用天然池塘,生产规模较大的料户往往会采取该发酵方式。

清洗、平整发酵所用的池塘,竹子第一次入池塘时,池塘底无须架空。如果码好的竹堆高1米左右,码料中途无须加入石灰,但码好的竹堆高1.5米以上,码料中途需要加铺石灰。竹子码好后,放清水漫过竹子,用簸箕盛石灰,将石灰铺撒在竹子上面,农户穿着靴子,在竹堆上面踩动,使石灰均匀下沉分布,之后压上石块。为了防止水面变质,压完石块后,再于水面上撒一层石灰。竹料如果偏嫩,发酵时长持续40日左右,如果偏老,发酵时长持续60日左右。特别需要注意的是,竹料发酵后的头遍清洗,不能放清水洗,也不能在下雨天洗,直接用原来发酵池塘里的水洗,不然竹料会变硬,洗净石灰后捞出竹料。

竹料经头遍清洗后,第二次入池塘之前,需要先清洗、清理池塘,再于池塘底用老毛竹横竖交叉排布,架空池塘底。竹料全部放入池塘中,放清水漫过竹料,清洗持续三天,放掉浑浊的水,重复该操作。其中,前三次清洗为漂塘操作,每次清洗持续3日,最少换三次水。等第三次洗完竹料后,放干水,竹料上铺塑料膜,盖上茅草,压上石块,放置1~2星期,该操作为烧塘处理,烧塘过程中,温度上升,黑色碱液析出。烧塘后,放满清水,浸泡1星期,放掉黑红色的碱液水,后续也可以接着放满水,清洗后放掉碱液水。最后放满水,浸泡竹料,竹料以湿料形式储存在池塘里。

堆浸法不同于塘浸法,对自然条件的依赖度较小,操作简便,工作量适中,生产规模较小的料户多采用该发酵方式。

堆浸方式的发酵地点一般位于料户家的荒地上。堆浸发酵的一般操作如下(如图5所示):① 截筒。将嫩竹截段,竹段长2~3米,不剖开,按老嫩程度初步分类堆放。② 竖柱。使用4～6根老竹子,竖埋在竹段堆放地点的四角,用作立柱,并使用竹片将各立柱的顶部串联起来,形成简易的围场。③ 堆竹。地面铺茅草,将截断的竹段堆放在围场中,较老竹段放下面,较嫩竹段放上面,同方向码齐且不留孔隙,其上压上大石块;堆竹完成后,按需放置一定数量的老竹子,老竹子一头约45°角撑地,另一头抵在竖柱上支撑竖柱,以防竹堆坍塌。④ 淋水。引溪水或河水浇在石块上,利用水花溅湿竹段,浸润围场中竹段,此操作持续2个月左右。⑤ 烧池塘。即切断水源,让竹段自然发酵10日左右,但由于充分发酵的竹段在断水的情况下易腐烂,致使不少料户为了保证产量而舍弃烧塘工艺。⑥ 再淋水。对发酵不充分的竹段继续淋水,持续时间视具体发酵状态而定,一般为20天左右。

图5 堆浸发酵标准示例图

3. 制丝

《天工开物·杀青》中载有现存最早的成熟的竹纸制作技艺,其中专门介绍了竹子的发酵与杀青,"截断五、七尺长,就于本山开池塘一口,注水其中漂浸……浸至百日之外,加工槌洗,洗去粗壳与青皮(是名杀青),其中竹穰形同苎麻样。"[7]。结合此次实地调查知悉,连四纸造纸技艺中竹段的长度和发酵时长与《天工开物·杀青》中的记录基本一致,但"杀青"处理却有所不同。

杀青一般操作如下:① 竹段发酵好后,用砍刀剖开,由料户将其踩平。② 踩平后,两个料户协作,一个料户站在竹段末端上起固定作用,另一个料户双手用力向上拉拽竹穰,同时双脚向下踩粗竹壳和竹青皮,逐步向固定端的料户靠近,完成杀青处理。

制丝一般操作如下:① 验丝,手捻竹丝检验发酵是否完成。竹丝用手一捻旋即散开,表明发酵完成;而用手捻,竹丝不散开或有硬块物,则需要继续淋水发酵。② 杀青,剥除竹节、竹皮以及粗壳。竹段发酵好后方可进行杀青处理,同杀青一般操作。③ 剥丝,取出竹穰后剥成竹丝。④ 捶丝。将竹丝放置石板上,用木槌或木棒反复捶打,使之进一步松散成丝,捶打掉无用的糊状杂质。⑤ 洗丝。对捶打好的竹丝进行清洗,去除泥沙和糊状杂质。⑥挂晒。洗净的竹丝对折后挂在竹架上晾晒或阴干,挂晒时长则视具体情况而定(如图6、图7所示)。

图6　竹丝挂晒现场(一)

图7　竹丝挂晒现场(二)

(二)蒸料制浆

1. 腌料(如图8、图9所示)

第一次腌料:①浆灰,俗称踩缸。将生石灰放进池子里,加水并用工具充分搅动后生成石灰水,将对折成小束的干竹丝置于石灰水中浸泡,浸泡2～3日,其中,生石灰与干竹丝的重量比约0.6:1。②堆沤。浸泡好后将竹丝捞出,码堆时,每隔两三层竹丝即用石灰浆浇灌,码放整齐后踩实,任其自然发酵,发酵期间,通常需要对竹丝浇一次石灰浆,堆沤时长夏季约10日,冬季约20日,春秋季约15日。③清洗、捶丝、挂晒。堆沤后的竹丝放到漂塘里浸泡,女工分把取竹丝,清洗竹丝,使用木槌捶打竹丝,同时砍掉发黑的竹丝,之后将洗净的竹丝挂晒在竹架上。

第二次腌料:①浆灰。将第一次腌料晒干后的竹丝置于石灰水中,浸泡2～3日。②灰沤,亦称灰青。浸泡好后捞出竹丝,码堆时,每隔两三层竹丝即用石灰水灌浆,码放好后踩实,之后任其自然发酵,灰沤时长夏季约7日,冬季约15日,春秋季约10日。第二次腌料的竹丝不再进行清洗、捶丝、挂晒等处理,完成后直接装锅蒸料。

图8　腌料现场(一)

图9　腌料现场(二)

2. 蒸料与自然漂白

造纸过程中,纤维素提纯遇到的最大困难就是去除木质素。木质素对纸张最有害,且最难以去除。为了解决这一难题,我国自汉代以来即采用弱碱蒸料工艺,传统的蒸料液主要用石灰和草木灰制成。弱碱蒸料工艺是经验科学的产物,同时也体现了造纸工序的科学性,碱液蒸料的过程中,木质素、半纤维素等发生破坏降解,其后的清洗工作则能有效去除可溶性残留物。自然漂白工序的作用类似蒸料工序,主要是为了去除剩下的木质素和其他有色物质,故往往与蒸料工序交叉进行。自然漂白过程中,在大气中氧气的氧化作用下,木质素发生破坏降解,有色物质被破坏或转为无色易溶物质,通过漂洗去除有害物质。

蒸料分为第一次蒸料、第二次蒸料和第三次蒸料,自然漂白分为第一次自然漂白和第二次自然漂白,第一次自然漂白发生在第二次蒸料之后,第二次自然漂白发生在第三次蒸料之后。蒸料、自然漂白这两道工序穿插进行,其中蒸料工序需用到蒸锅。

铅山当地把蒸料这道工序所用的蒸锅称为㨪锅,亦称王锅(如图10、图11所示),专门用来蒸煮腌料处理后的竹丝。王锅的基本构造如下:其方形底座由石块垒砌而成,底座外圈有拱形灶口,铁锅固定在底座中。灶口左侧有石阶梯,底座左侧的墙面有注水口,而底座右侧的墙面有一出水口,出水口高度与铁锅基本持平,出水口位置低于入水口,据此,可实时判断铁锅内水是否已经注满。王锅上部有㨪桶,传统多为木制或铁制,现在多为石块或水泥砌建的圆筒。铁锅与㨪桶之间铺有数根碗口粗的承重圆木,承重圆木之上铺有较为密集排布的手腕粗的圆形木材,承重圆木与其上圆形木材形成箅子结构。

图10　王锅(一)

图11　王锅(二)

第一次蒸料:① 装锅蒸料。将腌料处理后的竹丝放入王锅中,在码放竹丝的过程中,预留若干个气流上升的通道,码放整齐;往王锅底座的灶内添加薪柴,保持火力均匀,利用高温水蒸气蒸料,蒸料时长为一昼夜,然后停火焖上一昼夜。每蒸煮两小时,即要往铁锅内加一次水,一晚上起码要加3~4次水。② 摆洗、漂洗。用耙子将带石灰蒸好的竹丝放进水池里,反复摆洗,第一遍粗洗后,换掉池子里的水,引入清水,继续漂洗,多次重复,直至洗净竹丝上的石灰。③ 挂晒,把洗净的竹丝拧干,挂晒在竹架上。

第二次蒸料:① 碱蒸,又称勾煎,即带碱水蒸料。预先配制好碱水(Na_2CO_3溶液),竹丝与纯碱的比例约为10∶1。把第一次蒸料后晒干的竹丝放进碱水中浸泡,捞出、沥水后装锅蒸料,蒸料时长为一昼夜。② 扯水。取出碱蒸后的竹丝,放进水池里清洗,水池底部放置竹篾或竹条编制的过滤层,过滤泥沙及杂质颗粒,数次更换池水,直至污水变澄清。③ 挂晒。将洗净的竹丝挂晒在竹架上,待晾至快干时,搓揉竹丝以去杂质。④ 做竹饼。将晒干的竹丝撕开,抖落杂质,用手将竹丝团成直径约30厘米、厚约1厘米的扁圆竹饼。

图12 停火焖料现场　　　　图13 耙子取蒸料现场

调查发现,自然漂白的场所包括坡地和河滩。在坡地上漂白时,要先将灌木砍规整,灌木丛修整为宽约1米的畦,灌木丛之前预留20厘米的畦沟;在河滩上漂白时,需要用竹子搭建与地面呈约45°夹角的竹架子,固定好竹架后,其上铺灌木或树杈。

第一次自然漂白:漂黄饼。选取向阳背风、坡度较缓、高度适宜的灌木丛作为天然漂白的场所,将第二次蒸料后团成的扁圆竹饼放置在灌木丛上,任其日晒夜露,借助自然氧化作用,实现温和的天然漂白;漂黄饼的时长一般为2个月,漂白1个月后即将黄饼翻个面。

第三次蒸料:① 过煎。从灌木丛上收回完成第一次自然漂白的竹丝黄饼,拣去草木屑等杂质,放进预先配制好的碱水中浸泡,捞出后放入王锅,进行第三次蒸料,蒸料时长为一昼夜。② 扯水、挂晒、做竹饼。同前两次蒸料的一般操作,不再赘述。

第二次自然漂白:① 漂白饼。将竹丝白饼放置在灌木丛上,进行第二次自然漂白,持续2个月左右,漂白1个月后即将白饼翻个面(如图14所示)。② 拣白饼。收回竹丝白饼,拣去体积较大的草木屑、砂石等杂质后,将白饼放在竹筛里,用竹片工具敲打白饼,筛去细小颗粒。第二次自然漂白后,得到"水料",即制作纸浆的原料。

图14　漂白饼现场

3. 舂料制浆

竹丝经过碱液蒸料和天然漂白后,还不能直接造纸,需要经过打浆处理,方能生成抄纸的纸浆。未经打浆处理的竹丝原料,纤维素往往缠绕在一起形成纤维束,散开的纤维素也保留着坚硬的外壳。为了使纤维素润胀和分丝帚化,需要打散纤维束,打碎纤维细胞壁,增加其表面积和游离的羟基数,从而提高纤维素的可塑性,增强纤维素之间的结合。我国传统打浆工具包括捣杵、水碓、石碾等,但现在一般使用电碓、电动石碾等工具。

图15　立式水轮(水碓局部构件)

① 舂料。在竹丝中加入少量的水,以舂料时水不溅出为限度,舂料处一般会加一圈围板,舂料时需人工不时聚拢竹丝,舂料时长约为4小时。② 踩料。将舂料得到的纸料转移到石槽中,由人赤脚踩纸料,适时加少许水,同时清理异物,踩料时长约为3小时。③ 洗料滤浆。用竹架将白布的四角吊起来,将踩料所得的纸浆放到白布中,加水冲洗滤布中的纸浆,过滤掉杂质。

由于舂料制浆过程极为费时费力,在不影响手工纸质量的情况下,舂料制浆环节往往会引入打浆机、除沙机、筛浆机等电动机械,并对这些电动器具进行改造,以辅助工人完成工作。

图16　纸浆实物

（三）抄纸

抄纸即抄纸工使用竹帘将石槽中悬浮的纸浆纤维抄起来的过程,使纸浆纤维均匀沉积在竹帘上。对于包括连四纸在内的所有手工纸而言,抄纸都是最为关键的一环。而抄纸之前的预处理工作则直接关系到成纸的品质。

1. 打槽

抄纸的预处理工作一般包括:① 打槽。将洗料滤浆得到的纸浆放入石槽,加适量的水,人工手持竹竿或木棍对纸浆进行充分搅打,使纸浆中团状的纤维充分散开,搅打时长一般为1小时。② 压槽。用竹笆将打完槽的纸浆压在石槽内部中下层,并将鹅卵石压在竹笆上面,从而将石槽内部分为上面抄造区和下面储存区,但现在多改为将纸浆装在木桶里,并盖上湿布,随取随用。③ 漂槽。在正式抄造的前一天,从一端往盛有纸浆的石槽里引入涓涓清水,使其从另一端缓慢流出,完成对纸浆的漂洗工作,持续到正式抄造之前。④ 耘槽。将竹笆压住的纸浆搅起来一部分,用工具反复扒拉竹笆下的表层纸浆,不扰动中下层纸浆。由于压槽操作现多被替代,耘槽操作随之消失。实地调查中,鹅湖镇门石村数个造纸作坊仍然保留着压槽、耘槽操作。

2. 加纸药

纸药,又称"纸药水汁"[8],即天然植物黏液。纸药一般用来增强纸浆的黏稠性,增强纸浆纤维的悬浮性和分散性,同时利于湿纸分离。铅山地区常用的纸药有杨桃藤(猕猴桃藤)、毛冬瓜(毛花杨桃)、六历小(一种植物的叶子)、楠脑、水卵虫树根(铁坚杉)、椰根(江南油杉)等。依据季节特性使用不同的纸药,主要以当地产为主,如冬天使用毛冬瓜、杨桃藤等,夏天使用六历小、水卵虫树根等。据章仕康介绍,毛冬瓜药性烈,不适用于连四纸,猕猴桃藤药性最佳,但天热易融化。调查发现,一年四季的实际生产过程中,水卵虫树根使用最为普遍,其药性佳,且容易储存。

以水卵虫树根为例,加纸药的一般操作为:① 清洗干净,切成段,捶开水卵虫树根,放入水中浸泡,并使用木棒搅拌,直至透明黏滑的液体完全渗出(如图17所示);② 使用滤袋过滤,得到纯净的水卵虫树根黏液;③ 将水卵虫树根黏液添加到纸浆中。

图17　植物黏液

3.抄造

抄造需要使用抄纸帘,"抄纸帘"[8]最早见于《天工开物》。抄纸帘为组合式装置,通常由帘床、帘皮和边柱组合而成。帘床位于抄纸帘底部,为横纵框架,细分有床架、支撑柱两种构件。帘皮位于抄纸帘中部,由刮磨绝细竹丝、丝线编制而成,上下两端有边条,左右两端用布包边,经过上漆处理,沥干后方可用(如图18所示)。边柱,又称压手,位于帘皮之上,分布在帘皮的左右两端,用以压紧固定帘皮。抄造预热阶段,帘皮先置于纸浆中浸润,而后组装好,使用抄纸帘抄造2~3张厚湿纸,翻扣在榨纸处的案板上,为覆帘提前打好底层。

连四纸的抄造现为一帘一纸,抄造所用的抄纸帘由当地专门的篾工编制。抄造最宜在冬天进行,用冬天的水抄造,而在其他季节里抄造,成纸质量不如之。抄造的常见方式有一人一帘和两人一帘,调查过程中,章仕康、付冬林以及其他抄纸工均采用一人一帘的抄造方式(如图19所示)。

图18　抄纸帘

图19　抄造现场

抄造的一般操作为:① 抄造,出入水操作一般较为相似,成纸的优劣往往由抄纸工荡帘的技巧所决定。手持近身端把手,将抄纸帘前端斜插入纸浆中,而后将帘床前端匀速向上翘起,使纸浆向后流经整块帘皮;又将抄纸帘近身端斜插入纸浆,而后将帘床近身端匀速向上翘起,使纸浆向前再次流经整块帘皮;提起抄纸帘,荡帘,在帘皮表面形成湿纸。②覆帘。拆开边柱,取下帘皮,将湿纸面覆扣在预先铺过厚湿纸的案板上(如图20所示),小心揭下帘皮。③重复抄造操作,湿纸就一张张地叠摞起来(如图21所示)。

图20　覆帘　　　　　　　　　　图21　湿纸

4. 榨纸

榨纸,即采取压榨方式,去除湿纸中过多的水分。每当湿纸叠放至500张时,抄纸工会在湿纸上盖一张旧帘子,其上压一块木板,木板上放置一张旧帘子,在它上面放置新抄造的另外500张湿纸,盖上旧帘子,压上木板,抄造停止后,若立即压榨湿纸,可能会导致湿纸破损,通常先静置1小时左右,后利用木制的压榨工具榨去湿纸的水分(如图22所示),每隔几个小时压榨一次,持续约12小时。传统榨纸的工具一般是木制的,现在大多改用钢制的,配套千斤顶使用,材质虽然变了,但都是利用杠杆原理。

图22　压榨工具

（四）焙纸

焙纸的一般操作为：① 建土焙（亦称"火墙"），即以土砖砌出中空烘墙，上窄下宽，内部空心，高约 2 米，以土砖盖住地面，每隔数块土砖，即空一块砖，燃烧薪柴后，热气在烘墙内遍布，等砖完全受热后，湿纸上墙。但现在多为钢焙等电力设备所取代。② 牵纸，亦称"牵砣"。湿纸块送到焙纸间后，焙纸工切掉湿纸块右上角的一小部分，用小块帘子抵住纸块的右上角，并左手固定，右手持木制的工具，敲打纸块的右上角，而后一张张地揭展湿纸（如图 23 所示）。③ 上焙。使用松针刷，将揭下来的湿纸平整地刷到烘墙上（如图 24 所示）。④ 揭纸。待湿纸焙干后，由焙纸工人将其揭下。

图 23　牵纸实况　　　　　　　　图 24　上焙实况

（五）加工包装

过去，连四纸成品的处理加工工作均由经销纸张的纸号负责，一般历经拣选剔除、划分等级、夹紧压实、装入竹筐和捆绑藤条这五道作业。但随着纸号消亡，现在连四纸成品的处理加工较为简单，计数包装即可。

加工包装的一般操作为：① 质检。根据产品质量检验标准，将不符合要求的纸张拣选出来，另作他用。② 裁边。按照相应的规格，使用裁纸工具将纸张的四边裁切整齐。③ 计数。一般计数即 100 张/刀，连四纸的幅面规格为 3.2 尺×1.8 尺（1 尺约合 0.33 米）。④ 包装。在纸张的外包装上打上生产厂家、产品名目等印记，完成后装箱。

四、结语

连四纸造纸技艺本质上属于经验科学，而砍条制丝、蒸料制浆、抄纸、焙纸、加工包装等 5 个步骤，以及 13 道具体工序，则是经验科学反复总结后的标准化生产流程，其产品即是连四纸。连四纸造纸的生产周期极长，仅竹段发酵和饼状竹丝自然漂白就长达半年之久。长时间的发酵、两度腌料、三度蒸料、两度自然漂白、多次漂洗捶丝、多次洗料滤浆、多次打槽等造纸工序，保障了连四纸的品质，使得连四纸的白度、抗张强度、耐折度、伸缩性、耐酸碱性、耐老化性、耐候性等综合性能极佳。

连四纸是科学标准化生产的产物,承载了铅山当地造纸业的历史记忆,其造纸技艺蕴含朴素的科学认识,既具有农业文明的显著特征,又反映了江西地区手工业技术的发展状况,是中国古代科学技术史上的"活化石"。因此,有必要传承好铅山连四纸制作技艺,有必要使铅山连四纸制作技艺一直保持活态。

参 考 文 献

[1] 孙敦秀.文房四宝手册[M].北京:燕山出版社,1991:167.
[2] 王箴.化工辞典[M].北京:燃料化学工业出版社,1969:220.
[3] 张守常.中国近世谣谚[M].北京:北京出版社,1998:805.
[4] 苏俊杰.连史纸制作技艺保护研究[D].上海:复旦大学,2008:8-9.
[5] 徐光启.农政全书[M].长沙:岳麓书社,2002:632.
[6] 范钦尧.竹丝制造法[M].上海:中华书局,1954:15.
[7] 潘吉星.天工开物译注[M].上海:上海古籍出版社,2008:225-226.
[8] 宋应星.天工开物[M].长沙:岳麓书社,2001:292.

造金银印花笺的传承与发展研究

黄 磊

中国科学技术大学

摘　要:如今,传统纸笺和机械加工纸并存于我们的生活中,除却书法、国画、书画装裱等领域还在继续使用,传统纸笺在大多数场景下不再作为日常文房和生活用品出现,使用范围和频率较古代大大减少,其生存空间在当代社会已十分狭窄。本文以造金银印花笺为研究对象,结合文献调研、田野调查和对比分析方法,对造金银印花笺的传承与发展、加工工艺与用途、传播与现代复原等方面进行研究,探讨造金银印花笺工艺的应用价值,以期提升造金银印花笺的应用界面和价值。

关键词:造金银印花笺;加工技艺;传承与发展

纸笺加工技艺是在传统手工造纸技术的基础上进行延伸和拓展,对原纸进行再加工处理的加工工艺,对人类文明的传播与发展具有重要意义。为了让传统纸笺更好地发展,传统纸笺需要突破传统手工纸生产的局限,进行现代生活文化的延续和演变,拓展自身的应用价值。

造金银印花笺是一种运用云母经造色技艺加工达到金银视觉效果,通过木版印刷的方式制作而成的纸笺,在经历传承发展、失传与复原后,如何对其进行保护和传承值得人们关注与深入研究。

一、造金银印花笺的发展概况

（一）传承与发展

造金银印花笺作为一种加工纸，承载着中国传统造纸技艺、造色技艺和印刷技艺，是一种集纸艺、书画、篆刻、印刷于一体的艺术形式和文化载体。从纸张品名和工艺来看，造金银印花笺可以从"笺""印花笺""造金银"三个角度，进行分析理解。

"笺"本义指狭条形的小竹片，东汉许慎《说文解字》谓："笺，表识书也。"在纸张推广使用之后，《辞源》解释笺为"小幅而华贵的纸张"。我国纸笺的种类繁多，根据加工方法的不同，可大致分为素笺、色笺、花笺三类，其中花笺运用染色、研光、彩绘、印刷等一种或多种方法制成，有特定花纹、图案的纸笺，造金银印花笺便是属于花笺的一种。

印花笺的制作运用了雕版印刷技艺，而雕版印刷术的发明与绘画、雕版工艺、纺织品印染技术有着千丝万缕的联系。纺织品印染技术分为木版印花和"夹缬"两种，区别在于前者所用的印花版为凸纹版，后者为镂空版，若将木版印花技术结合雕版印刷运用到纸张中，就成了印花[1]，而"夹缬"在纸张中的运用类似于研花和拱花技艺。印花即通过印刷的方法将图案纹样印刷在纸张上的加工技术，加工而成的纸笺称作印花笺。高濂在《遵生八笺》中记载的造金银印花笺法，便是将选取的底纸覆盖在刷有颜料的花版上，轻按纸背得到印有图案的纸笺，可知造金银印花笺的制作运用了印花的加工方法，属于雕版印刷的一种。

在古代，手工造纸业与纺织业是十分相似的两个产业，二者均是对植物纤维进行加工制作，所以当人们在纺织品上追求"穿金戴银"时，自然而然引起了造纸匠人对纸张进一步创新加工的思考。唐代是我国古代造纸技艺繁荣发展的鼎盛阶段，人们摸索出描绘、撒金、印花等多种方法来加工原纸，还将金银运用到纸笺的加工工艺中，如泥金银绘画(描金银)、印金银、撒金银等，根据使用的金、银箔大小尺寸的差异，金、银粉的纯度和颗粒粒度的不同，最终制作出的金银加工纸的种类也不同，其中最具代表性的纸笺就是金花纸。金花纸，又称金花笺，是在纸面涂上黏结剂，将金银粉或金银箔撒在纸上，或直接用笔蘸金银粉在纸面描绘各种图案，制作出来的纸笺。使用范围较为广泛，人们常用它来题诗作赋，抄写佛经，或用作随葬品。此外，在官府公文中也开始使用金花纸，如唐代李肇《翰林志》中记载："凡将相告身，用金花五色绫笺。"

金花纸只供宫廷内府、达官贵族享用，且制作时需要真金、真银作为加工原料，价格昂贵、制作成本高、费时费工，因此民间很少流传。但金、银花色不仅达官贵人喜欢，民间百姓也十分热爱，所以民间造纸匠人对金花纸进行了仿制，创制出造金银印花笺。明代冯梦祯《快雪堂漫录》中就记录了造印色法，为造金银印花笺中"造金银"颜料的制作提供了思路指导和经验借鉴。运用造色技艺将中草药和矿物质进行加工处理,制作成金、银色的颜料,具有真金般耐氧化、不变黑、呈现金属光泽的特性,替代了昂贵的真金银,降低了制作成本。运用印花技艺替代手工描绘,可以高效快速地复制多张,缩短了制作时间,大大提高了生产效率,使得具有金银图案的纸笺能够为大众消费。

从宫廷用"金银"制金花纸颁发文书,彰显权势阶级、身份尊卑,到民间用"造金银"仿制金花纸糊窗、迎亲,追求生活平安顺遂、幸福圆满,无论社会阶级的高低,在纸笺的制造和使用过程中,都体现了古时人们的艺术审美和精神追求。

(二)工艺与用途

1. 工艺流程

已知明代高濂《遵生八笺》、屠隆《考槃余事》和项元汴《蕉窗九录》是目前较为完整地记录造金银印花笺制作工艺的最早期历史文献,为当代人复原造金银印花笺技艺提供了极大帮助。近代学者樊嘉禄先生在对这些珍贵史料进行研究分析时,发现书中记载的句读和个别用词略有差异,最终导致对句意和工艺步骤的细节理解截然不同。在潘吉星先生等纸史专家研究成果的基础上,樊先生引用文献资料校证考订,并对造金银印花笺工艺流程进行分析和模拟实验[2],其完整记述如下:

> 用云母粉同苍术、生姜、灯草煮一日,用布包(探)[揉]洗,又绢包揉洗。愈揉愈细,以绝细为甚佳。收时,以绵纸数层置灰矼上,倾粉汁在上,湮干。用五色笺,将各色花板平放,次用白芨调粉,利上花板(版),覆纸印花。(板)[纸]上不可重(塌)[拓],欲其花起故耳,印成花如销银。若用姜黄煎汁,同白芨水调粉,刷板(版)印之,花如销金,二法亦多雅趣。[3]

造金银印花笺工艺中"造金银"颜料是通过造色技艺加工而成的,在上述史料中记载的造金银印花笺工艺,主要介绍了"造金银"颜料的制备过程。造色时用到矿物质云母粉和中草药苍术、生姜、灯草、姜黄、白芨六种材料(图1),其中白芨制备成胶,用来充当颜料粉糊的黏结剂,姜黄在造金色时用作黄色染料。具体流程是先将云母粉和苍术、生姜、灯草等材料,经过蒸煮一日、揉洗、湮干等步骤,制成银色;再加入姜黄汁染成金色,加入白芨胶制成浓度适宜的颜料粉糊,最后通过雕版印刷技术将颜料印染在纸张表面。

图1　从左往右依次为苍术、生姜、灯草、姜黄、白芨

2. 用途

　　用纸裱糊墙壁，在我国古代宫廷、官府及民间均有广泛使用，据有关资料记载，早期的糊墙用纸多为本色纸，或在本色纸上涂以白垩土粉浆，印刷上各种暗花，如福字、寿字、汉瓦纹、联欢如意等，花地呈白色，花纹处因使用白云母矿物故呈现闪闪发亮的效果。[4]发展到后期，糊墙壁纸的种类更加丰富多彩，以装饰为创作目的，或将纸张染成各种颜色，或绘以山水、花鸟、人物等图画，或印上各类彩色纹样，裱糊于建筑的顶棚、墙壁或隔窗上，是一种具有透光、保暖、挡风等实用性的室内装饰艺术品。在宋、元时期印刷术和版画的发展，以及元、明时期彩色套版画的影响下，传统糊墙壁纸得以迅猛发展，造金银印花笺也得以在明代大力发展和使用。

　　传统的造金银印花笺在使用上多用作糊墙壁纸，纸面图案花纹凸起，金、银二色交相辉映、迎光闪烁，颇富雅趣。据造金银印花笺制作工艺分类，它应该属于印花类的壁纸，这种壁纸上承唐、宋的技法（见陈继儒（1559—1639）《妮古录》），下传至清代。造金银印花笺多用于民间，因民间古建筑保存不易，且墙纸易老化、变黄、变脆，故遗存下来的古纸非常少。宫廷用的印制壁纸，与民间的差别不大，只是在用纸材料、颜料色彩和图案上更为讲究，种类却不如民间的丰富多样。[5]现今，在故宫中尚存一些清代仿造前朝所用的造金银印花笺糊墙花纸。在《故宫建筑内檐装修》发表的图片中可以看到许多具体案例，如养心殿天花板上裱糊的万字锦地瓦当纹银花纸。

二、造金银印花笺的现状与革新

　　随着朝代的更迭，受当时社会政治、经济、文化、艺术风格等多种因素的影响，纸笺的加工技艺与图案纹样无时无刻不在变化,直至今天,或许可以用今非昔比来形容,但唯一不变的是人们对传统技艺文化的传承与发展。今天,纸笺加工技艺作为非物质文化遗产而广为人知,但是否有人留意其中一个小小的纸笺技艺——造金银印花笺法,我们对造金银印花笺技艺展开了田野调查,试图对造金银印花笺的再现进行更直观的认识和探索。

(一) 在日本的传播与发展

纸笺加工技艺起源于中国,但不得不承认,在时代发展的今天,日本加工纸技艺的传承与发展更佳,受日本无形文化财保护体系的影响,其发展有两大中国所不足的长处,一是日本的传统加工技艺一直在活态传承没有中断,二是多数的加工工艺过程在业态里保持公开。[6]

刘仁庆在研究唐代古纸纸名时,认为唐纸有两种含义,一种是泛指唐代的纸张,分为有文献记载的纸笺品名和实物作品(包括出土和传世的纸制品),如硬黄纸、薛涛笺、白麻纸、云蓝纸等;另一种是日本常说的"唐纸",但应该是对于竹纸的误称。我国早期以竹纸为原料进行抄造、加工的手工纸,洁白柔软、纤维细腻有韧性,适合木版印刷技术的运用,故常用于佛经、线装书或民间账本等书本的印制,在唐代日本僧人携带大量经书传回京都,自此在日本流传。[7]而冯彤有另外的看法,在《和纸的艺术》这本书中,记录了她早期在日本的和纸访学之旅,其中提到了一种唐纸的加工工艺与造金银印花笺工艺十分相似。在她的记录中唐纸是一种用云母贝壳粉与胶或面糊做成混合液,对纸张进行涂布,然后再用木板上色刷出图案,加工而成的加工纸,顾名思义是唐代从中国传播到日本的舶来品,在日本称作"とうし",早期日本使用咏草料纸(雁皮纸居多)作为加工的底纸,后来改为较厚的鸟子纸,称之为"がらがみ"。[8]

平安时代(794—1192年)日本成功仿制出唐纸并开始大规模制造生产,最初主要是供给上层社会作书写用纸,此后唐纸技艺不断发展,逐渐地在纸上印有花草飞鸟纹样,使得纸张用途更加广泛。这一时期唐纸都用木版雕刻,用布撑子(图2)把颜料蘸到雕刻的木板上,然后附上纸张印刷而成。江户时代(1603—1868),唐纸传至江户(今东京)的大街小巷,人们开始用唐纸装饰窗门,方便在家欣赏,对唐纸的需求量猛增,唐纸的技法和纹样得到进一步发展。开始出现一些新用具和新技法,如使用毛刷、型纸(图3)等工具进行捺染、梳毛染、贴金箔。型纸即雕刻好的模板,由质量精良的和纸制成,做型纸印染的手工匠人称作更纱师。至昭和(1926—1989)中期,普通百姓家里也可见更纱纸纹样的唐纸了。如今日本依旧生产这种纸笺,经过多年加工技艺的革新,加工用具的改良,以及日本本土文化的熏陶晕染,唐纸在工艺、工具、图案和用途上均有极大的发展。目前已做成高端的书法用纸在日本流传使用,价格极其昂贵。

日本人热爱唐纸,多用于日常用品,如拉门和隔断,其纹样上使用了云母粉等矿物颗粒,具有闪光性,太阳光线的细微变化会让图案在眼前闪闪发光。从美帆

(Sauser Miho)著的《诚实的手艺》中我们了解到,在今天日本京都东北的比睿山下,依然有制作唐纸的唐纸屋,"唐长"是日本最古老的唐纸屋,千田坚吉是唐长的第十一代传人,在制作唐纸的过程中,他们仍遵循祖先的手法和智慧。唐纸最重要的特点是图案,以及图案所蕴含的力量,为了更好地表现自然景观,匠人们创造了各式不同的图案,唐纸屋中现存650种精心保存下来的图案雕版。图案融入了日本一年四季的自然主题,有些表现宇宙万物理念和美好的祝福愿望。[9]

唐纸技艺与造金银印花笺工艺的相似性,让我们好奇二者之间的关联,毕竟目前中国文献史料中最早记录造金银印花笺法是在明代,远晚于唐代,倘若唐代纸笺的加工技艺中便运用了云母粉进行木版印刷,那么是否又是造金银印花笺的前身,后经过历代制纸匠人的改进,与造色法的运用,最终在明代发展至顶峰,创制出造金银印花笺。

图2　布撑子　　　　　　图3　刻有文字的型纸(局部)

(二)现代复原与革新

1. 故宫清代银花纸的复原

范发生是安徽十竹斋副经理,负责出口产品的外销工作,同时负责传统纸笺工艺的挖掘和研发。范发生最初是由于外贸订单,才接触到日本唐纸,深入了解后,发现其与中国历史上的"造金银印花笺"十分相似。得益于这次的制作经历,2020年范发生受邀参与故宫博物院古建部负责的、科技部十三五项目"明清官式营造技艺科学认知与本体保护关键技术研究与示范"——裱作银花纸制作工艺的复原,为乾隆花园宫殿修复制作清代万字地西番莲卷草纹银花纸(图4为故宫原纸,图5为现代复原纸)。

据范发生介绍,这张银花纸是在乾隆花园延趣楼宫殿里的墙壁上发现的,年代为乾隆三十九年,距今200多年。纸张贴有四层,其中因为清早期的图案最好,所以范发生复原的是清早期生产的纸。剩下清中期、清晚期的图案纹饰虽各有特点,但均没有清早期的精美细致。这是因为最初为故宫设计、加工、生产纸笺的一般为南方工匠,他们制造的纸更细致,技艺更精湛,后期故宫内使用的纸笺,多为北方工匠制造,其制作时多是模仿前朝,因此,工艺比较粗糙,且北方工匠的制作技艺也较南方工匠稍差。

图4　故宫博物院清代万字地西番莲卷草纹银花纸

图5　范发生复制万字地西番莲卷草纹银花纸

银花纸的复原工作包括:① 雕版,依据图纸手工雕刻万字底纹印版(图6)和西番莲卷草纹花板(图7);② 挑选底纸,故宫银花纸的纸背为元书纸,故选用竹纸进行复原;③ 制备颜料,主要原料有云母、白粉、绿铜矿粉等;④ 拖纸,将底纸加工成熟纸;⑤ 涂布,在熟纸上涂抹一层云母(或白粉);⑥ 裁剪,将纸张裁剪成印版大小的尺幅;⑦ 印花,运用雕版印刷工艺,先在纸张上印染一层万字底纹,待纸张变干后,再套印一层绿色西番莲卷草纹。与范发生交流得知,这是清代乾隆时期仿制前朝的一种加工纸,属于云母笺的一种,在加工过程中就运用了造金银印花笺法,但又比造金银印花笺工艺更复杂,除了在底纸上用云母粉制作的银色颜料印制万字不到头花纹,还在上层印刷了石绿色的西番莲卷草纹。说明乾隆时期古人在仿制前朝造金银印花笺的加工过程中,运用了多种加工技艺,不仅用造金银印花笺工艺印刷了一层底纹,还在其后使用了木版印刷叠印了一层花纹,使得最终成品图案繁复、精致美观。这为造金银印花笺工艺及其他纸笺技艺的发展提供了一种借鉴思路,通过多种加工技艺的叠加运用,形成更加繁复华丽的纸笺。

图6　万字不到头底纹印版

图7　西番莲卷草纹花板

　　关于复原故宫银花纸,范发生提到了几个要点和难点。雕刻花版选用梨木板,因为梨木木质细腻,浸水不变形。印刷时,因为混合颜料中有云母、白粉等矿物质颗粒,多次印染后,染料的颗粒就会留在印版缝隙中,导致印染的图案不清晰,所以每印染10张纸后都需要清洗一遍印版。银花纸中使用了白粉作填充料,主要是增加粉浆中的密度,让颜料更加饱和。在选胶结材料时,范发生选用桐油作为黏合剂,桐油的油性可以起到调和作用,有游动性,而且其使用寿命长、附着力强、防水、耐酸碱、不易老化。但油性胶的使用亦增加了印刷的难度,因为熟纸的吸水性没有生纸强,印染时颜料的附着力也没有生纸的效果好,所以一张纸的图案往往需要印刷4~5遍,颜色从浅到深,直到稳定加固,虽然繁琐,但最终图案线条清晰、色泽饱满、纹饰完整。而且古代故宫造纸用料特别实在,所以制成的纸笺底纸特别厚,范发生选用的竹纸,一开始比较薄,印染时纸张易破损,后来找富阳做竹纸的朱中华加厚两次才达到要求。

介绍故宫银花纸的图案纹样时，范发生认为，万字纹象征吉祥无边、福寿万年、万寿无疆。因为古代没有电灯，所以室内比较昏暗，当阳光发生变化或烛火闪烁时，云母纹样就会隐隐约约地显现出来。云母粉有珠光的光泽感，将印有云母颜料图案的壁纸(故宫称贴落)贴在宫殿内壁时，可以增加室内的亮度，使得宫殿显得珠光宝气、富丽堂皇。绿色西番莲卷草纹代表了清正廉明、廉洁自律，亦象征着江南的春意。绿色纹样使用了绿铜矿颜料，颜色鲜艳，不易变色，银花纸的纸样上，其他部位均有一定程度的霉变，唯独印刷的绿色部位没有霉变，因此范发生认为绿铜矿有一定杀菌作用。

2. 技艺革新与实物对比

2000年，巢湖市掇英轩负责人刘靖和中国科学技术大学科技史与科技考古系知名教授张秉伦先生、博士生樊嘉禄及有关课题组合作，共同参与造金银印花笺的复原工作。他们参照史料记载的工艺步骤经过反复实验，最终成功复原出明代"造金银印花笺"，并共同发表论文《造金银印花笺法实验研究》，其中还对文献史料中记述不详的部分进行了考订。造金银印花笺制作工艺收录于中国科学院"九五"重大科研项目——《中国传统工艺全集·造纸与印刷》中。[10]

刘靖制作的造金银印花笺颇具传统韵味，一方面是因为选用的印制纹样多为传统山水风景图案，有银色竹纹-造金银印花笺(图8)和金色花卉-造金银印花笺(图9)(图案改自吴昌硕小品画——花卉)两种；另一方面是因为通过雕版印刷方法印染的图案，颜色呈现深浅、浓淡不均的效果，使得每一张纸笺具有"独一无二"的特性。

图8　银色竹纹-造金银印花笺　　　　图9　金色花卉-造金银印花笺

在成功复制出明代"造金银印花笺"的基础上，因其传统技艺比较复杂，制备原料的成本相对现代而言较高,且纸张印刷后的呈现效果较为朴拙,所以刘靖先生对其生产工艺进行了革新。将现代丝网印刷技术(图10)和现代金银色珠光粉运用到纸笺加工技艺中,生产出更加精美、价廉的新型"金银印花笺"(图11),带动了纸笺加工行业丝网印刷技术的发展。巢湖市掇英轩生产的造金银印花笺和金银印花笺图案多为具有浓厚的中华民族传统风韵的吉祥图案,且不论是"造金银"图案,还是仿金银图案,都不会氧化变黑,呈现出珠光或金属般光泽。其书写润墨性好,根据顾客的需要还可以加工成生宣、半生宣或熟宣等书写效果。

图10　现代手工丝网印刷技术图

图11　巢湖市掇英轩制金银印花笺

　　购买巢湖市掇英轩仿古色"岁寒三友"纹样的金银印花笺(图12),运用KEYENCE VH-Z100R超景深三维显微镜观察金银印花笺印花部位金粉的着色情况,发现珠光云母金粉粘连在纸张纤维上,因丝网印刷良好的上色效果,珠光粉颜料能均匀地粘连在纸张上(图13)。

图12　金银印花笺(局部)

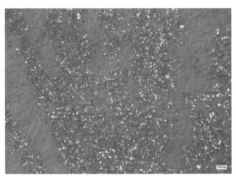

图13　金银印花笺显微图(100倍放大)

　　刘靖先生自制的金色花卉-造金银印花笺(图14)选用的是仿古色和红色的宣纸作为底纸,通过造色技艺,将云母粉和苍术、姜黄等中草药以及白芨胶的混合颜料粉糊涂刷在固定好的印版上,然后运用雕版印刷工艺制作而成。印刷的图案线条清晰,颜色有浓淡变化,用手触摸纸面可以感受到颜料粉浆有一定厚度,而且制作的颜料抗氧化能力强,不易变色。显微观察(图15),发现颗粒大小不均,而且不同部位的颗粒分布也不同。

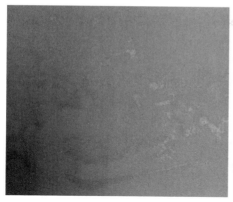

图14　刘靖制造金银印花笺（局部）　　图15　造金银印花笺显微图（100倍放大）

造金银印花笺与金银印花笺之间的差距主要有2点。其一是金银粉颜料粒径的大小不一，金银珠光粉是现代加工制作而成的，其粒径大小均匀且粒径选择多样；而"造金银"色经过蒸煮、揉洗、滗干等步骤，加工制成的粉末颗粒粒径，取决于揉洗过程中绢布包的疏密孔隙大小，且在揉洗过程中，绢布包可能存在纤维变形等因素，会影响最终粉末粒径的大小。其二是印刷方式的不同，丝网印刷最大的优点在于，简单有效，印刷过程中孔隙相同的丝网，保证了颜料渗漏的速率相同，颜料的着色十分均匀；而造金银印花笺使用手工雕版印刷，由于人工上色过程中，毛刷涂抹颜料的多少，颜料在纸张的附着情况均无法确定，容易出现色彩不均的情况，但也因此呈现了"独一无二"的古拙特性。

造金银印花笺和金银印花笺二者之间的异同，详见表1。

表1　造金银印花笺和金银印花笺实物对比

名称	工艺特点	颜料	印刷工艺	印刷特点与效果	市场前景
造金银印花笺	工艺烦琐，造金银色较复杂；好的雕版耗时长，需要极高技艺，印刷难度较大	用云母粉、苍术、生姜、灯草、姜黄、白芨（胶）通过造色制成	雕版印刷	纹样古朴，极具传统韵味；颜料有浓淡之别，粉糊堆积较厚	国内市场较狭小，受众人群较小，造价较昂贵
金银印花笺	工艺简单，丝网印版制作时长短	现代珠光云母粉（主要成分为云母）、骨胶	丝网印刷（手工、机械）	图案效果在感官上更显死板，颜料均匀分布	前景广阔，机械生产占主要市场；可大批量生产，价格实惠，性价比高

三、结语

现代创制的金银印花笺,在笔者看来并不是造金银印花笺工艺传承的2.0版本,虽然制作方法相似,但是二者在原料的类别、印刷方式的运用、纹样呈现的效果以及制作者的精神情感方面都有所不同,因此笔者认为二者并不完全属于同一加工技艺的迭代发展。造金银印花笺因受人工等多种因素的影响,制作者、欣赏者和使用者的精神追求、人文情怀和艺术审美都蕴含其中,给人一种独特的艺术欣赏;金银印花笺虽然在制作和生产效率上优于造金银印花笺,但笔者有一种机械加工制成的刻板化观感。

通过造纸匠人赋予情感寄托而生产出的造金银印花笺,承载的不仅仅是一张纸,它更具有了文化价值、艺术价值和精神情感属性,需要人们更加注重造金银印花笺工艺的保护和传承。

参 考 文 献

[1] 张秉伦,方晓阳,樊嘉禄.中国传统工艺全集:造纸与印刷[M].郑州:大象出版社,2005.
[2] 樊嘉禄,张秉伦,方晓阳,等.造金银印花笺法实验研究[J].中国印刷,2002(7):55-57.
[3] 樊嘉禄,张秉伦,方晓阳.明代五种加工纸工艺史料研究[J].中国科技史料,2000(1):69-74.
[4] 邓云乡.红楼识小录[M].太原:山西人民出版社,1984:259.
[5] 李瑞君.清代中国壁纸的类型及演变[J].艺术设计研究,2018(2):82-88.
[6] 冯彤.和纸技艺[M].北京:知识产权出版社,2019.
[7] 刘仁庆.古纸纸名研究与讨论之四:唐代纸名(上)[J].中华纸业,2016,37(21):74-79.
[8] 冯彤.和纸的艺术:日本无形文化遗产[M].北京:中国社会科学出版社,2010:54.
[9] 美帆.诚实的手艺[M].武岳,译.长沙:湖南美术出版社,2016.
[10] 田君.笺上情怀:传统加工纸传承人刘靖访谈[J].装饰,2007(8):26-29.

藏纸抗菌性能对比研究与传承思考*

钟一鸣¹ 汤书昆² 何桂强³* 任 雪³ 尹邦婷³ 张茂林³
吴益坚³ 张恩睿³ 黄兮泽³

1.西南科技大学数理学院；
2.中国科学技术大学人文与社会科学学院；
3.西南科技大学生命科学与工程学院

* 项目基金:1.国家社科基金冷门绝学学术团队研究专项"中国西南少数民族手工造纸技艺社区文化传承谱系研究",项目号:21VJXT019;四川省社会科学普及基地"四川历史文化故事普及基地"重点项目"四川藏区印经纸探秘",项目号:SCPJZ202301。2.2023年度中国科学技术大学新文科基金"青藏高原手工造纸传习谱系与数字地图"研究成果。

摘　要:藏族地区所产手工纸在中国手工纸体系中是非常特殊的存在。用其印制的藏经防虫蛀鼠咬,防霉耐用。业界普遍认为这是藏纸原料多为含微毒性的瑞香科植物的原因。本研究通过抑菌圈、菌液抑菌剂混合培养两种方法,科学分析西藏金东藏纸、西藏尼木藏纸、西藏西嘎村藏纸、德格充巴家狼毒纸、壤塘狼毒混料纸5种藏纸对大肠杆菌、金黄色葡萄球菌和纤维素降解菌(细长赖氨酸芽孢杆菌)的抑菌性能。同时选择2种皮纸、1种竹纸、1种宣纸作为对比,以期研究藏纸依靠抑菌性实现创新性传承的可能。研究结果表明,抑菌性确实可作为藏纸传承发展方向,应在坚持使用瑞香科植物原料的基础上,科学优化其抑菌性能,并可以德格充巴家狼毒纸为基础,探索制定藏纸抑菌标准,促进藏纸形成发展合力,同时还应注意提升藏纸综合性能、深化文化特色使用场景。

关键词:藏纸;抑菌性;藏纸传承;藏纸标准

中国造纸术自西汉初年发明以来,历朝历代因地制宜,先后制作出麻纸、藤纸、皮纸、竹纸、草纸,又创造性地加工制作出染色纸、涂布纸、水纹纸、蜡笺、粉蜡笺、金花纸、洒金纸、砑花纸……形成了成熟且稳定的造纸技艺和集文化与艺术于一身的活态文化体系,为人类文明的确定性延续、多元文化的广泛传播奠定了坚实基础,是我国享誉国际的非物质文化遗产①。但在众多的手工纸品类中,世界屋脊——藏族聚居地区所产藏纸极具特色。其制作过程中通常会唱诵藏传佛教经文,核心用途是寺院印经和抄经,传世纸品几乎都与经文同在。这些经文历经沧桑不坏不腐,防虫蛀鼠咬,使藏纸被公认具有抗菌防虫、防霉耐用的特性。业界普遍认为这是因为藏纸原料主要采用含微毒性的瑞香科植物。

① 在1372项国家级非物质文化遗产中,仅有25项入选人类非物质文化代表作名录,手工造纸技艺(宣纸传统制作技艺)就位列其中。

当前,藏纸技艺在2006年入选中国第一批国家级非物质文化遗产名录,2017年又成为西藏自治区重点保护和传承对象。但是,藏纸技艺自1959年起有约30年的活态传承中断,且藏地造纸的传承传统是现场习艺,极少有文字记载,一旦传承人过世而后来人没有接上,便很容易造成技艺断代失传。当代高标准环保措施全面推进,又带来高原原料采集受限,传统浇纸法效率不高加剧了藏纸成本居高不下,使其市场被低价尼泊尔纸以及机制纸抢占。藏纸在20世纪90年代艰难复苏后,目前仍处于需要多渠道扶持性保护的状态。是否可以科学研究藏纸的防霉抗菌、抗老耐用性能,作为其传承发展的发力点? 当前,对藏纸进行科学理化性能分析的研究极少。但赞青公、李海朝等通过科学研究,对比西藏雪拉藏纸、四川德格藏纸、囊谦嘎玛藏纸和囊谦黑色藏纸的抗老化性能,认为雪拉藏纸和德格藏纸具有相对良好的抗老化性[1]。高丹、张水平选择西藏墨竹县直孔藏纸进行耐久性试验,证明直孔藏纸比东巴纸、构皮纸、宣纸更具耐久性[2]。这些研究证明耐久纸可以作为藏纸发展方向之一。但关于藏纸的抑菌性,目前仅有张水平、高丹等对直孔藏纸进行研究,认为其对绳状青霉、黑曲霉、绿色木霉和匍枝根霉4种纸张霉变优势菌种具有一定防抑作用,并指出这与直孔藏纸原材料中的总黄酮成分相关[2]。后二人进一步比较试验,认为直孔藏纸相较雪梨纸、宣纸、新闻纸具有明显抑菌性和一定的安全性[3]。

但是,整个青藏高原涵盖的西藏自治区、四川藏区、青海藏区、甘南藏区、云南藏区不仅有直孔藏纸。西藏拉萨城区彩泉纸厂、米林县与尼木县的藏纸合作社、四川甘孜州德格县的藏纸工坊常年生产;西藏朗县、波密、聂荣,四川壤塘,青海囊谦有稍具规模的藏纸作坊;云南香格里拉上江藏区,青海黄南藏区、甘南藏区若干寺院,四川丹巴、白玉、石渠、红原、木里,西藏定日、比如、工布江达有非常态新生小作坊。

不同产地的藏纸是否都有良好且相当的抑菌性? 本研究选择西藏金东藏纸、西藏尼木藏纸、西藏西噶村藏纸、德格充巴家狼毒纸、壤塘狼毒混料纸5种藏纸进行抑菌性测试。并以夹江马村慈竹毛边纸、云南罗平白棉纸、双鹿牌特种净皮宣纸、安徽潜山纯桑皮纸分别作为构皮纸、竹纸、檀皮稻草混料纸、桑皮纸的代表,与藏纸进行抗菌性能对比研究。以期为藏纸以抗菌性作为传承发展方向提供科学支撑。

一、实验材料

5种藏纸是作者团队从2014—2023年开展"青藏高原藏民族造纸技艺社区与文化谱系专项田野研究"时从造纸户手上采集的。4种对比用纸是作者团队自2008年开展"中国手工纸文库田野调查"时从造纸厂或作坊采集的。纸张样品基本信息见表1,具体形貌见图1。

表1 藏纸及对比手工纸样品基本信息

纸张名称	纸张编号	原料	生产工艺	表面状态	视觉色调	厚薄程度
西藏朗县金东藏纸	#1	绢毛瑞香	一次煮料、浇纸法	软、粗糙	浅乳白色、透光	特薄
西藏尼木藏纸	#2	瑞香狼毒	一次煮料、浇纸法	较硬挺、较粗糙	肉色、不透光	薄
西藏米林县西噶村藏纸	#3	瑞香狼毒	一次煮料、浇纸法	较硬、粗糙	米色、略透光	厚度适中
四川德格充巴家狼毒纸	#4	瑞香狼毒	一次煮料、浇纸法	硬、粗糙	米色、不透光	很厚
四川壤塘狼毒混料纸	#5	瑞香狼毒、毛竹	毛竹石灰浸泡、二次煮料、狼毒一次煮料、捞纸法	软、较光滑	肉色偏浅褐色、透光	较薄
夹马村江慈竹毛边纸	#6	慈竹	石灰浸泡、二次蒸料、捞纸法	软、光滑	浅土黄色、透光	薄、均匀
云南罗平白棉纸	#7	构皮	石灰浸泡、二次蒸煮、捞纸法	非常柔软、较光滑	乳白色、透光	薄、均匀
双鹿牌特种净皮宣纸	#8	檀皮、沙田稻草	石灰浸泡、多次蒸煮、捞纸法	硬度适中、很光滑	白、略透光	厚度适中
安徽潜山纯桑皮纸	#9	桑皮	石灰浸泡、二次蒸料、捞纸法	硬度适中、光滑	白、略透光	厚度适中

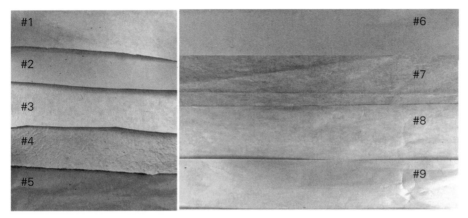

图1　藏纸及对比手工纸形貌图

二、实验方法

运用抑菌圈法、菌液抑菌剂混合培养法考察5种藏纸与4纸对比手工纸的抑菌性能。抑菌圈法是利用抑菌剂在琼脂平板培养基中扩散使其周围细菌生长受到抑制而形成抑菌圈的现象，根据抑菌圈大小来判断抑菌剂抑菌效果。[4]菌液抑菌剂混合培养法是将抑菌剂与菌液共同培养，一定时间后观察细菌存活率与生物量，以此判断挤菌剂抑菌效果。[5]

三、原始菌种培养

在细菌选择上，首先选取了抑菌实验的代表性菌种：革兰阴性菌—大肠杆菌、革兰氏阳性菌—金黄色葡萄球菌，考虑到纸张本质是纤维素，所以增加了降解纤维素的菌株：纤维素分解菌—细长赖氨酸芽孢杆菌。

3种菌种均采取实验室纯化培养，试剂规格为LB。用到的实验试剂包括：北京奥博星生物技术有限责任公司生产的营养肉汤，规格BP；超纯水，规格BR；牛肉膏，规格BR；蛋白胨，规格BR；NaCl，规格BR；以及成都市科隆化学品有限公司生产的琼脂粉，规格BR。

四、实验仪器

实验主要仪器为：高压蒸汽灭菌锅，型号MLS-3020，日本三洋公司；超净工作台，型号SW-CJ-2F，江苏苏净集团；恒温培养箱，型号DHP-9052，上海齐欣科学仪器有限公司；恒温摇床，型号HZQ-2，江苏金怡仪器科技有限公司；漩涡振荡器，型号WH-2，金坛市医疗仪器厂。此外，还涉及天平，药匙，各型号烧杯，多型号锥形瓶,培养皿等。

五、实验过程

（一）抑菌圈实验

步骤一:配制液体培养基。称取1.8 g营养物(0.3 g牛肉膏,1 g蛋白胨,0.5 g NaCl)于烧杯中,并加入100 mL超纯水,加热并用玻璃棒搅拌,完全溶解后转装入200 mL锥形瓶中,密封入高压蒸汽灭菌锅,121 ℃灭菌15 min。

步骤二:在超净工作台中,将3种细菌斜面种子接种到液体培养基。入恒温摇床,37 ℃培养24 h。

步骤三:配制固体培养基。液体培养基灭菌后,倒入9个培养皿,每个15～20 mL,加入琼脂,冷却。将步骤二活化的菌液吸取20 μL涂布到在固体培养基上。形成9×3个培养皿。

步骤四:在超净工作台中,将9种手工纸制成多个直径6 mm的小圆片,每种菌液固体培养基分别贴3个同纸类小圆片,放入恒温培养箱,37 ℃培养24 h。

步骤五:观察抑菌圈情况。

（二）菌液抑菌剂混合培养实验

步骤一:配制液体培养基。同抑菌圈实验步骤一。

步骤二:在超净工作台中,将3种细菌斜面种子按1%(V/V)接种到液体培养基。

步骤三:在超净工作台中,将9种手工纸制成多个直径不超过5 mm的小纸片,分别称取5.0 g于烧杯中,加入含有菌液的液体培养基,密封入恒温摇床,37 ℃培养24 h。

步骤四:稀释含有菌液的液体培养基至10^{-5},10^{-6},10^{-7},10^{-8}四个浓度。再各取10 μL点种于LB培养基平板的四个区域。每个稀释梯度均设3个平板为平行。风干后入恒温培养箱,37 ℃培养24 h。

步骤五:观察细菌存活率。观察平板上单位体积菌落数(colony forming per unit,CFU/mL)。以不加纸张处理得到的菌落数为100%的存活率,经#1～#9不同纸张处理得到的菌落数与不加纸张处理得到的菌落数之比即为纸张处理条件下的存活率,致死的即为抗菌效率。当前我国国家标准GB15979中附录C5认定,纸张的抑菌率达到26%即为有抑菌性。

步骤六:观察生物量。用分光光度计测定步骤三培养基OD600,评估菌液浊度。

六、实验结果

（一）抑菌圈结果

（1）#1西藏金东藏纸、#2西藏尼木藏纸、#3西藏西嘎村藏纸、#4德格充巴家狼毒纸、#6夹马村江慈竹毛边纸、#7云南罗平白棉纸、#8双鹿牌特种净皮宣纸均表现出了对大肠杆菌的抑圈反应。其中#1西藏金东藏纸、#2西藏尼木藏纸、#7云南罗平白棉纸纸张抑菌圈较为明显，如图2所示。

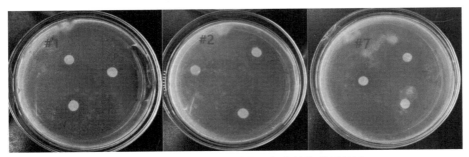

图2 藏纸及对比手工纸对大肠杆菌的抑菌圈效果

（2）#1西藏金东藏纸、#2西藏尼木藏纸、#4德格充巴家狼毒纸、#7云南罗平白棉纸、#8双鹿牌特种净皮宣纸表现出了对金色葡萄球菌的抑圈反应。其中#1西藏金东藏纸、#2西藏尼木藏纸、#7云南罗平白棉纸纸张抑菌圈较为明显，如图3所示。

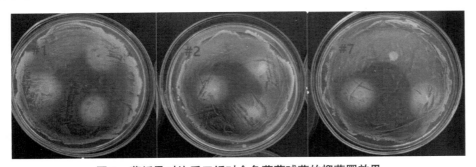

图3 藏纸及对比手工纸对金色葡萄球菌的抑菌圈效果

（3）#1西藏金东藏纸、#2西藏尼木藏纸、#4德格充巴家狼毒纸、#7云南罗平白棉纸、#8双鹿牌特种净皮宣纸表现出了对细长赖氨酸芽孢杆菌的抑圈反应。其中#1西藏金东藏纸、#2西藏尼木藏纸、#7云南罗平白棉纸纸张抑菌圈较为明显，如图4所示。

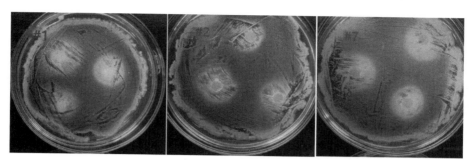

图4　藏纸及对比手工纸对细长赖氨酸芽孢杆菌的抑菌圈效果

抑菌圈实验的结果显示,不同产地藏纸的抑菌性相异。其中,#1西藏金东藏纸与#2西藏尼木藏纸的抑菌性最佳,#4德格充巴家狼毒纸也有不错的抑菌效果,#5壤塘狼毒混料纸抑菌反应不明显。但相对而言,藏纸确实有普遍优于其他手工纸的抗菌性能。

但是,抑菌圈法只能作为纸张抑菌的定性参考,菌液抑菌剂(手工纸片)混合培养的定量观察能提供更准确且具说服力的结论。

(二)菌液抑菌剂混合培养结果

(1)根据混合培养后细菌菌落数,5类藏纸与4类对比手工纸对大肠杆菌抗菌效果由强到弱排序为#8 > #7 > #6 > #3 > #4 > #1 > #5 > #2 > #9,其中#8特种净皮宣纸、#7罗平白棉纸抗菌效果最强,培养后细菌存活率为16.9%,18.3%。#9潜山纯桑皮纸、#2尼木藏纸、#5壤塘狼毒混料纸、#1金东藏纸抗菌效果较弱,培养后细菌存活率为84.6%,78.5%,72.3%,53.8%。大肠杆菌在与#7,#6,#8,#4,#3混合培养24 h后细菌的 OD 值明显减少,表明这几类纸品有抗菌作用,抑制了大肠杆菌的生长发育,与菌落数的结果基本保持一致。如图5所示。

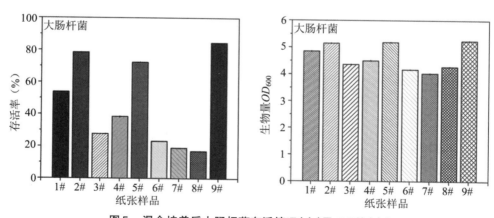

图5　混合培养后大肠杆菌存活情况(左)及 OD 值(右)

(2)根据混合培养后细菌菌落数,5类藏纸与4类对比手工纸对金色葡萄球菌的抗菌效果由强到弱排序为#7 > #6 > #4 > #3 > #1 > #8 > #9 > #2 > #5,其中#7罗平

藏纸抗菌性能对比研究与传承思考

白棉纸和#6马村毛边纸抗菌效果最强,混合培养后细菌存活率为5.0%和10%。#5壤塘狼毒混料纸抗菌性能较弱,混合培养后细菌存活率为90.5%。金色葡萄球菌与#7,#6,#8,#9,#1,#2,#4,#3混合培养24 h后OD值明显减小,表明这几类纸品有抗菌作用,抑制了金色葡萄球菌的生长发育。与菌落数的结果基本保持一致。如图6所示。

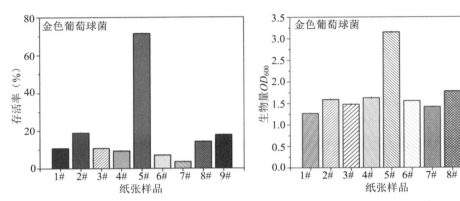

图6 混培养后金色葡萄球菌存活情况(左)及OD值(右)

(3)根据混合培养后细菌菌落数,5类藏纸与4类对比手工纸对细长赖氨酸芽孢杆菌的抗菌效果由强到弱排序为#7 > #6 > #3 > #9 > #8 > #4 > #2 > #5 > #1,其中#7罗平白棉纸和#6马村毛边纸抗菌效果最强,混合培养后细菌存活率为6.0%和11.4%,但其余手工纸对细长赖氨酸芽孢杆菌的抗菌性普遍不好,除#3西噶村藏纸与#9潜山纯桑皮纸处于中位,剩余5种手工纸均表现出较弱的抗菌性,尤其#1西藏金东藏纸、#5壤塘狼毒混料纸抗细长赖氨酸芽孢杆菌的性能不太理想,培养后细菌存活率分别高达97.6%和95.9%。细长赖氨酸芽孢杆菌与#7,#6,#9,#4,#3混合培养24 h后OD值明显减小,表明这几类纸品有抗菌作用,抑制了细长赖氨酸芽孢杆菌的生长发育。与菌落数的结果基本保持一致。如图7所示。

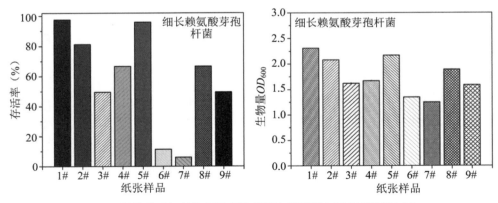

图7 混培养后细长赖氨酸芽孢杆菌存活情况(左)及OD值(右)

七、讨论与结论

（一）抑菌性可为藏纸传承发展的方向

2种实验方法的结果都显示4种运用瑞香科植物作为原料、采用浇纸法制作的藏纸具有普遍良好的抑菌性，佐证了业界对藏纸防霉抗菌性能的实践认知，说明藏纸确实可将抑菌性能作为传承发展的方向。

（二）坚持使用瑞香科植物原料是藏纸保持抑菌性的重点

相对瑞香科植物所造藏纸，以毛竹为主料、添加瑞香狼毒根部韧皮、采用捞纸法制作的狼毒混料纸抑菌性能很弱。但对比组的4类手工纸也都采用捞纸法完成，却也显示了较好的抑菌性。说明影响藏纸抑菌性能的核心原因不在技艺，而在其原料是否为瑞香科植物。这与业界对藏纸防霉抗菌原因的推测一致，提示藏纸若要以抑菌性作为发展方向，应坚持以瑞香科植物作为主要原料。

（三）藏纸原料的科学优化是提升其抑菌性的有效途径

观察作为对比的4类手工纸的抑菌性，发现其并未因为原料无毒性而不具备抑菌性，相反，如罗平白棉纸、夹江慈竹毛边纸显现出极好的抑菌性能。手工纸研究专家陈刚[6]、陈彪[7]的团队都曾各自研究，并指出手工纸的抗老化性既与原料相关，也与蒸煮次数、石灰浸泡等工艺有关。对比组的4类手工纸工艺相对类似，是否是这些工艺手段令它们在原料无毒性的情况下，拥有了良好的抗菌性？我们分析发现，尽管工艺类似，如白棉纸与桑皮纸都要经历石灰浸泡、二次煮料、手工捞造，但它们在对大肠杆菌的抑制效果上却差异很大，白棉纸的抑菌效果格外明显，桑皮纸却非常微弱。据此，我们推测，影响抑菌性的关键因素仍为原料与辅料的成分。结合壤塘混料狼毒纸因竹料的加入使其未能显现狼毒藏纸普遍的抑菌性，我们认为，在不改变瑞香科植物作为主料的前提下，可以探索对抑菌性能极强的罗平白棉纸、夹江毛边纸开展原料的科学成分分析，如运用液相色谱–质谱联用法（LC-MS）分析其有机成分，为藏纸抑菌性能优化提供建议。

（四）藏纸抑菌标准制定是藏纸形成传承合力的方向

白棉纸与桑皮纸，同为皮纸，却有较明显的抑菌性能差异；夹江慈竹毛边纸与壤塘狼毒混料纸同为竹纸，也在抑菌性能上有较大的区别，却正好显现各类瑞香科原料藏纸，整体上保持着抑菌性能相对稳定的优势。这为探索制定藏纸抑菌标准，推动藏纸形成发展合力提供了可能。

（五）德格藏纸可为藏纸抑菌标准探索提供基础参考

不同类型的藏纸抑菌强弱也有差异。如抑菌圈法显示#1金东藏纸、#2尼木藏纸对3种细菌都有很好的抑菌效果，混合培养法却提示二者对于细长赖氨酸芽孢杆菌的抑制效果还不够理想，且尼木藏纸还对大肠杆菌的抑制效果不够突出。经反复检查确认实验误差在正常范围,考虑抑菌圈法的肉眼识别误差,并对比混合培养法中菌落数与细菌 OD 值的吻合性后,我们认为,混合培养法中菌落数为相对准确的抑菌性能强弱指标。故就4种瑞香科原料藏纸比较而言,德格充巴家狼毒纸虽然没有对某一个菌种表现出突出的抑制作用,但在2种不同方式的实验中,都呈现出对3种细菌相对稳定的抑菌效果,可考虑将其作为研究基础,用科学手段进一步探明德格狼毒原料与其他藏纸瑞香科原料的成分差异,细化对比工艺流程,研究抑菌性能呈现与藏纸生产工艺的细微关系,探索藏纸抑菌性标准制定,帮助各地藏纸优化且稳定纸张性能,扩展传承空间。

(六)从综合性能与文化特色深化藏纸使用空间是藏纸传承的关键

尽管数据显示抑菌性可以作为藏纸传承的发力点。但面对白棉纸、毛边纸等同样具备极强抑菌性,且原料获取容易、成本低、产量高、用途广泛的手工纸,藏纸的发展面临很大的竞争。在优化提升藏纸抑菌性的同时,还应发展藏纸抗老化性、防水性等显著特征,形成藏纸发展综合性能优势,以对抗其原料少、成本高等劣势。而且,藏纸与藏民族信仰紧密依存,把握并深化其民族宗教使用场景,巩固发展藏纸传承的独有空间能更好地助推藏纸发展。

参 考 文 献

[1] 赞青公,李海朝,纪青松,等.四种藏纸的抗老化性能初探[J].中国造纸,2020,39(11):4.

[2] 高丹.直孔藏纸耐久性与耐用性评价及防霉作用研究[D].咸阳:西北农林科技大学,2019.

[3] 张水平,高丹,张庚,等.直孔藏纸抑菌性及毒理学安全性评价[J].造纸科学与技术,2019,38(1):34-39.

[4] 谭才邓,朱美娟,杜淑霞,等.抑菌试验中抑菌圈法的比较研究[J].食品工业,2016,37(11):122-125.

[5] 朱艳静,李爽,李宇.纸和纸制品防霉抗菌效果检测方法[J].造纸化学品,2004,16(3):57-59.

[6] Chen G, Katsumata K S, Inaba M.Traditional Chinese papers, their properties and permanence[J].Restaurator, 2003, 24(3):135-144.

[7] 陈彪,谭静,黄晶,等.四种富阳竹纸的耐老化性能[J].林业工程学报,2021,6(1):121-126.

清宫清水
连四纸探析

——以养心殿梅坞道光御笔并蒂含芳为例

王　璐[1]　王玖玲[2]　秦　庆[3]

1.故宫博物院文保科技部；
2.中国科学技术大学科技史与科技考古系；
3.中国科学技术大学科技传播系

摘　要:清宫廷档案中对清水连四纸多有记载,但现有研究对其研究深度尚显不足。本研究从清宫廷档案切入,结合实物样品,对清水连四纸的基本信息和实物形态进行了阐述和探讨。本文认为,清水连四纸产自清代江南省,色泽洁白,薄细滑润,价格在各类官商采办纸品中属中等水平,且主要用途为裱作、匣作、敬神、修书等。旻宁御笔并蒂含芳文物样品的托纸与覆褙纸纤维的显微分析结果表明:两者成分均为毛竹。

关键词:清水连四纸;手工纸;清宫廷;文物保护

一、研究背景与研究综述

　　纸寿千年,研妙辉光。清宫廷印书、作画、装裱、糊作等均用传统手工纸,且所用纸张质量优良、品目繁多、各善其用,是古代造纸和用纸技艺的巅峰体现。

　　本文所研究之清水连四纸,是清宫廷档案记载中多处提及且用途广泛,如裱作、匣作、敬神、印书等,但遍观古籍却记载甚少的一类纸。

已有部分学者的研究中关注到该种纸品。有学者从纸张反映的宫廷用度角度入手，比较了纸张的用量，如孙巍溥在考辨道光帝节俭之说时，对比了嘉庆十九年（1814）、道光十七年（1837）、道光二十四年（1844）的武备院的纸张用度，其中清水连四纸的使用量并无变化，皆为八十张[1]。也有学者从清水连四纸的用途角度入手，列举了各种清水连四纸用处，包括印书、裱作等。如翁连溪在论及清康雍乾三代用纸种类时以及清宫廷印书用纸包括了清水连四纸[2]；朱赛红整理了道光和咸丰时期的武英殿修书处写刻刷印物料册，其中制作"锦套八套，《昭明文选》一部六套"共"清水连四纸三十六张，合银二钱五分二厘"[3]；纪立芳等在总结养心殿区域清宫内务府的裱作相关技艺时，提及养心殿的纸张糊饰层次主要分为底纸和面纸，其中清水连四纸主要用作面纸，如正殿东暖阁、勤政亲贤、三希堂、仙楼佛堂、东西佛堂等的面层纸料皆有使用清水连四纸[4]。还有学者细致探讨了开化纸与清水连四纸的区别，曾纪刚认为，明清两代的各种开化纸印本，将其档案文献和现存实物相印证，例如明万历年间内府所刊《书经直解》一书是前人眼中的开化纸印本古籍，但其黄绫函套内的旧签条有"书经直解清水连四"字样，说明该印本古籍所用的手工纸是目前最接近人们想象的开化纸，在明清宫廷的前人眼中，这样的纸张名号为"清水连四纸"。结合人们描述开化纸的特征，可知清水连四纸具有洁白柔软、薄细滑润、坚韧致密等特点[5]。

总体而言，现有文献虽对清水连四纸有所提及，但在研究深度上尚有待提升，缺乏对其深入细致的专门性探讨和研究。本文的写作目的，在于完善清水连四纸之信息，理解验证清水连四纸之名称、原料、产地、颜色、特性、用途、价值等，弥合实际使用与文献记载之间的鸿沟。

二、文献古籍中的清水连四纸

清水连四纸之名称来源，古籍档案中目前尚未查到有明确的记载。不过可以确定的是，清水应当为一类可独立成类的纸张品种，在清宫廷档案记载和清代史料中，不同连四纸前各有修饰词，如"清水连四纸""连四纸""棉连四纸""薄棉连四纸""印经连四纸""刻连四纸""竹料连四纸""双料连四纸""川连四纸""毛边连四纸""古色连四纸"等。"清水"二字，笔者认为可能指代颜色。清水连四纸颜色洁白莹辉，而"清水"二字也意蕴清澈洁白。不过目前缺乏确切文献记载，该猜想当待验证"连四"二字，有学者认为，其名来源于抄造方法，一张帘子抄四张纸，故命名"连四"[6]。易晓辉认为"连四"有两种解释：一是"连四纸"指纸张规格，后演化为某种纸张的代名词；二是"连四纸"概念的泛化[7]。

清水连四纸之产地，应当为清代江南省。清代吴暻撰写的《左司笔记》卷十一《物产》中有记载："江南本纸一万张、太史连纸一万四百张、荆川连纸八千张、毛边纸十万张、南毛豆纸十四万张、京文纸三千张、古连纸五万张、榜纸二十万张、清水连四纸二万张、绵料呈文纸六十万张。"可见清水连四纸出自江南省，且产量不高。

清水连四纸的产地反映出其与江西的"铅山连四纸"并非同一类纸。学者易晓辉在考据清代内府刻书所用的"连四纸"时也曾提出类似观点：清代内府刻书所用的"连四纸"应为"泾县连四纸"，是一种纯青檀皮纸[8]。但清宫廷所用的"清水连四纸"与"连四纸"有何区别，目前尚不明确。

清水连四纸之颜色，推断应为白色，且在同类纸品中的白度应属佼佼者。其证据有二：一是清宫廷《上谕档》中记载："清水连四纸比五折榜纸较为光洁。"(《上谕档》，咸丰十年二月，二十一，第七条）榜纸色白，而清水连四纸更甚之。二是清水连四纸在清宫廷内可被用于糊饰，以其白色营造素净质朴的文人气质[4]。

清水连四纸之价格，属中等水平。《户部则例126卷》中记载了官商采办各类纸张的价格："白鹿纸每张定价银四钱二分、黄脆榜纸红脆榜纸俱每张定价银五分二厘、白脆榜纸每张定价银三分五厘一毫、竹料呈文纸每张定价银一分三厘、开化白榜纸五折黄榜纸四折黄榜纸白棉榜纸俱每张定价银一分、清水连四纸每张定价银七厘、竹料连四纸每张定价银六厘五毫、毛边纸每张定价五厘、棉料呈文纸每张定价银四厘、池州毛头纸每张定价银四毫七丝、京高纸每张定价银四毫五丝。"(《户部则例126卷》(清)蔡履元纂，乾隆四十六年刻本，卷一百十八，杂支)清水连四纸的价格在15类纸品中从高到低位居第10位，较之白鹿纸、各类榜纸更为便宜，但又比竹料连四纸、毛边纸等更贵（如图1所示）。

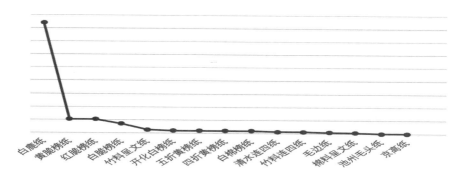

图1　官商采办各类纸品价格对比

三、清宫廷中清水连四纸的应用

（一）清宫廷清水连四纸的记载机构

清宫廷中活计档、上谕档、武英殿修书处档等都对清水连四纸有相应的记载。活计档是清代内务府造办处承办宫中各项活计档册的总称[9]。活计档中，白榜纸相关记载61条，连四纸相关记载526条，台连纸相关记载301条，可见连四纸广泛用于宫廷造办之中，需求量大。上谕档，为清廷所发"上谕"之汇钞。上谕档所记载的台连纸信息127条，白榜纸信息120条。武英殿修书处是清代皇家刻书刷印机构，专门负责内府典籍的刊印、校勘、装潢等事务[10]，武英殿修书处档案记载的连四纸信息238条,白榜纸信息40条,台连纸信息7条,合榜纸信息11条。武英殿修书处档案中多次提及"连四纸"字样,其频率如表1所示。

表1 武英殿修书处档案提及的各类连四纸

种类	频率	举例	出处
连四纸	238	"连四纸三百二十张,每张时价制钱一百六十文,合制钱五十一串二百文"	《武英殿修书处档》,武英殿修书处写刻刷印折配装潢各书给发匠役工价等项用过银两数目清册,费2246,光绪二十九年(自光绪二十九年正月起连闰月分至十二月底止)
太史连四纸	1	"太史连四纸红格五万五千三百三十三页"	《武英殿修书处档》,武英殿修书处写刻刷印折配装潢各书给发匠役工价等项用过银两数目清册,抄12607,咸丰十年(自咸丰十年正月初一日起至十二月三十日止)
粉连四纸	12	"共合粉连四纸七千五十五张,每九十四张合一块,共合七十五块零五张,每块价银八钱,合银六十两四分"	《武英殿修书处档》,内阁黄册,武英殿修书处写刻刷印折配装潢各书给发匠役工价等项用过银两物料数目清册,十六之三,咸丰三年(自咸丰三年正月初一日起至十二月三十日止)
托裱连四纸	9	"托裱连四纸二百张"	《武英殿修书处档》,钱粮册底,025,光绪三十一年
夹披连四纸	8	"圆明园来文折印,慎德堂前招吟境亭并游廊板墙有镌刻诗句,共计八张,每张用夹披连四纸六张,共用夹披连四纸四十八张,每张价银一分八厘七毫,合银八钱九分七厘六毫"	《武英殿修书处档》,武英殿修书处写刻刷印折配装潢各书给发匠役工买等项用过银两钱文数目清册,抄12606,咸丰五年(自咸丰五年正月初一日起至十二月二十九日止)
古色连四纸	7	"共用古色连四纸七张,每张价银一分五厘,合银一钱零五厘"	《武英殿修书处档》,内阁黄册,武英殿修书处写刻刷印折配装潢各书给发匠役工价供事公费等项用过银两物料数目清册,十六之四,咸丰四年(自咸丰四年正月初一日起至十二月三十日止)
清水连四纸	5	"共用清水连四纸一百零六张,每块价银七钱,合银七钱八分□厘"	《武英殿修书处档》,武英殿修书处写刻刷印折配装潢各书给发匠役工价供事公费等项用过银两物料数目清册,抄12606,咸丰五年(自咸丰五年正月初一日起至十二月二十九日止)

种类	频率	举　　例	出　　处
双料连四纸	3	"双料连四纸每刀价银一两三钱五分"	《武英殿修书处档》,新增部分,武英殿刻书作定例
竹客连四纸	1	"竹客连四纸每刀价银五钱"	《武英殿修书处档》,新增部分,武英殿刻书作定例

清宫采购的清水连四纸,在整体纸张种类的数量和比例中并不算多。乾隆年间,户部每年会奏报翌年预计采购的纸张种类和数量:乾隆五年(1740),采购清水连四纸20万张,占当年采购纸张总数的3.12%;乾隆六年(1741)采购清水连四纸20万张,占比3.47%;乾隆九年(1744),采购清水连四纸20万张,占比2.72%;乾隆十四年(1749)未采购清水连四纸[5]。

各机构部门领用清水连四纸也均有记载。通政司是掌内外奏章、敷奏、封驳之事的官署,其每年领用的纸张数目为:"毛边纸八十张、台连纸四百六十张、棉榜纸二百八十张、清水连四纸八十张。"(《户部则例126卷》(清)蔡履元纂,乾隆四十六年刻本,卷一百十八,杂支)通政司作为办公官署,其纸张用途多为办公,故可推断台连纸可主要作为办公用纸,而清水连四纸不常用于此处。光禄寺是掌管宫廷祭享、宴劳、酒醴、膳馐之事的机构,其每年领用的纸张种类和数目为:"榜纸四千一百七十张、山西毛头纸八千七百张、清水连四纸一千七百张、绵料呈文纸二千二百张、毛边纸二百五十张。"(《光禄寺则例84卷首1卷》(清)恩福纂,乾隆四十年刻本,卷六十一,岁赋)光禄寺领取的清水连四纸占比不多,可能将其用于敬神祭享。此外,养心殿、如意馆等处均有领用记录。

（二）清宫廷清水连四纸用途之裱作

《清宫内务府造办处档案总汇》中共提及"清水连四纸"65条,80次。从已有档案记载来看,裱作是清宫廷内部清水连四纸的最主要最常见的用途。

由表2可得出清水连四纸用于裱作用途时的以下特点:

1. 用途广泛

清水连四纸用于裱作时,既可用于建筑相关的糊作上,如槅扇、纱屉窗、挂屏、围屏、匾,也能用于书籍轴画上,如轴画、册页、书籍、书籍壳面,还可用于制作各类杂项,如对子、杉木盘、鞔痰盂托,以及具有宗教意义的法器、礼器也可由清水连四纸制作。清水连四级还具有拓裱功能,有档案如片记载:"为行取御书外拓裱养心殿联句所需清水连四纸等及二价银两等事。"(中国第一历史档案馆编:嘉庆二十年正月二十四日,内务府宫廷物品,档号05-08-030-000172-0013)"为行取拓裱秘殿珠林石渠宝笈三编联句所需清水连四纸等及折配工价乖项银两等。"(中国第一历史档案馆编:嘉庆二十四年二月初四,内务府宫廷物品,档号05-08-030-111172-0060)从提及频率来看,建筑物糊作和书籍轴画裱作为其最主要用途。

2. 用量不一

在不同的细分用途上，清水连四纸的使用量也不同，如用于建筑物糊作、各类杂项时，清水连四纸是诸多材料之一；而用于书籍轴画的裱作时，清水连四纸的用量占比较大。

3. 多用于小件物品

清水连四纸用于裱作时，杂项和书籍轴画皆为小件物品，即使是建筑相关的槅扇、屏风等也属于小面积使用，并未大面积用于糊墙等。

4. 搭配使用

裱作时，高丽纸、竹料连四纸常同时出现于记载之中，如"裱赵伯驹一轴，张震梅花书屋一轴，柳仙期莺栗一轴，用表绫长一丈五尺六寸宽一幅一块，香色衣线□两，香色衣绫长三尺三寸□，清水连四纸二十九张，竹料连四纸二十□张"[1]。(《清宫内务府造办处档案总汇7乾隆元年起乾隆二年止1736—1737》乾隆元年(1736)，农历二月初三，造办处活计库，裱作)[1]又例如，"托表先两次收什过二十三轴，今又收饰画十轴，用做香包衣绫带十根用香色衣绫长二尺宽一寸五分□，竹料连四纸五十张，清水连四纸五十五张，托绫清水连四纸二十八张"。[15],[2]可发现清水连四纸是主料，竹料连四纸是辅料。

5. 时间跨度大

雍乾两朝的清宫内务府造办处档案中均有对清水连四纸的相关记载，其中雍正朝21条，乾隆朝44条。

① 乾隆元年(1736)八月十七日，买办杂项库票，造办处钱粮库，裱作。
② 乾隆元年(1736)二月初三，造办处活计库，裱作。

表2　清宫内务府造办处档案中清水连四纸的裱作之用

用途	细分用途	频率	举 例	出 处
裱作	扇（槅扇、纱屉窗）	4	"上住的，乾清宫西丹墀下卷棚板房东暖阁内槅扇四扇，着另糊清水连四纸，记此"	《清宫内务府造办处档案总汇5雍正九年起雍正十一年止1731—1733》，雍正10年，1732年，农历一月十九日，活计档，造办处活计库，裱作
	屏风（挂屏、围屏）	7	"裱作为糊围屏四扇……领……清水连四纸十六张二号高力纸二十四张"	《清宫内务府造办处档案总汇6雍正十一年起雍正十三年止1733—1735》，雍正十一年，1733年，农历五月二十九日，活计档，杂项买办库票，造办处钱粮库，裱作
	抽屉	2	"糊集锦书格八架内大小抽屉二十□个，用……清水连四纸九张"	《清宫内务府造办处档案总汇7乾隆元年起乾隆二年止1736—1737》，乾隆元年，1736年，农历六月二十三日，活计档，买办库票，造办处钱粮库，匣作

用途	细分用途	频率	举　例	出　处
	匾	1	"裱作为糊匾二面横批一张对子三付,用……清水连四纸二张"	《清宫内务府造办处档案总汇7乾隆元年起乾隆二年止1736—1737》,乾隆元年,1736年,农历十一月初一,活计档,买办库票,造办处钱粮库,裱作
	对子	1	"着做金笺纸对子一副,领……高丽纸四张连四纸二张"	《清宫内务府造办处档案总汇7乾隆元年起乾隆二年止1736—1737》,乾隆元年,1736年,农历六月初七,活计档,买办库票,造办处钱粮库,裱作
	杉木盘	4	"裱作为糊杉木盘两个用黄杭细(长三尺七寸宽四寸二分)二条(长二尺四寸宽七寸五分)一块清水连四纸一张"	《清宫内务府造办处档案总汇6雍正十一年起雍正十三止1733—1735》,雍正十一年,1733年,农历六月初五,活计档,杂项买办库票,造办处钱粮库,裱作
	鞦痰盂托	1	"杂活作为二月二十五日出外用鞦痰盂托……二号高丽纸□张,清水连四纸□张,竹料连四纸□张"	《清宫内务府造办处档案总汇7乾隆元年起乾隆二年止1736—1737》,乾隆元年,1736年,农历四月十五日,活计档,买办库票,造办处钱粮库,杂活作
	法器/礼器	5	"再做满达三分,用黄绫见方六寸四分六块,长三寸五分宽一尺八寸五分□条,清水连四纸一张"	《清宫内务府造办处档案总汇6雍正十一年起雍正十三年止1733—1735》,雍正十一年,1733年,农历三月初九,活计档,杂项买办库票,造办处钱粮库,裱作
	轴画	8	"裱作为托表轴像四件,……清水连四纸三十二张……托绫又用清水连四纸十五张"	《清宫内务府造办处档案总汇6雍正十一年起雍正十三年止1733—1735》,雍正十一年,1733年,农历五月二十日,活计档,杂项买办库票,造办处钱粮库,裱作
	册页书籍	8	"表册页二册……竹料连四纸八十四张,清水连四纸乙百三十张"	《清宫内务府造办处档案总汇7乾隆元年起乾隆二年止1736—1737》,乾隆元年,1736年,农历五月二十三日,活计档,买办库票,造办处钱粮库,裱作

用途	细分用途	频率	举 例	出 处
	书籍壳面（档案壳面）	1	"雍正元年至九年档案俱已办完钉壳面,欲行古色连四纸十五张,清水连四纸十五张"	《清宫内务府造办处档案总汇7乾隆元年起乾隆二年止1736—1737》,乾隆二年,1737年,农历八月十八日,乾隆二年各成做活计清档,造办处活计库,记事录
	其他（领用、库存、采买）	14	"养心殿等处用领本库……清水连四纸五十张"	《清宫内务府造办处档案总汇14乾隆十年起乾隆十一年止1745—1746》,乾隆十一年,1746年,农历四月十二日,杂项库票,裱作

至于使用清水连四纸进行裱作时所需要的用料和工匠,在《内庭工程做法则例8卷》中有所提及:"清水连四纸,长三尺,宽二尺,折见方尺六尺,每张用白面五钱。窗槅每四十张,用裱匠壹工;托绫绢每三十张,用裱匠壹工;做蘷花燕尾每八张,用裱匠壹工。"(《内庭工程做法则例8卷》(清)佚名纂,乾隆六年武英殿刻本,卷八,裱作工料)可见,所需要的工作量具体依制作物件而定,其中做蘷花燕尾所需要的工作量最大。

（三）清宫廷清水连四纸用途之匣作

在制作各类匣盒时,清水连四纸也是重要的材料。匣子又分为多种类型,如绕绒符川椒匣、香袋匣、珠宝匣、挑牌匣、锦匣、木匣、眼镜匣,此外还有香几、合牌胎纱罩、书阁等物。在制作各类匣盒时,清水连四纸常与各类锦绫搭配使用。最常制作的匣盒种类为锦匣以及盛放各类珠宝的匣盒(表3)。

表3　清宫内务府造办处档案中清水连四纸的匣作之用

用途	细分用途	频率	举 例	出 处
匣作	绕绒符川椒匣	1	"再做绕绒符川椒匣六个,用清水连四纸二张"	《清宫内务府造办处档案总汇6雍正十一年起雍正十三年止1733—1735》,雍正十一年,1733年,农历三月初三,买办杂项库票,造办处钱粮库,匣作
	香袋匣	1	"再做香袋匣四十个,用二号高丽纸二张,清水连四纸十七张"	《清宫内务府造办处档案总汇6雍正十一年起雍正十三年止1733—1735》,雍正十一年,1733年,农历三月初三,买办杂项库票,造办处钱粮库,匣作

用途	细分用途	频率	举　　例	出　　处
	盛首饰珠宝匣/盒	6	"清水连四纸四张……匣作为做盛金凤等元盒二个大小匣六个"	《清宫内务府造办处档案总汇6雍正十一年起雍正十三年止1733—1735》,雍正十一年,1733年,农历五月初四,买办杂项库票,造办处钱粮库,匣作
	挑牌匣	1	"挑牌匣二个,用……清水连四纸二张黄笺纸一张二号高丽纸□张"	《清宫内务府造办处档案总汇6雍正十一年起雍正十三年止1733—1735》,雍正十一年,1733年,农历七月二十日,杂项买办库票,造办处钱粮库,裱作
	锦匣	5	"圆明园匣作为做洋漆箱内的汝窑盘式拾八件的锦匣十六个,用……桃丝竹六十七根,清水连四纸三张"	《清宫内务府造办处档案总汇6雍正十一年起雍正十三年止1733—1735》,雍正十一年,1733年,农历七月二十七日,杂项买办库票,造办处钱粮库,圆明园匣作
	合牌胎纱罩	1	"匣作为配做合牌胎纱罩,用……清水连四纸□张"	《清宫内务府造办处档案总汇7乾隆元年起乾隆二年止1736—1737》,乾隆元年,1736年,农历十一月初六,买办杂项库票,造办处钱粮库,匣作
	木匣	2	"裱作为糊盛本文木匣四个,用……清水连四纸四张"	《清宫内务府造办处档案总汇6雍正十一年起雍正十三年止1733—1735》,雍正十一年,1733年,农历九月初六,杂项买办库票,造办处钱粮库,裱作
	眼镜匣	2	"裱作为糊眼镜匣八个,用……清水连四纸一张"	《清宫内务府造办处档案总汇6雍正十一年起雍正十三年止1733—1735》,雍正十一年,1733年,农历七月二十九日,杂项买办库票,造办处钱粮库,裱作
	香几	1	"糊五瑞嘉征香几六个,用……清水连四纸二张"	《清宫内务府造办处档案总汇12乾隆八年起乾隆九年止1743—1744》,乾隆八年,1743年,农历六月三日,杂项库票,造办处钱粮库,匣作
	书阁	1	"糊常山峪元书阁一件,用……清水连四纸八张"	《清宫内务府造办处档案总汇12乾隆八年起乾隆九年止1743—1744》,乾隆八年,1743年,农历六月三日,杂项库票,造办处钱粮库,匣作

用途	细分用途	频率	举　　例	出　　　处
其他	其他（备用、领用）	3	"活计本库备用,白表绫二匹、三号高丽纸二百张、清水连四纸二百张"	《清宫内务府造办处档案总汇5雍正九年起雍正十一年止1731—1733》,雍正九年,1731年,农历四月初九,广储司行文附武英殿,造办处文移,夏季

（四）清宫廷清水连四纸用途之敬神

清水连四纸可用于供奉神灵,该用途在乾隆、嘉庆、光绪三朝皆有记载,可见此为惯例。《清会典》记载:"又定,每年秋季,体仁阁恭晾圣像,每次用清水连四纸、辟蠹香、潮脑等物,由茶库备办。又定,迎请圣容,于寿皇殿供奉,复恭送盛京供奉,所有备办清水连四纸等物,俱行裁汰。"(《清会典》,嘉庆年间,钦定大清会典则例二,卷九百,内务府十六库藏,敬神)与清水连四纸一同使用的是辟蠹香、潮脑等物,两者皆属于气味刺激之物,其具体使用方法有待考察。

（五）清宫廷清水连四纸用途之修书处

武英殿修书处也会大量用到清水连四纸,具体包括托裱糊饰套里,《武英殿修书处档》中记载:"衬页糊饰套里托裱材料共用清水连四纸三块,每块时价用制钱二串八百文,合制钱八串四百文以上。"(《武英殿修书处档》,内阁黄册,武英殿修书处写刻刷印折配装潢各书给发匠役工价等项用过银两物料数目清册,十六之六,咸丰八年(自咸丰八年正月初一起至十二月三十日止))制作锦套:"锦套八套,《昭明文选》一部六套,……共用清水连四纸三十六张,合银二钱五分二厘,共领银八两零四分六厘。"(《武英殿修书处档》,内阁黄册,武英殿修书处写刻刷印折配装潢各书给发匠役工价等项用过银两物料数目清册,十六之四,咸丰四年(自咸丰四年正月初一起至十二月三十日止))除前言提及的裱作、匣作、敬神、修书外,清水连四级也偶见于其他用途,如造办处银粮库,"为行取广储司茶库清水连四纸等项材料事(中国第一历史档案馆编,嘉庆五年十月初十,内务库茶库,档号05-08-030-0058),可能用于包裹茶叶。

（六）清宫廷清水连四纸之成本

《上谕档》中还记载了一次纸张用度的改革。从文献档案中可解读出如下信息:

（1）涉及清水连四纸的相关人员众多。"奴才等督同派出章京,将该承办司员郎中宝龄,员外郎桂林松魁,笔帖式玉恒及经手匠役人等,传齐公同查问。"

（2）清水连四纸不同的裁切方式会得到不同数目的余纸,给人以牟利机会。若每三页用清水连四纸一张,除被裁切的纸之外,每张纸还多出了9寸(1寸约合

3.33厘米)无用的余纸。但若是每六页用清水连四纸一张,则虽然所余下的裁切边纸较窄,但装潢之后仍然可"与向办尺寸相符,不致短狭,且省纸一倍"。同理,五折榜纸亦如此。清水连四纸和五折榜纸可以产生190余万条的余纸,难免会出现私自印刷书籍贩卖获利的现象。

(3)清水连四纸的纸张品质好。清水连四纸比五折榜纸更加光洁,如果把以前用五折榜纸的书页改为清水连四纸,将使得书籍更为美观。

(4)使用清水连四纸代替五折榜纸将极大节约成本。"而清水连四纸每一张可抵两张之用,如所称应领六十六万六千一百五十九张,可省纸三十三万三千余张,正可以纸张之盈余,补例价之不足。"

(5)清水连四纸的价格变化不定。"至价值一节,银价、纸价长落无定,碍难核算。"

(6)清水连四纸由武英殿自行采办。"既有例价可凭,仍请遵照前奉谕旨,给发银票各半,其一半票银按照新章文领,由武英殿自行采办,如期印刷。"(《上谕档》,咸丰十年二月,二十一,第七条)

四、清宫廷中清水连四纸相关文物及成分

(一)实验样品

实验样品采用旻宁御笔并蒂含芳贴落,原状文物,该画作位于故宫养心殿正殿一层佛堂西"梅坞"门楣朝西,为道光御笔所绘兰花,该文物画面变色、起皱、积尘严重,画面左侧和下部有严重的水渍(图2、图3、图4、图5、图6、图7)。

图2 "并蒂含芳"揭取前受损情况

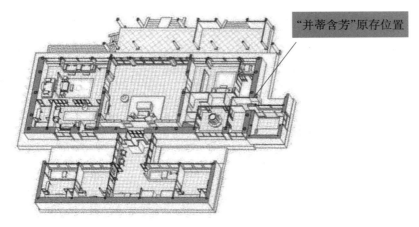

图3　梅坞及"并蒂含芳"所在位置（一）

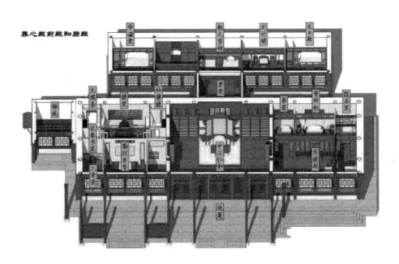

图4　梅坞及"并蒂含芳"所在位置（二）

图5　梅坞内、外景

图6　"并蒂含芳"特写

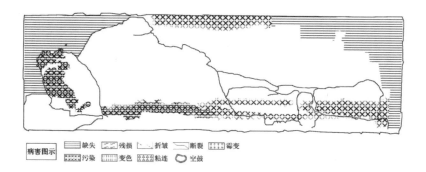

图7　"并蒂含芳"伤况

该文物可分四个部分。第一部分为画心纸,一层,宣纸,由青檀和沙田稻草构成;第二部分为托纸,一层,清水连四纸,由竹构成;第三部分为褙纸,两层,清水连四纸,由竹构成;第四部分为支撑纸,一层,高丽纸,由楮皮构成。具体结构见图8。

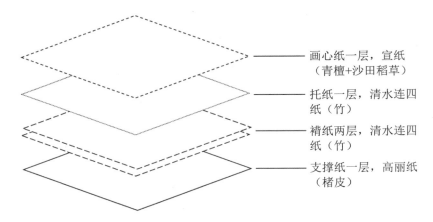

画心纸一层,宣纸
(青檀+沙田稻草)

托纸一层,清水连四
纸(竹)

褙纸两层,清水连四
纸(竹)

支撑纸一层,高丽纸
(楮皮)

图8　"并蒂含芳"纸张结构示意

故宫博物院文保科技部对其进行了修复,具体包括清洗、揭取下支撑体、隐补、染纸备料、晾纸、托裱、全色等步骤,修后效果如图9所示。

图9　"并蒂含芳"修后

(二)纸张纤维显微分析

试剂:Herzberg染色剂。

实验设备:Nikon 90i生物正置显微镜。

实验方法:实验时,用镊子轻轻撕取一小片纸张样品,放入盛有蒸馏水的烧杯中浸湿片刻,随后将纸样放置于载玻片上并滴试剂染色,用解剖针轻轻拨动纸样使纤维分散,盖上盖玻片,操作时尽量避免出现气泡。具体方法参照国家标准GB/T 4688—2002《纸、纸板和纸浆纤维组成的分析》。

1. 托纸与覆褙纸纤维显微分析

竹纸纤维染色后(图10)呈棕黄色、蓝紫色,有韧形纤维和竹纤维管胞两种纤维,纤维宽度平均在13.8 μm左右,韧形纤维染色后偏黄色,形态纤细挺直,表面光滑,两端尖细;竹纤维管胞染色后偏蓝紫色,形态柔软宽大,呈带状。杂细胞有薄壁细胞、石细胞、导管、网壁细胞和表皮细胞。薄壁细胞呈不规则的长方形状,细胞壁较薄且透。样品中导管比较明显,呈管状结构,体积较大,导管壁上有轴向筋,长方纹孔在两条筋之间轴向排列,孔形稍大。毛竹的导管壁薄,样品中部分导管有所破损。样品中还可见网壁细胞,体积较小,细胞壁上呈现网状纹孔,形状与弹簧相似。由上述特征推测,该竹纸的原料可能为毛竹[11]。

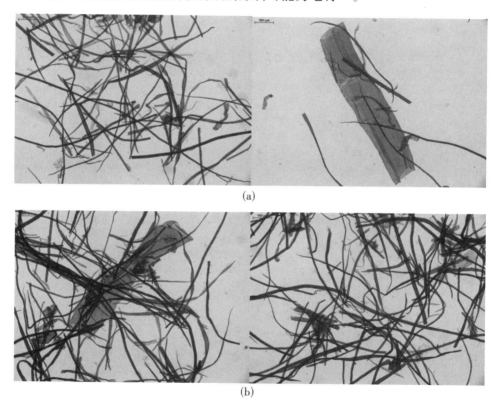

(a)

(b)

图10 竹纸纤维显微镜(100倍放大)成像结果

2. 高丽纸纤维显微分析

高丽纸样品纤维染色后(图11)呈棕红色、酒红色和紫红色。纤维宽度平均在19.2 μm左右,纤维两侧可观察到胶质膜,两端还可以看到褶皱状的堆积。纤维壁上有横节纹,横节纹整体偏浅,纤维端部有尖细状、鹿角状、分枝状等各种形状。样品中还可见少量的草酸钙晶体和明黄色的无定形蜡状物。推测该高丽纸的原料为楮皮[12]。

(a)

(b)

图11　高丽纸纤维显微镜（100倍放大）成像结果

五、小结

　　清宫廷所使用的纸张皆为佳品。各类纸张用途不一,在书画装裱上,清水连四纸、竹料连四纸、连四纸用作书画装裱较多,但从清宫档案检索来看,每件作品从领取数量上以清水连四纸为主,竹料连四纸和连四纸为辅。此外,清水连四纸还可用于匣作、敬神、修书等。台连纸、白榜纸主要为办公用纸。连四纸和竹纸主要用于印刷。

　　通过分析,本文认为,清水连四纸产自清代江南省,色泽洁白,薄细滑润,价格在各类官商采办纸品内属中等水平。本文还结合原状文物进行了分析,旻宁御笔并蒂含芳贴落的托纸与褙纸的纤维显微分析结果显示为毛竹。

　　关于清水连四纸,目前还有这些问题需待解决:① 清水连四纸的确切产地是何处? ② 能够明确说明某件现存文物使用的清水连四纸文献资料较少。③ 现存清水连四纸实物样品较少,清水连四纸究竟是竹纸还是宣纸? 期待本文观点能够抛砖引玉,引发学者们对"清水连四纸"相关问题的关注与探索,也为文物保护和手工纸研究工作提供新的研究方向。

参 考 文 献

［1］ 孙巍溥.档案所见清代后期帝后生活若干片段及其成因探析[J].浙江档案,2019(4):
52-55.

［2］ 翁连溪.清康熙内府"西洋纸"印刷铜版画浅谈[J].艺术收藏与鉴赏,2021(2):39-56.

［3］ 朱赛虹.道光咸丰朝《武英殿修书处写刻刷印各书用过银两物料清册》两件[J].中国出版
史研究,2015(1):159-171.

［4］ 纪立芳,方遒.养心殿区域清宫内务府裱作档案述略[J].故宫博物院院刊,2020(10):166-
179,346.

［5］ 曾纪刚.古籍"开化纸"印本新考[J].文献,2020(2):4-44.

［6］ Li H,Handicraft technique for making liansi paper[J].Paper and Biometerials,2023,8(3):
47-57.

［7］ 易晓辉.清代内府刻书用"开化纸"来源探究[J].文献,2018(2):154-162.

［8］ 易晓辉,田周玲,闫智培.五种清代内府刻书用纸样品纤维显微分析与鉴别[J].文物保护
与考古科学,2018,30(6):53-64.

［9］ 吴兆清.清内务府活计档[J].文物,1991(3):55,89-96.

［10］ 项旋.清代武英殿修书处成立时间考略[J].历史档案,2018(3):110-115.

［11］ 易晓辉.中国古代与传统手工纸植物纤维显微图谱[M].广西:广西师范大学出版社,
2022:248-273.

［12］ 易晓辉.中国古代与传统手工纸植物纤维显微图谱[M].广西:广西师范大学出版社,
2022:111-122.

大清宝钞印刷用纸的初步研究

王 硕　刘舜强

故宫博物院

摘　要：以故宫博物院收藏的3张清代咸丰时期的纸币"大清宝钞"为研究对象，对钞纸的材质和印刷书写材料等进行研究与科学分析。通过显微拉曼光谱分析，钞面印刷颜料为靛蓝，冠号时的书写材料为墨，而钤盖印章的印泥中含有朱砂等成分。通过纤维鉴别发现印刷这3张大清宝钞的纸张均为麻纸，但根据历史文献记载，印制大清宝钞所使用的纸张依据纸币面值和发行地等因素可能存在多样性，需要进一步研究。

关键词：大清宝钞；印刷用纸；古代纸币

一、引言

清代咸丰年间，政府为解决财政资金不足问题，由中央统一发行不兑现纸币。咸丰三年（1853）首先发行了以银两为折算单位的纸币"户部官票"，同年底又发行以制钱为折算单位的纸币"大清宝钞"。大清宝钞面值以制钱计算，从五百文到百千文不等，在市场上与白银、制钱及户部官票共同参与流通，主要用于政府的财政拨款、军饷俸禄、工程修葺等各类开支，同时在地方的捐输纳贡、赋税征收以及日常的市场流通中发挥着一定的作用。

大清宝钞为长方形竖版蓝印，通高24 cm左右，宽14 cm左右，钞面沿用了元明以来纸币的设计特点，由内外框组成。其外框内有细蓝线将钞面一分为二，上半部分绘有等宽间隔的四个圆圈,圈内从右至左为楷书"大""清""宝""钞"四字,圆圈周围装饰卷云纹;下半部分有"日"字形内框,框内上部从右至左排列有三组文字,均以楷书印制。右侧为"字第号",中间自上而下为"准足制钱"若干"文",左侧印"咸丰"某"年制";日字框下部竖行印"此钞即代制/钱行用并准/按成交纳地/丁钱粮一切/税课捐项京/外各库一概/收解每钱钞/贰千文抵换/官票银壹两"的宝钞使用规定。日字框上方与上、下分界线内印"双龙戏珠"图,龙尾分别垂在日字框左右两侧与钞版外栏之间,右龙尾下直列等间距圆圈四个,圈内印"天""下""通""行"四字,左龙尾下亦直列等间距圆圈四个,圈内印"均""平""出""入"四字,圆圈外均饰云纹,日字框下方与边框之间为山岳水波纹。

"大清宝钞最初发行有五百文、一千文、一千五百文、二千文四种,咸丰五年增加五千文、十千文两种,咸丰七年增加五十千文和百千文两种。"大清宝钞印好后在发行前由专人手工墨书千字文贯号,面值处钤盖满汉文印章"大清宝钞之印",右上方钤盖"宝钞流通"圆形图文骑缝章,除此之外,京外各省宝钞上还会钤盖关防印,由"五字商号"发行的宝钞还有该商号的印记,有些宝钞上还会有花押印章。

大清宝钞是全国性纸币,但在发行之初仅作为解决财政问题的权宜之计对待,因此在货币政策上就存在诸多不完善的地方,导致使用上问题频生,信誉度大幅下滑。咸丰十年(1860)二月,惠亲王绵愉会同军机大臣、户部堂官联合上奏认为票钞"终因制造发放均无限制"因而"丝毫无利于其间,而兵丁小民因此受累。……制造无已,弊端百出",请求"停造停发票钞",得到咸丰皇帝的钦准,大清宝钞最终退出清代货币流通领域[1]。

二、文献回顾

以往学术界对于清代纸币大清宝钞的专题研究并不多,相关成果主要集中在财政史和文物学两个领域。罗涵亓[2]、尹艳萍[3]、陈娟[4]、韩建武[5]、邵凤芝[6]从鉴藏的角度,分别介绍了四川省图书馆、中国海关博物馆、河南博物院、陕西历史博物馆、河北大学博物馆收藏的大清宝钞文物。张国辉[7]、文廷海[8]、宋秀元[9]从财政史的角度对大清宝钞发行的背景、经过及结局进行探讨,认为大清宝钞是在咸丰时期财政危机下政府采取的临时措施发行的虚值货币,由于过量投放遭到抵制,最终退出货币流通领域。邹乐娟[10]对清代纸币发行进行系统研究后也提出了相同的结论。李跃[11]、蒋晓冰[12]、王业[13]、向仪[14]也有类似观点,认为清政府印发纸币没有考虑到市场的承受能力,以至发放过度,官吏营私舞弊自坏币信,遂使钞价大跌物价上涨,形成恶性通货膨胀,钞票遭到抵制。关于文物学方面的研究,李琳娜等人[15-17]论及大清宝钞的印刷发行、版式演变、印刷技术等内容,认为大清宝钞仓促发行,在版式上延续了大明宝钞的一些特点,在印刷上可能采用了黄铜印版,是传统纸币印刷技术的继承发展。由于大清宝钞存世量少,研究样品不易获得,所以通过科学分析,从科技史视角对大清宝钞进行研究的论文少之又少。李涛[18]、蒋双应[19]通过科技手段研究了咸丰九年(1859)"答字第二千九号"的大清宝钞后指出,大清宝钞的纸张纤维为麻纤维,蓝色颜料为普鲁士蓝,红色印记为朱砂,黑色墨书颜料为炭黑。

三、对大清宝钞的分析及结果

(一)文物概况

本文研究对象为3张故宫博物院收藏的大清宝钞纸币,编号(以宝钞号数编制)分别为6094号、6095号、1389号。

1. 6094号宝钞(图1)

6094号宝钞为咸丰四年款一千五百文宝钞,右上墨书贯号"写"字第"六千九十四"号,右上边缘处钤盖"宝钞流通"圆形朱文骑缝章,中间有大清宝钞之印、关防印及"节入制度"墨色印章,宝钞右侧边缘有墨色刷扫痕。除宝钞右下侧位置和底边纸张略有缩卷外,整体保存状况较完整。宝钞背面有墨书3处,又有"内务府""源岐""去伪存真""唯吾知足""万庆徐"等印记。透光观察,宝钞用纸可见较多黑点状物,呈不规则分布,表明纸浆中的杂质较多,纸张帘纹不清晰。

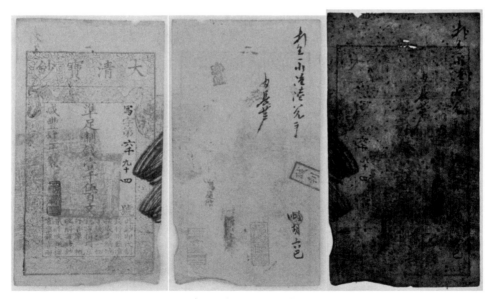

图1　6094号大清宝钞正面、背面及透光图

2. 6095号宝钞(图2)

6095号宝钞同样为咸丰四年款一千五百文宝钞,左上墨书贯号"写"字第"六千九十五"号,右侧边缘有墨色刷扫痕,正背面印章及墨书与6094号宝钞大致相同,两者为同一批次的连号钞。透光观察,该钞帘纹不明显,纸张上有不规则黑点分布。

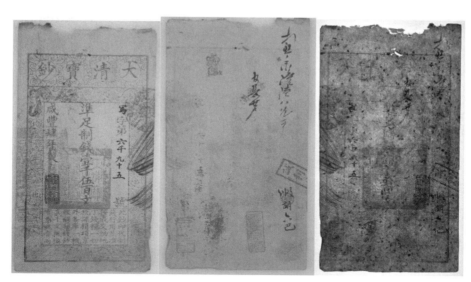

图 2　6095 号大清宝钞正面、背面及透光图

3. 1389 号宝钞（图 3）

1389 号宝钞为咸丰七年款五百文宝钞,右上墨书贯号"阶"字第"一千三百八十九"号,右上边缘处钤盖星辰纹"宝钞流通"圆形朱文骑缝章,中部有大清宝钞之印朱文方章,方章边缘处加盖"节入制度"墨色印章,宝钞右侧边缘有墨色刷扫痕。宝钞正面上方有轻度污染,宝钞背面上方有四处墨书,并有"收票留神""收讫""七年"等印记。透光观察,宝钞帘纹清晰,钞纸上方、左侧中间位置及右侧冠号处有虫蛀痕迹。

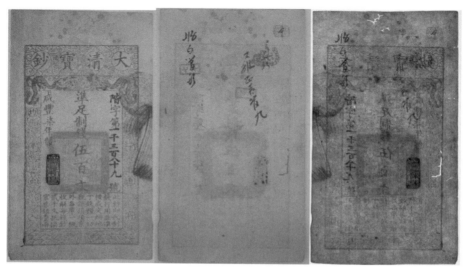

图 3　1389 号大清宝钞正面、背面及透光图

（二）实验方法

1. 显微拉曼光谱分析

为了研究大清宝钞上的印刷颜料、墨书材料及钤印的印迹成分,使用Renishaw-inVia型激光共聚焦显微拉曼光谱仪对3件宝钞上的黑色、红色和蓝色颜料进行分析,激发光源波长532 nm,633 nm和785 nm,分辨率4 cm⁻¹,测量范围100~2000 cm⁻¹。

2. 纤维分析仪分析

将掉落的少量纸张纤维置于载玻片上,使用染色剂进行染色,然后使用造纸纺织联用纤维分析仪对纸张纤维种类进行鉴别。

（三）分析结果

1. 颜料分析结果

通过测试,根据黑色颜料的1372 cm⁻¹和1590 cm⁻¹的拉曼特征峰知3张大清宝钞上的黑色均为炭黑(图4),即中国传统书写材料——墨;根据蓝色颜料的1250 cm⁻¹,1367 cm⁻¹和1587 cm⁻¹等拉曼特征峰知3张宝钞上的蓝色颜料均为靛蓝(图5),是传统的蓝色有机颜料;根据253 cm⁻¹,289 cm⁻¹和346 cm⁻¹拉曼特征峰知3件宝钞上红色颜料均为朱砂(图6),宝钞在钤印时使用了朱砂印泥,6095号红色颜料除了朱砂,可能混有少量氧化铅,应当是印泥中添加了铅丹造成的影响。

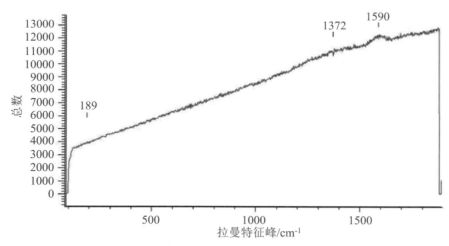

图4　1389号样品黑色颜料光谱图

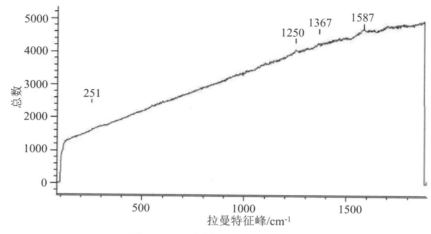

图5　1389号样品蓝色颜料光谱图

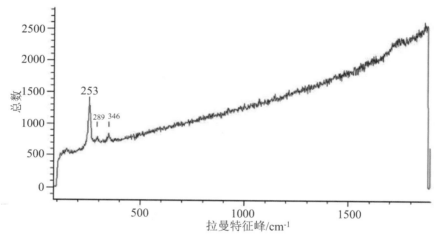

图6　1389号样品红色颜料光谱图

2.纸张纤维分析结果

　　为了解印制大清宝钞使用纸张的种类,对宝钞脱落的纸屑进行染色制样,使用显微镜对6095号宝钞(6094号宝钞与其为连号钞,应为一批次使用同样钞张印制)(图7)、1389号宝钞纸张纤维(图8)进行分析,对样品分别放大100倍和200倍进行观察发现6095号宝钞、1389号宝钞纸张中无木质素,纸张纤维形态较为一致,基本上为扁平状,少量为圆柱状,整体不规则扭曲,纤维表面无胶膜,纵向纹路清晰,无横纹,纤维上有膨胀结,纤维两端多呈不规则断裂状,无明显切割痕迹。初步判断,宝钞使用的纸张纤维为麻纤维,宝钞材质为麻纸。

图7　6095号宝钞纤维(100倍放大,200倍放大)显微照片

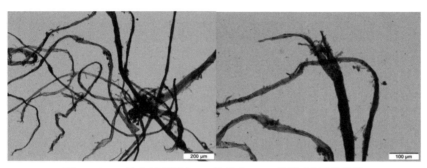

图8　1389号宝钞纤维(100倍放大,200倍放大)显微照片

四、讨论

大清宝钞以传统中国手工纸为材料进行印刷。根据《清史稿》中记载"票、钞制以皮纸"(《清史稿》志一百六,食货五)表明清代咸丰年间发行的户部官票、大清宝钞使用的纸张都是皮纸,但皮纸范围较为宽泛,一般以桑、楮等树木的韧皮纤维制成的手工纸都可以被称为皮纸,所以宝钞具体用的什么材质的纸,还无法确定。根据此次检测发现,三张大清宝钞的材质相同,都是单一的苎麻纤维制成的麻纸,并非《清史稿》中所说的"皮纸",这一结果也与李涛、蒋双应在研究了咸丰九年(1859)"答字第二千九号"大清宝钞的结果相一致。清代著名钱币学家鲍康[20]在《大钱图录》中谈及其收藏的大清宝钞时指出其用的是厚白纸,俗呼双抄纸。张毅刚、弹拨[21]等人引用《中国古钞图辑》时指出,大清宝钞使用山西双抄毛头纸,但该文作者对一批江南发行的纸钞检测后,发现其存在化学浆成分(此结果存疑——笔者注),提出江南地区发行纸钞使用的是南方产优质手工纸。毛头纸在清代较为常见(一说纸张边缘未经裁齐呈毛边状而得名),是清代常用的裱糊纸张,通常以麻或树皮纤维制成,在东北和华北地区都有生产。毛头纸在清宫档案记载中分为南毛头纸和山西毛头纸两种。其中南毛头纸曾被用于誊录朱卷,其尺幅较小,质地较软,容易破损;山西毛头纸常被用于糊制囊匣的材料和当作壁纸使用,库存量和使用量很大,使用范围较为广泛。至于大清宝钞印刷用纸是否为"山西双抄

毛头纸"这一论断,还需要做更深一层的研究。

　　根据中国第一历史档案馆收藏档案《户部为核销咸丰三、四两年制造官票宝钞工本事奏折》记载,咸丰四年(1854)时,印刷户部官票使用的是内务府茶库的三号高丽纸,而印刷宝钞的纸张则另需购买,但是在咸丰五年(1855)的档案(中国第一历史档案馆藏《户部为添制直隶等省宝钞请发纸张事致内务府咨文》)中,户部为了印制"直隶等省的十千文、五千文大清宝钞",就申请领取"内务府茶库三万张高丽纸以示区别"。高丽纸与毛头纸一样,是清代宫廷中常用的纸张,质地坚韧,用于裱糊建筑墙面、槅扇、窗户等,通常用楮树、桑树的韧皮纤维抄制而成,确实属于皮纸的范畴,所以印制大清宝钞使用的纸张根据发行时间和面值不同应当存在一定的区别。但是由于样本量有限,目前还没有"十千文、五千文大清宝钞"样品可供研究,大清宝钞印刷用纸多样性的问题,有待进一步探索。

　　(本文谨向对实验部分提供帮助的故宫博物院文物保护标准化研究所李广华致以谢忱。)

参 考 文 献

[1] 刘舜强,王硕.试论大清宝钞的发行与流通[J].地域文化研究,2023(04):136-146.

[2] 罗涵元.馆藏李一氓捐赠文献《清咸丰官票、宝钞》述略[J].收藏与投资,2021,12(12):34-37.

[3] 尹艳萍.馆藏纸币文物探析:以大明通行宝钞和大清宝钞与户部官票为例[J].文物鉴定与鉴赏,2020(8):15-17.

[4] 陈娟.河南博物院藏清咸丰宝钞、官票述考[J].中原文物,2010(1):72-79,87.

[5] 韩建武.陕西历史博物馆馆藏珍贵钞版及纸币[J].西部金融,2010(S1):142-151.

[6] 邵凤芝.介绍几件馆藏清代纸币[J].文物春秋,2010(2):67-68,81.

[7] 张国辉.晚清财政与咸丰朝通货膨胀[J].近代史研究,1999(3):100-128.

[8] 文廷海.论清代咸丰间"票钞"改革及其失败[J].西南民族大学学报(人文社科版),2005(1):289-293.

[9] 宋秀元.简述嘉道年间对行钞的议论及咸丰朝纸币的发行[J].历史档案,1993(2):101-106.

[10] 邹乐娟.清代纸币发行概论[D].大连:辽宁师范大学,2002.

[11] 李跃.清朝纸币的发行与流通[J].东方博物,2006(4):100-105.

[12] 蒋晓冰.咸丰朝的财政危机与货币金融[D].大连:辽宁师范大学,2003.

[13] 王业.试论咸丰朝的币制改革[D].郑州:郑州大学,2016.

[14] 向仪.户部官票、大清宝钞:清咸丰时期曾在四川发行的纸币[J].西南金融,1989(S1):40-44.

[15] 李琳娜,施继龙,张养志,等.清代北京纸币印刷发行研究[J].北京印刷学院学报,2012,20(2):26-30.

[16] 李琳娜,施继龙,张养志,等.清代北京纸币版式演变研究[J].北京印刷学院学报,2012,20(2):31-35.

大清宝钞印刷用纸的初步研究

［17］ 李琳娜,施继龙,周文华,等.清代北京纸币印刷技术研究[J].北京印刷学院学报，2012，20(2):36-40.

［18］ 李涛.中国古代纸币及当票的颜料与纤维[J].中国钱币,2018(1):8-17,82.

［19］ 蒋双应.大清宝钞样品的科技分析与保护修复[D].北京:北京印刷学院,2018.

［20］ 鲍康.大钱图录[M].刻本.北京:大兴孙氏家刻本,1876:64.

［21］ 张毅刚,弹拨.一批江南发行咸丰钞票的发现[J].中国钱币,2001(3):38-42,64.

* 项目基金:2022安徽省文旅创新发展研究院开放课题"徽州非遗数字化技艺保护与传播路径研究",项目号:SCPJZ202301ACTK2022YB02。

当代传世经典读本印刷用纸探究*

朱 赟[1]　倪盈盈[2]　雷心瑶[3]

1.浙江传媒学院;
2.上海交通大学;
3.中国印刷博物馆

摘　要:作为展现新时代文化价值之"魂"的传世经典是传世思想、时代智慧的集大成者。若无好纸作为载体,传世经典在后世将无法做到"历久弥新",更无法体现中国伟大造纸术在当代传承创新的高超技艺及科学攻关成果。文章从国家文化建设的迫切需求入手,分析了传世经典读本的文化意义和印刷用纸的重要性,并结合新中国成立后代表性经典读本出版工程——毛泽东"大字本"以及"中华再造善本"为例,对传世经典读本的印刷用纸进行了探究。提出未来传世经典读本印刷纸张需要在开阔的视野中明确用纸标准,高度重视保护和传承中华传统造纸经典技艺,推动作为中国古代伟大发明的造纸工艺在当代传世经典上实现创新性发展。

关键词:传世经典读本;印刷用纸;大字本;中华再造善本;创新性发展

一、引言

新时代"传世经典读本"不仅仅包括记载着中华传统优秀文化和历史发展的经典读物,还包括中华人民共和国成立以来反映历史变迁、展现一个时代发展脉络、剖析中国发展重大理论和现实问题的代表性读本,解读中国发展理念、发展道路、内外政策、重要领导人治国理政思想精髓的代表性读本,体现时代精神和价值、反映当代中国的深刻变革和梦想追求、传承社会优秀文化的代表性读本。因此,"传世经典读本"在满足人民群众的高层次文化需求的同时,应服务于党和国家的重大战略部署,发挥当代出版的核心功能和社会作用。不仅要做好经历史淘洗后依然在百姓心中熠熠生辉的作品出版工作,更要传承现当代在党领导下,中国人民奋力开拓中国特色社会主义更为广阔发展前景的精神要义,"为时代画像、为时代立传、为时代明德"。

以往的国家级出版工程较多集中在优秀古籍文献整理再出版,现当代经典书籍尚未列入国家传世经典目录。而在中华文明再次全面复兴的今天,传世经典传承中不能仅仅关注古籍文献整理再出版,对中华人民共和国成立以来的传世经典读本也应高度重视。目前传世经典图书出版类研究主要集中在内容选择、选题定位、意义等层面,关于此类印刷用纸应用研究上现有文献资料及研究成果较少,纸质印刷品纸张质量、保存时长及传承时间问题长期被忽视。目前检索到当代有关传世经典纸质印刷品用纸问题的文献主要集中在1972年至1976年毛泽东"大字本"梳理上。代表性文献如:刘修明通过近4年共86篇按时期和内容划分的"大字本",对毛泽东晚年的思想和心态进行了简要的分析[1]。张仲元对"大字本"任务的下达、版式、印制工艺、书目、用纸与装潢进行了详细的介绍[2]。刘文忠对《笑林广记》《中国文学发展史》《东周列国志》等大字本的印制过程进行了详细回忆[3]。

对传世经典读本传承中不可缺少的环节——印刷而言,我们认为:在开发其数字影像印制同时,更需要研究纸张质量低导致内容本体无法长时间保存这一重要问题。本文以中华人民共和国成立后代表性经典读本出版工程——"大字本"和"中华再造善本"为例,对传世经典读本的印刷用纸问题进行了深入探究。

二、当代传世经典读本出版工程是国家文化建设的迫切需求

(一)当代传世经典读本的纸质出版依然是文化传承的重要担当

传世经典的纸质版本承载意义在诸多层面较数字化出版物更丰富。众所周知,纸质版本书籍在版本设计展示、阅读习惯、文化传承上更受大家青睐,而数字化出版物有着存储空间小、携带方便、购买成本低等优势。在当代社会,因数字化出版物需借助第三方介质呈现具体内容,受众阅读体验感较差且很难保存阅读者痕迹,作为国家的文化传承物而言,这样的时代标志物于后世而言将会缺少"历史感",无法承载除内容以外的"意义"。后世研究者也很难追踪传世经典文本在历史变迁中数代人的保管态度与注释解读。同时数字化出版物数据存储安全性较差。因版本迭代操作简单,数字源易被获取,若没有纸质版本与其相对应,很容易出现盗版、误版问题。

在纸质书出现以前,我国历史上"书之载体"还包括石头、甲壳、青铜、竹简、帛等,造纸术的出现给世界文明的累进与传承带来真正意义上的革命,是我国传统文化中最为璀璨的瑰宝之一。"书之载体"演变有迹可循,总体向信息承载量更高、阅读者接收信息量速度更快的目标迈进。"书"对载体的要求"倒逼"书本制作工艺的进步。不同时代的"书之载体"可以说是所处时代中国人民智慧的结晶,传世经典类书目载体更是彰显"国宝"之贵重的无声语言。当代传世经典之"载体"应代表当代书本制作工艺的最高水准,仅数字出版物目前无法扛起这个时代使命与担当。

从传世宋代刻本书籍的珍贵价值中不难发现,除刻本中承载的历史内容十分具有传世价值外,宋版字体争奇斗艳、版式风格丰富精彩、纸墨精良耐久、雕印气象宏大,十分能反映一个民族在一个文化高峰时代中的文艺、工艺大成,具有民族文化传承的物质载体意义。历史跌宕传至今日宋刻本总计不超过1000种,且大多是残本和复本。1928年,著名藏书家傅增湘和著名版本学家张元济前往日本,将国内早已亡佚的南宋蜀地蒲叔献刻本《太平御览》影印带回国内并于1935年由商务印书馆出版,此举对国内研究来说具有重大意义。但相较原版存留来说,影印版无法一窥全貌获得综合质感,终究是民族文化遗产保护继承上的遗憾。

整理出版是传世经典读本保护的有效手段。传世经典读本出版保护工作意义重大,采用国家力量整理出版是最为有效的手段。下文将对中国古代盛世修典的两大经典用纸案例——《永乐大典》和《四库全书》的用纸进行解读。

1.《永乐大典》

成书于明代永乐年间的《永乐大典》,是永乐皇帝集文化精英(累计3000多人)和国家财力历时6年才完成的伟大事业。全书22877卷(目录占60卷),11095册,约3.7亿字,保存了我国上自先秦下迄明初的各种典籍资料8000余种。因保存了大量明初以前各学科的散佚文献资料,《永乐大典》也被称为"辑佚古书的渊薮"。

今天我们所能见到的《永乐大典》均为嘉靖年间的抄本,正本早已遗失。据记载,抄录《永乐大典》有严格的制度,其册式、行款完全按照《永乐大典》正本抄录。嘉靖年间的《永乐大典》副本装帧及用纸极为讲究,因《永乐大典》是抄本,抄本用纸不同于雕版印刷,纸薄了便会洇墨。《永乐大典》副本用纸较厚,乃嘉靖年间特有的皮纸,也叫白棉纸,厚度近100微米,全书10000余册,用纸整齐划一,全书都用正楷抄写。《永乐大典》为包背装,书面硬裱。后世可从不同层面揣摩鉴赏善本制作工艺与艺术效果之美。

2. 四库全书

四库全书是清代最大的一部丛书,也是现存的中国古代最大的一部丛书,堪称"康乾盛世"的文化代表。

四库全书是内府精抄本,在用纸、装帧和贮藏诸方面都十分讲究。据传北四阁(分别为北京紫禁城皇宫文渊阁、京郊圆明园文源阁、奉天故宫(今沈阳)文溯阁、承德避暑山庄文津阁,合称"内廷四阁"(或称"北四阁"))本四库全书纸张选用开化纸,纸白质坚,吸墨性好。南三阁(镇江金山寺建文宗阁、扬州大观堂建文汇阁、杭州西湖行宫孤山圣因寺建文澜阁,即"江浙三阁"(或称"南三阁"))本因与北四阁本"恐致牵混","许多士编摹誊录,在于光布流传,与天府珍藏,稍有不同,……以示区别"。因此与北四阁所用开化纸不一样,皆用"坚白太史连纸"。太史连纸较开化榜纸稍差,白色偏黄,属于皮纸类,纸质略粗,但柔韧坚实,200多年来仍无明显的老化迹象,显示出非常良好的传世能力。

因年代久远,现存传世经典古籍需周致的保护条件,大多由国家图书馆或博物馆收藏保护。为方便后人观览,以供更多的传统文化研究者、爱好者一睹"真容",传世古籍目前主要采用影印技术再出版,用数字化手段将珍贵的传世古籍制作成电子版(副本),配套纸质版(仿制副本)以供阅读者翻阅。影印技术虽尽最大可能保持了副本与原本内容、形象上的一致性,但电子版读者仅能凭想象获得经典古籍的触感,很难体会经典古籍所含的历史厚重感。目前配套出版的纸质版经典古籍大多采用普通机制木浆纸,大多使用石油烟墨、化学调制油墨等,这样的书籍在纸质载体上寿命较短,常常只能维系几十年,根本谈不上传世,仅适合大众科普,不适合收藏用以"书香传文化",更不适合用于民族文化传承。尽管如此,传世经典古籍寿命较短的普通纸质再出版仍广受百姓欢迎,市场需求量较大。如国家图书馆出版社陆续推出的《国学基本典籍丛刊》,纸质版中最多的销量上万册,销量相对较少的也有两三千册。

(二)当前大部分出版物纸张寿命短,印刷成书后保存时间无保障

目前中国印刷用纸中按照制作工艺可分为两大类:机器纸和手工纸。

机器纸是指使用打浆机、滚筒机等制纸机器,将由木片或其他材料蒸煮萃取纤维的纸浆所制的纸张。机器纸是以木材原料为主(包括竹和草)的植物纤维,或混合添加报纸、寻常书本纸张、牛皮纸或包装用纸等低成本的废弃用纸,再添加草浆混合制作成纤维,经过机械磨浆、化学蒸煮、洗漂,再经机械打浆、上造纸机成型干燥等程序所制成的纸张。

手工纸指传统制作工艺中采用麻、树与藤类的韧皮、竹、草等植物纤维原料,经过浸沤发酵脱胶、石灰草木灰蒸煮、日晒漂白或不漂白、碓打舂捣碾踩等传统方法打浆,施用植物纸药(或不用纸药),经浇、漉、抄等方式成型,日晒或上墙焙干,采用传统加工方法制成的纸张。手工纸目前所使用的原材料主要有三大类:一是麻类,麻的种类多种多样,有西北地区的大麻、苘麻、黄麻、白麻等,也有南方地区盛产的苎麻。二是皮类,所用树皮的种类极其繁多,常用的树皮有:桑树皮、楮树皮、青檀皮、三极皮、雁皮等。用树皮类材料做纸,纤维长短交叉,咬合力强,质地均匀,表面光滑,拉力好,抗韧性强。三是竹类,用竹子造纸,需要先将颈皮较厚的地方去掉,方可做纸。用竹类材料所制的纸主要用于书籍的印刷,较少用于书画类的创作。也有一些纸使用稻草类的颈秆部、藤类植物进行制作。

为提高生产效率、降低成本，机器纸制造普遍引入化学漂白和机械制浆加工等工艺，将部分工序生产周期从数月缩短为几天或几小时。如改用化学漂白剂后只需几小时即可得到"白皮"，但化学漂白使纸张呈酸性，极易早衰，且机械强力打浆对纤维的损伤更大。多数加工不当的纤维从一开始就在分子结构上造成了不可逆转的损害，若将这样的纸作为传世经典用纸，基本确定会丧失传世经典纸质版的出版意义。若使用传统手工纸印刷，不同的纸张状况书籍寿命也会不同。总的来说，若采用机器纸，原料的差异、强碱物质、酸性物质等都会导致纸张通常只能"健康存活"几十年。一些传统手工制作的纸却非常坚韧耐酸化，适宜用于传世经典纸质出版，但这样的"好纸"在全面工业化替代的今天也"不易得"。

　　我国现存的经典古籍用纸为传统手工造纸，主要材质是皮类或竹类植物纤维。古人曾言"聚散之速，莫若书卷"[4]，充分说明纸张质量对书籍寿命而言的重要性。好的纸张在制作之初不可受强碱类的化学漂白，制作工艺优良，才能在经年累月中抵抗光线中的紫外线和有害气体。李清志在《善本图书的保管方法》中曾言及："（紫外线）能促进纤维质之氧化，故使纸质迅速遭受严重之损毁。"[5]另外，空气中存在许多有害气体会对书本造成伤害，李家驹在《中国古代藏书管理》中提到："空气中有害气体，如二氧化硫、硫化氢及臭氧，亦是造成书害的原因之一……空气中的灰尘虽不会造成纸张的化学变化，但是由于其粒子微小，往往充塞于封面与书根、书叶中，不易清理，阻塞空气流通，使书的内页易于受潮，书页易翘曲，产生波纹，遇水则会淹漫污染书籍。"[6]但质量上乘的手工纸张存世实践证明可在数百年、上千年的时间里有效抵抗这些伤害，实现"纸寿千年"的传世期待。现存魏晋南北朝的敦煌经卷、唐写本、宋版书采用手工纸进行抄写及刷印，部分书籍至今依然完好。安徽省博物馆珍藏的南宋张即之写经册距今已有约800年历史，细观纸面仍是光滑洁白。《康熙字典》四十二卷以开化纸印制，至今有300余年，纸质玉白如新，令人赞叹。

　　从制作原理来说，传统手工纸的舂捣工艺可以把韧皮纤维最大限度地"打散"却不"打断"，这样抄出来的纸内部形成彼此扣搭连接的纤维网，柔韧耐折。在漫长岁月的干湿变化中，手工纸纤维会反复发生润胀和干燥收缩，特殊的结构使得纤维之间的结合点每次增加的要比破坏的多，所以其耐折度在相当长的岁月里能神奇地"与日俱增"。这是纸本可以历经千百年还完好地被保存下来，能长久传存的重要原因。

　　而中国的当代纸本所用纸张多为机器制造，机器纸的纸浆纤维短而粗，且含有较多非纤维素，物理强度较低，制造过程中还不可避免地携入酸性物质①。纸质文物含有的酸性物质随着时间的推移不仅不会消耗，反而会越积越多，对纸本的危害也就越来越大。常见的黄斑、脆化现象发展到严重时会将纸张腐蚀成小洞，使耐酸性差的纸质文物出现字迹褪色、变色等。此外，纸张中的酸在加速文物老化、损毁的同时还会滋生虫蛀和霉斑。以国家图书馆收藏的民国时期文献为例：国家图书馆共收藏民国文献30余万册，其中中图法分类的图书121421册，刘

① 纸张的耐久力与它的酸度有密切关系，酸性物质将直接对纸张造成损害。

国钧分类法分类的图书123300册，官书10580册，旧号工具书3867册，期刊45000册，共计304168册（不包括报纸）[7]。由于民国时期图书出版大量使用白报纸，纸张耐久性差，大量文献纸张变色严重，机械强度低，老化破损严重。这些纸质文物大多呈黄色或黄褐色、易脆化，严重者触碰即碎，特别是早期印刷的报纸、期刊等，一经折叠存放后很难再完整摊开，无一例外。如果这些纸本还未来得及实现介质转存或信息转录，就会因为酸化而导致其提前消亡，其承载的研究价值和文化价值损失则将永远无法弥补。因此，当代传世经典读本印刷过程中，必须综合考虑纸的各大指标以及与配套条件的（如墨、机器）适配性。

三、当代传世经典用纸代表案例调研现状

课题组通过文献查阅及实地走访调研发现：在当代传世经典用纸代表方面有两大经典案例可供参考。一个为有着独特的历史价值和出版印刷工艺价值的代表——毛泽东"大字本"；另一个为有独特文化传承和科学价值的古籍善本——"中华再造善本"。课题组就这两个代表性的传世经典案例，走访了原制作机构科学出版集团和华宝斋富翰文化有限公司。

（一）玉扣纸："大字本"印刷用纸选择推测

"文革大字本"是指1972年初到1976年9月，国家出版局按照中央交办特为毛泽东主席阅读之便而印制的大字本线装书。特殊时间，印刷工艺承传统而创新意，属中华人民共和国成立后"新善本"。

大字线装书共印了129种（多卷本的书和杂志出版多期的均作为1种统计），多数为中国古籍和当代著作，按照毛泽东主席等老一辈领导人之需有选择地印制大字线装书。每种印数更是稀少（据科学出版集团主管期刊工作的胡升华副总编介绍，科学出版社当时发行的"大字本"《化石》和《动物学杂志》印数不超过10册）。据科学出版社《关于突击完成〈动物学杂志〉和〈化石〉两种大字本的情况小结》描述，大字本原稿每页字数不宜过多，最好每页在300字左右。稿纸的边空要大。在印刷过程中由于当时北京印刷一厂解决不了彩印问题，彩印部分由中国科学院印刷厂印刷。在大字本印刷过程中，当年的印刷厂克服时间紧、任务重、彩印难度高等困难，北京市单独为印刷器材部门批地18亩（1亩约合666.6平方米），建纸库专门存放"大字本"的用纸。纸张呈淡黄色，至今打开书，仍有淡淡的纸香。工厂设专人从整令的纸中认真挑选，据当时的工人介绍，不得有任何不匀、色差、褶皱。

据调研组初步推测：主要调纸地可能为福建宁化县、长汀县和将乐县等地；用墨主要成分为矿物质，植物颜料印染固色；由北京印刷一厂印刷（由于当时印刷一厂解决不了彩印问题，彩印部分由中国科学院印刷厂印刷）。

《宁化玉扣纸制作工艺图文资料汇编》记载："宁化玉扣纸印刷毛主席著作和重要文章供中央领导阅读。不久前国家出版局赠送我（公）社两本用治平（宁化县

当时的公社名)玉扣纸印刷的毛主席诗词。"根据当时的资料,结合玉扣纸的印刷适性和成书的形式、收集当年实物,考虑到1974年正是为毛主席印大字本的开始阶段,而玉扣纸微黄的颜色适合保护视力的要求,从收集的资料中做了比对后,课题组认为宁化玉扣纸确实用于了"大字本"的印制:

第一,1977年给高级干部阅读的是蓝色封面线装繁体字本《毛泽东选集》第五卷,而不是其影印线装本。如果宁化玉扣纸印过《毛泽东选集》,那么课题组推测这个版本印刷大字本可能性较大。

第二,在20世纪70年代曾使用玉扣纸印了供毛主席等领导阅读的"大字本"。

第三,根据一些专家介绍,早期的大字本纸比较薄,后期手感较厚,符合玉扣纸的厚度。依照一些书籍对毛边、毛泰、玉扣纸的解释,大字本所用的纸与玉扣纸相吻合。

(二)玉版宣纸:中华再造善本印刷用纸

2002年,国家重点文化工程——中华再造善本工程正式启动,利用当代出版印刷技术,对珍贵孤罕的古籍善本进行仿真复制。这一工程通过大规模的复制出版,保护和合理开发利用传世经典读本。该工程一期工程《唐宋编》和《金元编》历时5年已经出齐,共758种、1394函、8990册。二期工程选目主要以明清两代珍稀古籍为主,并针对一期选目所遗漏的珍贵古籍查缺补漏,已初步完成选目556种。另外,还选择了一些少数民族文字古籍。两期总共1300余种。

在"中华再造善本工程"中,华宝斋富翰文化有限公司(原浙江华宝斋文化有限公司)承担造纸、印刷、出版、发行等70%的工作[1]。调研时据华宝斋副总张金鸿介绍,封面采用华宝斋自己研发的仿乾隆蜡纸(库磁青)。磁青纸又名绀纸、碧纸、绀碧纸、绀青纸、青藤纸、鸦青纸等,明代磁青纸与唐宋时期的青藤纸、鸦青纸为一脉相承的染色纸,皆为靛蓝染色纸,一般较厚重,可分层揭开,并染以靛蓝。目前,国家图书馆收藏有乾隆年间的库磁青,纸张颜色的纯度、光泽都非常令人震撼,深沉的靛蓝透着紫光。华宝斋研发的仿乾隆蜡纸(库磁青)与乾隆年间的库磁青在纸张韧性与染色上均有一定差距。

印刷纸张为华宝斋专用纸——玉版宣纸[8],色白,质细而厚、吸水性较好,韧性比棉纸稍差。清末民国初期印刷金石、考古、印谱、书画册等往往采用这种纸。玉版宣纸产生于清代中期,属于半熟宣的一种,清代中期的"玉版宣"近乎绝迹,"中华再造善本工程"中用的玉版宣纸为近代复原纸。华宝斋采用传统石印技术和手工线装,通过高仿真影印技术,使用矿物颜料代替化学油墨。但受时代及技术所限,"中华再造善本工程"的纸质、印刷技术在今日仍有大幅度提升空间[2]。出版家、国家图书馆出版社原总编辑徐蜀[3]则认为:此次善本再造工程仅就古籍善本正文的三色套印(黑白单色印刷)就无法做到仿真复制、保留古籍的原貌。古籍书叶的纸张变化是古籍善本重要的组成部分,蕴含着极为丰富的资讯,可以反映出不同的纸张、油墨,不同的保存环境下古籍图书的不同状态,是从事古籍保护研究工

① 由于2003年华宝斋负责人蒋放年去世后,工程任务量太大,江苏金坛印刷厂帮忙印制了30%的书籍,所用的纸是由华宝斋制作后运输过去的。
② 据张金鸿介绍,在"中华再造善本工程"结束后,他们开始了"中华善本百部经典再造工程"。"中华善本百部经典再造"通过高仿真影印技术(张金鸿介绍其为延印技术),用矿物颜料代替化学油墨进行仿真印刷。
③ 徐蜀先生是参与工程的编辑之一。

作的珍贵史料,其重要性有时甚至超过了文字内容。"囿于年代及技术原因,善本再造工程的三色套印只能选择去除底色后的古籍书叶面图像,接近位图的模式去印刷,致使覆盖在文字之上的印章或批校,难于识读。对于书叶背面有文字的'公文纸印本',更是难以印刷。《中华再造善本》选目中有一批公文纸印本的古籍,制作多次均告失败,最后只得删除掉书叶背面的公文字迹,使这批珍贵的传世经典读本,版本特征荡然无存。"

四、当代传世经典印刷读本的重要建议

从当代传世经典印刷读本用纸选择和保存效果分析可知,未来传世经典读本印刷纸张需要高度重视用纸标准把控、其技艺需要实现科技再造创新,真正实现传世千年。

(一)传世经典印刷读本用纸标准把控

墨韵万变,纸寿千年。好纸是传世经典历经磨难而光彩不灭的生命力来源。无论是流传久远的《永乐大典》和四库全书,还是从南北朝到唐末年间保存至今的《辨亡论》《周易注》《春秋左传正义》,这些传世经典读本所用纸的植物纤维也极尽细腻匀净,历经千余年岁月沧桑,依然纸墨如新,实现了纸寿千年、历久弥新。这些流传千年的传世经典在传承过程中不仅内容上具有极高的文献价值和史料价值,其传承的载体——纸张也极具工艺研究意义,与内容价值相得益彰,互相增彩。

在当代传世经典读本中,"大字本"因纸张选择得当至今保存较好,而"中华再造善本"需接受时间的考验。因此,未来传世经典读本印刷上,我们可以分为"快消本"和"馆藏本"两种方式进行印刷。"快消本"使用机器纸进行印刷,适合文化传播用于全民阅读,扩大影响力;"馆藏本"使用可以保存久远的传统手工纸进行印刷,适合文化传承,用于图书馆、博物馆等机构进行馆藏。在馆藏本纸张选择上,如果选择不适合传承千年的纸张进行印刷,便无法妥善保管传世经典的文本,那么可能几十年后人们就将看不到"原汁原味"的传世经典读本,甚至是连"本"都不存在了,当然也就无法真正意义上的"感同身受"。缺失一个国家、一个民族经典文化传承的载体,无法让"好纸印出经典",让"好书"进入千家万户,更无法实现"多传几代人"的传世价值。

(二)传世经典印刷读本用纸技艺需要实现科技再造创新

传世经典的价值依赖于纸张寿命,经典书籍文本的传世思想、时代智慧更需要好纸的承载。"纸寿千年绢八百",当代传世经典用纸应体现中国伟大造纸术的精粹,体现当代中国传承创新的高超造纸技术、工匠精神以及科学攻关成果。复旦大学前校长、中国科学院院士杨玉良教授认为:在国际主流国家中,我国在珍贵书籍用纸层面的科学介入程度最低,也最落后。如最为人熟知的明清高级的经典

印刷用纸——浙江开化贡纸工艺已经失传。今天欧美国家所藏的中国古籍修复使用的基本上都是日本的修复纸。日本的修复纸目前在一定程度上攻克了"定量"问题,相对我国的传统造纸而言,工艺更为标准化,使得纸张能够更规范化、稳定化生产。作为造纸技艺发源地的中国更需要有更多的科研团队跨学科研发好纸,融入科技手段,实现"文化+科技"的传承提炼与融合再造。

因此,在当代传世经典读本中,适合大众传播、以扩大受众面为导向的"快销本"可以借鉴一些这类经典读本的用纸,采用标准化机器纸或普通手工造纸技艺用纸,在科技研发方面加强标准化流程、降低生产成本等技术研发,实现在传承过程中最高效地扩大全民阅读覆盖面,以达到文化传递的效果;而作为长时间珍藏、以传承千年文化为目的的"馆藏本"的传世经典印刷读本在印刷过程中一定要攻克传统手工纸印刷寿命、质量等技艺问题,使其不仅可以像"大字本"一样使用传统技艺制作的手工纸以传承千年,更要研究这种技艺的手工纸标准化、规范化、稳定化、寿命长等技艺生产问题,突破"馆藏本"孤本或绝版的困境,让其成为可以批量收藏、质量稳定统一、"纸寿千年"、"原汁原味"展现当时文化或思想的读本。在未来文化传承过程中不仅用读本内容传承文化,更将内容与其载体——印刷用纸一起融合传承展现文化精粹,实现"1+1>2"的迭代效果,以达到文化认同及传承发展的效果,推动中华优秀传统文化创造性转化、创新性发展。

参 考 文 献

[1] 刘修明.从印制"大字本"古籍看毛泽东晚年的思想和心态[J].读书文摘,2008(2):3.
[2] 张仲元.铅与火的最后辉煌:记"大字本"[J].印刷经理人,2011(2):74-75.
[3] 刘文忠.中央交办任务与"大字本"[J].新文学史料,2016(3):76-80.
[4] 杨震方.谈皕宋楼藏书[J].图书情报工作,1982,26(6):36-37.
[5] 李清志.善本图书的保管方法[J].教育资料科学月刊,1980(3):16.
[6] 李家驹.中国古代藏书管理[M]//潘美月,杜洁祥.古典文献研究辑刊:初编(第6册).台北:花木兰文化工作坊,2005:58.
[7] 王燕亭,刘崇民,王杭.国家图书馆保存本书库民国毛边书调研[J].图书馆理论与实践,2013(6):50-53.
[8] 刘方苹.华宝斋倾十年之功再造善本[N].杭州日报,2013-06-21(A11).

日本手抄和纸的
现状

藤森洋一

日本富士纸业(阿波公司)董事长
(根据藤森先生日文课件翻译)

现在日本的手抄和纸业已经迎来了转机。原材料的确保问题、后继者的问题、包括销售对象在内的需求问题、制造工具的确保问题等,存在着许多既旧又新的问题。与这些几乎处于搁置状态的内在问题相反,人们对其文化价值进行再评估,在担心其存亡危机的同时,将其作为地区振兴的一种资源来进行利用,并呼吁进行保存和保护。

小规模的手抄和纸行业没有足够能力来立即解决这些问题,只能茫然地看着这个产业的衰退。未来,只剩下个人的技术和本领,传统文化的组织能否成立还是个问题。

在这样的情况下,从这次的现状分析中未必看不到光明,在个人技术和本领的基础上,增加一些内容,也许就会有创新性的传统工艺出现,我抱着这种期待,完成这份讲稿的撰写。

一、产地

1963 年(昭和三十八年),手抄和纸业者聚集在一起成立了一个行业组织。这是一个名为"全国手抄和纸联合会"(以下简称全和联)的志愿团体。现在只能从其会员名册或者政府的统计数据来了解其现状。

首先是手抄和纸的产地(如图1所示)。深黑色文字是参加全和联的生产厂家。灰色文字是全和联掌握的联合会组织以外的生产地,可能是小规模经营者(家族式经营)。

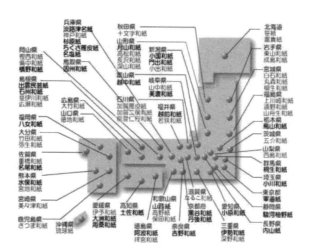

图1　手抄和纸的产地

在75个产地中,参加全和联的单位有38个。因为是由单独的生产厂家和多个生产厂家组成的协同组合所构成,所以单独的生产厂家应该不到200家。有统计资料显示,以家庭为中心的四人以下的小规模经营占70%以上。

二、户数(人数)

随着文明的发展进步,技法和技能也不断提高。与此同时,人们生活中必需的物品,也被更加方便实用的代用品所替代。

手工艺品也被这样的代用品所取代,旧的技法被抛弃,用新发明的技法来制作代用品。手抄和纸也经历了这样的历史。

唐代传到日本的手抄纸技法,极大地方便了我们的生活。时代一直在变迁,明治初期,随着西洋文明的传入,人们开始通过手抄纸来满足对纸张的需求。需求的剧增造就了日本手抄和纸的一大变革,但由于代用品这一新物品的出现,终结了这一虚无缥缈的梦想。例如,学校的教科书使用的纸张原来是手抄纸,现在换成了机械纸。邮政邮票原来也使用手抄纸,但转眼间也变成了机械纸。日本银行的纸币也同样变成了机械纸。原因有很多,例如,赶不上需求,手抄纸不适合印刷等。

图2的生产厂家数说明了一切。

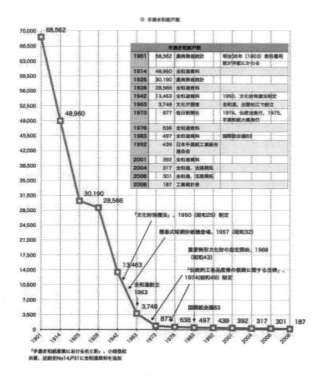

手漉き和紙戸数			
1901	68,562	農商務省統計	明治36年（1903）教科書用紙が評価にかかる
1914	48,960	全和連資料	
1925	30,190	農商務省統計	
1928	28,566	全和連資料	
1942	13,463	全和連資料	1950、文化財保護法制定
1963	3,748	文化庁調査	全和連、出度松江で創立
1973	877	毎日新聞社	1974、伝統法施行、1975、手漉和紙大鑑発行
1976	636	全和連資料	
1983	497	全和連資料	国際紙会議83
1992	439	日本手漉紙工業組合連合会	
2001	392	全和連資料	
2004	317	全和連、活路開拓	
2006	301	全和連、活路開拓	
2008	187	工業統計表	

图2　手抄和纸的厂家数

手抄纸的生产只能得到与劳动不相称的报酬,是劳动生产率很低的行业。近年来,由于原料缺乏、后继者少、新产品的开发难度大等问题,企业的继承变得越来越困难。

生产的品种包括染色纸、加工纸等,在一般市场上畅销的纸张增加了,而使用传统技法的白色纸,要么维持现状,要么缩小规模。总务省所管辖的"地域振兴协力队"制度下的造纸工匠的人数无法准确掌握,这些就是没有出现在这份统计数据中的造纸工匠。

三、销售额(产值)

销售额(产值)参考2006年公布的"全和联"的《开拓活路,调查研究展望报告》(如图3所示)。

小规模经营与企业化的手工抄纸作坊之间,自然会有差异。一个抄纸人抄纸的收益,因其附加价值的不同而不同,可以想象一般是2万日元到3万日元。

每年收益不到1000万日元的作坊占全体作坊的65%,考虑到原料、工资、各种费用,对于经营状况来说,这是一个严峻的数字。现状是要靠抄纸以外的收入来维持生计。

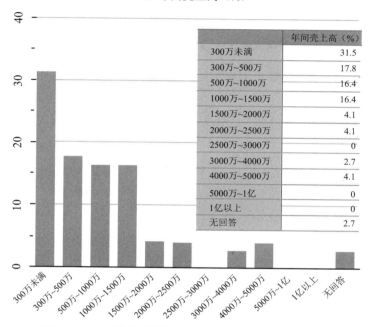

	年间壳上高（%）
300万未满	31.5
300万~500万	17.8
500万~1000万	16.4
1000万~1500万	16.4
1500万~2000万	4.1
2000万~2500万	4.1
2500万~3000万	0
3000万~4000万	2.7
4000万~5000万	4.1
5000万~1亿	0
1亿以上	0
无回答	2.7

图3　2006年"全和联"的《开拓活路，调查研究展望报告》

四、政府对手抄和纸的保护

现在在日本，政府对手抄和纸的保护制度可以大致分为国家保护制度和都道府县保护制度。

根据联合国教科文组织的世界遗产条约，石州半纸技术者会、本美浓纸保存会、细川纸技术者会的"和纸：日本的手抄和纸技术"被列入世界遗产。

根据文化遗产保护法，国家将非物质文化遗产中的重要项目指定为重要非物质文化遗产，同时将高度体现这些技艺的项目认定为保持者或保持团体，以促进日本传统技艺的传承。保持者的认定采用"单项认定""综合认定""保持团体认定"三种方式。

另外，在重要非物质文化遗产以外的非物质文化遗产中，鉴于其文化遗产的价值，特别需要采取措施保存及活用的文化遗产作为登记非物质文化遗产，登记在文化遗产登记原册中。

此外，在重要非物质文化遗产和登记非物质文化遗产以外的非物质文化遗产中，对于了解日本的艺术和工艺技术的变迁非常重要，有必要采取记录制作和公开等措施的非物质文化遗产，作为"应该采取记录制作等措施的非物质文化遗产"，由国家进行记录制作，或者对地方公共团体进行的记录制作和公开事业提供资助。

日本手抄和纸的现状

209

1. 国家指定重要非物质文化遗产

保持者的认定采用"单项认定""综合认定""保持团体认定"3种方式。手抄和纸,单项认定3件,保持团体认定3件,共计6件(如表1所示)。

表1 非物质文化遗产保持者的认定

单 项 认 定	
名 称	和 纸 生 产 地
越前奉书	福井县
土佐典具帖纸	高知县
名盐雁皮纸	兵库县

保持团体认定	
名 称	和 纸 生 产 地
细川纸	埼玉县
石州半纸	岛根县
本美浓纸	岐阜县

2. 必须采取记录制作等措施的非物质文化遗产

虽然没有被指定为重要非物质文化遗产,对于了解日本的艺术和工艺技术的变迁非常重要,需要采取记录制作和公开等措施的非物质文化遗产,作为"应该采取记录制作等措施的非物质文化遗产"(一般称为"选择性非物质文化遗产")(如表2所示),由国家进行记录制作,或者对地方公共团体进行记录制作和公开事业提供资助。

在工艺技术方面,陶艺、染织、漆艺、金工等工艺技术中,有一些是了解日本工艺技术变迁过程的重要内容。与手抄和纸相关的内容有7项。

表2 与手抄和纸相关的选择性非物质文化遗产

名 称	和 纸 生 产 地
手抄和纸工具制作	埼玉县
小国纸	高知县
西之内纸	茨城县
泉货纸	爱媛县
程村纸	栃木县
土佐典具帖纸	高知县

3. 选定保存技术

根据1975年文化遗产保护法的修正,设立了制度,为了保存文化遗产,对于有必要采取保存措施的、不可或缺的传统技术或技能,文部大臣选定其为选定保存技术,认定其保持者或保持团体。

国家为了保护选定保存技术,在采取制作记录、培养传承人等措施的同时,对保持者、保持团体等进行的技术炼磨、传承人培养等事业给予必要的援助。与和纸相关的内容有6项得到认定(如表3所示)。

表3 与手抄和纸相关的选定保存技术

名　　　　　称	和 纸 生 产 地
唐纸制作	京都府
表具用手抄和纸(宇陀纸)制作	奈良县
表具用手抄和纸(美栖纸)制作	奈良县
表具用手抄和纸(补修纸)制作	高知县
漆滤纸(吉野纸)制作	奈良县
手抄和纸用具制作	高知县

4. 重要有形民俗文化遗产

民俗文化遗产有"无形民俗文化遗产""有形民俗文化遗产"两种,"有形民俗文化遗产"相当于风俗习惯、民俗艺术、民俗技术中使用的衣服、器具、舞台等。国家指定的分别被称为"重要无形民俗文化遗产""重要有形民俗文化遗产"。与和纸相关的重要有形民俗文化遗产有2项(如表4所示)。

表4 与手抄和纸相关的重要有形民俗文化遗产

名　　　　　称	和 纸 生 产 地
东秩父及周边地区手抄	埼玉县
加贺手抄和纸的制作用具及民宅	石川县

5. 世界遗产登记

该条约要求缔约国采取措施,在国内保护非物质文化遗产,包括确定国内非物质文化遗产、编制目录等工作。另外,为了提高对非物质文化遗产的认识,促进文化间的对话等,制定了"人类非物质文化遗产的代表性一览表(代表一览表)"和"需要紧急保护的非物质文化遗产一览表(紧急保护一览表)"等国际性保护措施。

在日本,2014年联合国教科文组织非物质文化遗产保护条约"人类非物质文化遗产的代表性一览表"中,与和纸相关的登记内容,有"和纸:日本的手抄和纸技术",由石州半纸技术者会、本美浓纸保存会、细川纸技术者会进行了世界遗产登记。

构成的文化遗产：石州半纸,重要非物质文化遗产(工艺技术:手抄和纸),1969年4月15日指定;本美浓纸,重要非物质文化遗产(工艺技术:手抄和纸);细川纸,重要非物质文化遗产(工艺技术:手抄和纸),1978年4月26日指定。

作为传统工艺技术,提议只使用"楮"作为原料,采用传统制法来制作手抄和纸。

提案的内容如下:由国家指定重要非物质文化遗产"手抄和纸"(保持团体认定)构成,作为保护措施,实施以传承人培养、资料收集整理、质量管理、原材料用具确保、和纸制作技术研究为目的的各项事业。

6. 关于振兴传统工艺品产业的法律

传统工艺品包括:

(1) 主要用于日常生活的物品;

(2) 其制造过程的主要部分是手工业;

(3) 用传统技术或者技法制造的物品;

(4) 以传统的原材料作为主要原材料进行制造的物品;

(5) 在一定的地区有不少的人进行制造或者从事其制造的物品。满足上述全部5条,根据《关于振兴传统工艺品产业的法律》(1974年法律第57号,以下简称《传产法》),由经济产业大臣指定的工艺品。

国家指定的传统工艺品240种(截至2022年11月16日)与一般的"传统工艺"等称呼不同,"传统工艺品"这一称呼是在《传产法》中规定的。"传统工艺品"在法律上规定必须具备以下要件:

(1) 主要在日常生活中使用的物品;

(2) 制作过程的主要部分是手工制作;

(3) 用传统技术或技法制造;

(4) 使用传统的原材料。

在传统工艺品方面,截至2007年3月,经济产业大臣指定的"传统工艺品"在全国共有210种,其中与手抄和纸相关的内容有10项(如表5所示)。

表5　与手抄和纸相关的传统工艺品

名　　　称	和 纸 生 产 地
内山纸	长野县
美浓和纸	岐阜县
越中和纸	富山县
越前和纸	福井县

名　　称	和　纸　生　产　地
因州和纸	鸟取县
石州和纸	岛根县
阿波和纸	德岛县
大洲和纸	爱媛县
土佐和纸	高知县
江户唐纸	东京都、千叶县、埼玉县

7. 关于传统工艺品的标志

传统标志是经济产业大臣指定的传统工艺品的象征标志。

使用经济产业大臣指定的技术、技法、原材料制作,产地检查合格的产品,贴上使用传统标志设计的"传统证纸"。贴着这个"传统证纸"标签的产品,是实施过检查的产品,是对品质抱有自豪和责任的产品。

8. 获得认定后,会得到什么样的补助?

(1) 在文化遗产相关内容中,将介绍令和2023年的实际成果,即对纸张相关的非物质文化遗产保持者提供了多少补助(如表6所示)。但是,是否可以自由使用是个疑问,不能用于购买生活用品,要求将技术用于保存传承的研修会等。不过,虽然都道府县都想将其作为指定非物质文化遗产进行登记保护,但这只是形式上的东西,大部分都道府县都没有给予补助。

表6　传统工艺品的相关补助情况

事业区分	补助事业者名称	类别	名称	所在地	事业内容	金额(日元)
非物质文化遗产	细川纸技术者协会	重无	非物质文化遗产(重要非物质文化遗产保持团体补助)细川	比企郡	非物质文化遗产(传承)团体	5500000
非物质文化遗产	越前生漉鸟之子纸保存会	重无	越前鸟之子纸传承事业	越前市	非物质文化遗产(传承)团体	7500000
非物质文化遗产	本美浓纸保存会	重无	本美浓纸非物质文化遗产(传承)团体	美浓市	非物质文化遗产(传承)团体	5500000

事业区分	补助事业者名称	类别	名称	所在地	事业内容	金额（日元）
非物质文化遗产	石州半纸技术者会	重无	重要非物质文化遗产石州半纸传承	浜田市	非物质文化遗产（传承）团体	5240000
文化遗产保护技术	全国手抄和纸用具制作技术保存会		（选保）手抄和纸用具制作文化遗产保存技术（传承）	吾川郡	文化遗产保存技术（传承）团体	
文化遗产保护技术	江渊荣贯	选保	表具用手抄和纸（修补纸）制作	土佐市	文化遗产保存技术（传承）团体	2106000
文化遗产保护技术	江渊荣贯	选保	楮的种植·加工	土佐市	美术工艺品保存、修理工具、原材料管理等业务支援	158000
文化遗产保护技术	片冈明里	选保	楮的种植·加工	吾川郡仁淀川町	美术工艺品保存、修理工具、原材料管理等业务支援	576000
文化遗产保护技术	爱上东会		楮的种植·加工	吾川郡伊町	美术工艺品保存、修理工具、原材料管理等业务支援	368000
文化遗产保护技术	田冈重雄		楮的种植·加工	吾川郡伊町	美术工艺品保存、修理工具、原材料管理等业务支援	329000

（2）与农林省相关的内容中，为了确保作为"专用林产品"支撑着文化遗产的原材料的来源，设有补助制度，以便进行保护和培育。即使如此，由于使用量变少，生产者随着老龄化，而不再培养，所以开始向海外寻求供应商。为了保护日本的文化而使用海外的原材料来进行制作，我认为这里是存在疑义的。

（3）在《传产法》中，按照经济产业省管辖的制度，制定振兴计划，如果能得到批准，可以得到相当于事业费三分之二的补助。

手工纸保护刍议

黄飞松

中国宣纸研究所所长

摘　要:古代的纸全由手工操作而成,此前没有手工纸的称谓。19世纪出现机械化造纸后,才有了"手工纸"的称呼。我国的明清时期是手工造纸术的成熟阶段,经历了长期的生产实践与积累,手工纸中的许多技法已经形成了固定的程式,如渍灰、晒白、捶捣、抄纸、干燥等。与机械纸相比,手工纸的制造费时费工,劳动力需求较大,无论是成本与效率,还是品种与数量,都因经不起现代机制纸的挑战而日渐萎缩,呈看起来几乎不可遏制的态势快速衰落及消亡。本文就国内外手工纸的业态分析、需求估算等方面,探讨手工纸的保护方法。

一、国内外手工纸业态分析

农耕时期,手工纸生产覆盖面很广。随着大工业化、城市化建设加速,新的职业不断增多,人们有了更多更好的就业机会。随着机械化程度的加深,传统农业在提速中降低了劳动力的使用。在这两种趋势下,一些传统的手工作业被逐渐放弃,其中包括手工纸的生产。

(一)国内手工纸业态分析

1988年以前,我国手工纸年产20万~30万吨,1992年缩减至13万吨,2020年又缩减至万吨左右。从2005年开始,我国大范围推行非物质文化遗产保护,次年公布第一批国家级名录。10多年来,从国家到各省、市、县都建立了非遗保护体系,各地传统手工纸被列入这四级保护名录(如表1所示),也认定了一大批代表性传承人,但从目前的保护实效来看,手工纸的生产业态仍处于消亡状态。

目前,国内手工纸产地主要有安徽、浙江、福建、广西、云南、贵州、四川、江西、湖南、湖北、重庆、陕西、山东、山西、河南、河北、新疆、西藏、青海、甘肃等。这些手工纸产地中,先后有宣纸、连四、皮纸等多个项目被列入国家级非遗名录。

表1　与手工纸相关的非遗保护项目

项目序号	编号	名称	公布时间	类型	申报地区或单位
415	Ⅷ–65	宣纸制作技艺	2006年(第一批)	新增项目	安徽省泾县
416	Ⅷ–66	铅山连四纸制作技艺	2006年(第一批)	新增项目	江西省铅山县
417	Ⅷ–67	皮纸制作技艺	2006年(第一批)	新增项目	贵州省贵阳市
417	Ⅷ–67	皮纸制作技艺	2006年(第一批)	新增项目	贵州省贞丰县
417	Ⅷ–67	皮纸制作技艺	2006年(第一批)	新增项目	贵州省丹寨县
417	Ⅷ–67	皮纸制作技艺(龙游皮纸制作技艺)	2011年(第三批)	扩展项目	浙江省龙游县
417	Ⅷ–67	皮纸制作技艺(平阳麻笺制作技艺)	2014年(第四批)	扩展项目	山西省襄汾县
418	Ⅷ–68	傣族、纳西族手工造纸技艺	2006年(第一批)	新增项目	云南省临沧市
418	Ⅷ–68	傣族、纳西族手工造纸技艺	2006年(第一批)	新增项目	云南省香格里拉县
419	Ⅷ–69	藏族造纸技艺	2006年(第一批)	新增项目	西藏自治区
420	Ⅷ–70	维吾尔族桑皮纸制作技艺	2006年(第一批)	新增项目	新疆维吾尔自治区吐鲁番地区
420	Ⅷ–70	桑皮纸制作技艺	2008年(第二批)	扩展项目	安徽省潜山县
420	Ⅷ–70	桑皮纸制作技艺	2008年(第二批)	扩展项目	安徽省岳西县
421	Ⅷ–71	竹纸制作技艺	2006年(第一批)	新增项目	浙江省富阳市
421	Ⅷ–71	竹纸制作技艺	2006年(第一批)	新增项目	四川省夹江县
421	Ⅷ–71	竹纸制作技艺	2008年(第二批)	扩展项目	福建省将乐县
421	Ⅷ–71	竹纸制作技艺(泽雅屏纸制作技艺)	2014年(第四批)	扩展项目	浙江省温州市瓯海区
421	Ⅷ–71	竹纸制作技艺(蔡伦古法造纸技艺)	2014年(第四批)	扩展项目	湖南省耒阳市

项目序号	编号	名称	公布时间	类型	申报地区或单位
421	Ⅷ-71	竹纸制作技艺（滩头手工抄纸技艺）	2014年（第四批）	扩展项目	湖南省隆回县
912	Ⅷ-129	纸笺加工技艺	2008年（第二批）	新增项目	安徽省巢湖市
914	Ⅷ-131	楮皮纸制作技艺	2008年（第二批）	新增项目	陕西省西安市长安区

以安徽的泾县、四川的夹江、浙江的富阳三地生产业态较为活跃，以生产书画用纸为主导，产量也很大。其他地区尤其少数民族集中区，以生产民俗用纸居多，产量极小。这三大集中区中，泾县以宣纸为主，夹江、富阳以竹纸为主。泾县的宣纸、富阳的元书纸是历史名纸，其中宣纸传统制作技艺于2009年被联合国教科文组织列入人类非物质文化遗产代表作名录。

随着劳动力市场变化、达标排放要求严格以及消费市场变化，这三大集中区的传统制纸也发生了变化，安徽省泾县只有少量的宣纸维持生产，浙江富阳、四川夹江的传统竹纸生产锐减至一两家，剩余的业态以现代化加工方式加工的龙须草、竹、皮、麦秆等浆料，后端或以手工或以机械加工成带帘纹的纸，有的干脆全部以机械制作。所有产品质量均围绕书画需求制作与控制，极少为修复用纸留下空间。

（二）国外手工纸业态分析

据不完全统计，21世纪初全世界有组织联系的手工纸作坊125个（不包括亚洲地区），从业人员1400多名。欧洲各国手工造纸作坊约有40个，其中英国2个、法国6个、德国4个、荷兰4个、西班牙3个、意大利3个、丹麦1个、芬兰1个、瑞典3个、瑞士2个、波兰2个、匈牙利1个、捷克1个等。这些作坊大多隶属于博物馆、文化保护部门、学校等机构，政府每年要拨款补助，使之能够维持，而绝大部分只是作为一种演示项目存续。

相对来说，亚洲手工纸业态要丰富得多。除了中国外，日本、韩国、朝鲜、缅甸、泰国等国家都有手工纸。其中日本的和纸继宣纸传统技艺进入人类非物质文化遗产保护名录后，也于2014年进入人类非遗名录。相比而言，日本的手工纸做得精细，但产量不高。韩国的手工纸业态虽然丰富，但多数将中国作为该国的加工场所，大量的半成品韩纸由中国制作完成后进入韩国，韩国商人加工后走向市场。随着中国劳动力工资增长后，韩国将中国部分地区手工纸生产点转向缅甸、泰国等国，但总体仍处于下降趋势。

1986年，一个由美国、加拿大、波兰、匈牙利、捷克斯洛伐克、日本、韩国、菲律宾、新加坡等国家和地区自发成立的国际手工纸和艺术家协会（Intenational Association of Papermakers and Paper Artists），成员约有430人。协会还编辑出版了以手工纸为主的刊物，其中有探讨保护手工纸的内容，但没有更好地探讨出保护传统手工纸的有效措施与办法。

二、国内外手工纸需求估算

在机械纸高度发达的今天，手工纸是否有必要继续传承，是否已完全被机械纸替代？从目前来看，尽管手工纸的产量在大幅度缩减，但其使用量不仅没有减少反而呈现上升趋势。宏观分析显示，文化用纸有相当一部分使用了机械纸，但书画艺术、收藏等文化形态用纸还是依靠手工纸；民间祭祀、修族谱等也需要手工纸。这主要还是源于对手工纸的文化认同。此外，大量的古籍修复与印刷，也需要手工纸。因此，手工纸的需求量自然不会减少。

（一）国外市场需求估算

大量进口中国手工纸的国家主要有日本、韩国、新加坡等，以及汉文化圈或受汉文化影响的国家和地区。据不完全统计，中国每年通过不同的渠道向这些国家出口的手工纸超过2000吨。进入21世纪以来，出口的手工纸在大量减少，但依然有数百吨。这些手工纸中，仅宣纸一项最高可达240吨。这些手工纸出口到国外，有一部分用以书画，绝大部分用作这些国家的装饰、民俗、艺术设计与创意等方面。尽管这些国家与地区也有手工纸存活，但品种丰富的中国手工纸能满足这些区域的不同文化需求。仅此证明，中国手工纸在国外仍然有大量的市场空间，如能进一步挖掘，中国手工纸的国外市场空间会更大。

（二）国内市场需求估算

国内手工纸使用主要有以下群体：其一，书画艺术创作需求，全国省级以上的书法家协会、美术家协会以及各大美院、艺术学院等机构、高校、团体有几十万书画家，仅此一项，就需要上万吨纸。其二，全国的书画爱好者、书画进课堂等群体，每年书画练习用纸的消耗量远超于书画创作人群使用量。其三，以宣纸为代表的陈年高档手工纸一直在市场上走俏，尤其是纪念版、艺术家定制版的手工纸，一直被市场热捧，每年也要消耗不少手工纸。其四，一些高档的文书档案、纪念品转向以高档手工纸为载体。其五，中国古代留下很多的珍贵文物，其中有很大一部分是纸质文献，各大藏书、文博部门为使这些纸质文献最大限度地保存，每年都要对损坏严重的文献予以修复，按照原文献的纸质进行匹配，每年也需要数量可观的手工纸来修复。其六，现代艺术的设计走向多元化，不仅在题材上推陈出新，在材料使用方面也不断创新，采用手工纸进行品物流形设计已成为一种国际时尚。以上六个方面进一步拓展了手工纸的应用范围，需求量不可估量。

千年泗洲 —— 中国手工纸的当代价值与前景展望 ——

218

三、手工纸制作技艺保护、传承问题的理论性思考

(一) 建立传承与保护的机制

从本质上来说,手工纸制作技艺是我国民族传统文化的一部分,蕴含着中华民族创新智慧,只有具备强大的活力才能传承和发展,其所承载的传统民族文化才会有活力。同样如此,技艺持有者所掌握的工艺活力不应在"固化"的保护中实现,"活化"的保护和发展才是激发传统手工造纸工艺的强大活力根本。然而,这种活化的保护仅依靠持有者自身是不行的,只有多管齐下才能维护其传承与保护的活力。主要体现在以下方面:

1. 法律法规保护

法律法规是一种行政行为,是行政主体为体现国家权力,行使的行政职权和履行的行政管理职责的一切具有法律意义、产生法律效果的行为。同时,从社会功能上来说,也是一种唤起人们对某一项事物与形态的认识与重视。并且,往往社会形态上的认识可能会早于行政行为。单从非物质文化遗产保护角度出发,早在20世纪中叶,当时的中国音乐讲习所的杨荫浏对苏南音乐、西安古乐的抢救性整理,使得人类还能听到《二泉映月》等经典乐章外,对道教音乐的保护也起到了决定性作用,他所做的一切比西方于20世纪80年代提出的"音乐人类学"学科要早将近半个世纪;20世纪90年代,我国以中国科学院自然所的华觉明为首的一批专家,撰文呼吁从国家和政府层面加强民间民族文化保护。

联合国教科文组织在考虑到非物质文化遗产与物质文化遗产、自然文化遗产存在的相互依存又有所区别的关系,承认全球化和社会转型期间,使非物质文化遗产面临损坏、消失和破坏等威胁,于2003年在巴黎举行的第32届会议上通过并实施的《保护非物质文化遗产公约》(以下简称《公约》),各缔约国在《公约》视野下对本国的非物质文化遗产进行梳理与保护。

民间民族文化保护(非遗保护的前身)。2005年,在文化部的主持下,进行全国范围内的非遗调查。2006年,公布首批国家级非物质文化遗产代表作名录,手工纸制作技艺名列其中。目前,手工纸制作技艺已列入联合国教科文组织公布的"人类非物质文化遗产代表作名录",手工纸制作技艺的保护已进入全人类共同保护的视野。作为缔约国,我们有履行保护的义务和责任。因此,保护好手工纸制作技艺应该要上升到国家文化发展的高度来认识。

国家法律保护。我国已经颁布了《中国非物质文化遗产法》,这是我国非物质文化遗产保护工作的根本性法律文件,需要我们从传承传统文化、实现民族伟大复兴的高度来认识,依法保护好我们的手工纸制作技艺。同时,要专门成立机构,既有技术扶持、行业指导的义务又有监督执法权利,将整肃手工纸行业规范放在保护的重要位置。

2. 政府扶持

手工纸制作技艺是一个时期、一个地方的文化记忆，尽管一直在延续，但在传承过程中有一定的变异，政府应该采用"政府补贴、民众参与"的办法，及时拯救在传承中变异并遗失的技艺及相关资料，建设一个公益性设施，保存当时的生产图片、资料、实物等。当地政府应当将手工纸文化保护工作纳入国民经济和社会发展计划，其保护经费由政府划拨、社会捐助和接受国内外捐赠等多渠道筹集，积极推动手工纸文化生态保护区的建设，并切实加强管理，当地人民政府应当给予扶持，文化、民族宗教事务、建设、旅游、交通、发展计划等部门应当给予支持。同时，将手工纸文化教育纳入地方爱国主义教育范畴，使区域文化为更多的人所熟知。

3. 合理利用文化资源，带动旅游，传播手工纸文化

旅游在当代以其多方位的精神生活消费效应和文化传播体验效应成为社会关注的热点，同时也成为众多传统知识体系传承与保护实现的重要助推器。如何合理利用手工纸制作技艺的文化资源，带动地方旅游产业也是值得认真思考的问题。一方面，通过旅游可以一定程度开发传统知识体系蕴含的文化张力和技术经济张力，增强传统知识的产业整合活力和产业融合活力；另一方面，通过旅游可以更为广泛地传播传统知识的文化影响力，增强传统知识产品的市场软实力和市场竞争力，进而增强传统知识生产性传承与保护的实力和能力。以宣纸为例，其制作技艺被列入"国家级非物质文化遗产名录"和"人类非物质文化遗产代表作名录"后，对旅游产业的带动效应开始显现。其一，相当数量的国内外游客光顾泾县，游览领略手工纸制作技艺及其文化生态，使得手工纸制作技艺、手工纸文化得以在国内外传播。其二，唤起学术界体验、感悟、研讨手工纸的技术与文化，使手工纸制作技艺的传承与保护有了较好的社会文化氛围和传播路径。其三，手工纸制作技艺的活力与旅游产业融合力得以提升。在手工纸制作技艺传承保护与旅游资源整合时，要把握好整合的范围，切忌有意制造噱头和破坏性开发，以有助于手工纸的活力和产业融合的提升。

4. 媒体传播

2003年联合国教科文组织颁布《公约》以来，非物质文化遗产的相关内容传播进入了我国各类传媒的视野。尤其是2006年国家宣布每年6月的第二个星期六为"文化遗产日"及公布第一批国家级非物质文化遗产代表作以来，围绕"文化遗产日"和"国家名录"的非物质文化遗产多方位和多维度的内容报道和展示成了各类传媒关注的焦点。这意味着非物质文化遗产已在主流传媒中取得了不可动摇的地位。在国家持续推进非物质文化遗产保护的当下，如何发挥传媒在非物质文化遗产传承与保护过程中的积极作用，已成为非物质文化遗产传承与保护的社会综合系统工程，需要政府、学界、民众的协同参与。按照联合国教科文组织《公约》的规定，缔约国在保护非物质文化遗产的过程中，必须实施"向公众，尤其是向青

年进行宣传和传播信息的教育计划"和"不断向公众宣传对这种遗产造成的威胁以及根据本公约所开展的活动"。同时，在《国务院办公厅关于加强我国非物质文化遗产保护工作的意见》(下文简称《意见》)的规定中，明确提出"鼓励和支持新闻出版、广播电视、互联网等媒体对非物质文化遗产及其保护工作进行宣传展示，普及保护知识，培养保护意识，努力在全社会达成共识，营造保护非物质文化遗产的良好氛围"。可见，对非物质文化遗产知识的普及、传承与保护意识的培养等任务已经成为社会知识化转型中出版、广播电视、互联网等大众传媒基本功能和社会责任。手工纸制作技艺现已被国家和当地的各类媒体广泛关注，尤其是当地的主流媒体给予了大量的报道与多视角的技术解读和文化解读，乃至相关产品和工艺的直接展示，这就将手工纸技艺传承与保护带入了一个更为广阔的社会空间和更为广泛社会保护环境中。

5. 创新——传承与再创造

手工纸在数以千年的传承中，能被社会广泛关注，与历代的手工纸制作技艺的传承者不断创新，不断赋予手工纸制作技艺以新的生命力有着很大的关系。因此，对手工纸制作技艺最好的传承与保护方式就是通过再创造促进其在当下社会的生存能力和朝向未来的发展能力。只有在继承传统制作技艺——工艺技术与文化积淀的基础上进行的创新才是切实可行的传承与保护的途径。从传统知识的传承与保护进程来看，任何一种民族文化知识体系，想要整体地、原汁原味地保留显然是不可能的，文化知识体系的保留或继承从总体上看，只能是文化符号和文化因子的保留与传承。在当代社会知识化转型背景下，时代社会必然会赋予这些传统知识文化符号、因子以新的意义。创新对任何事物来说，都是自我发展的动力，对于传统的古法造纸来说也是如此。

手工纸制作技艺实际上是一种技术生命体和文化生命体共同存在的象征体，它不可避免地在与自然、社会、历史的互动中不断发生变异。这种变异，有正负两个方向，其负向为畸变——走向扭曲变形，导致自身技术与文化基因谱系的损伤以至断裂，其正向便是创新，它能使手工纸的工艺技术作为非物质文化自身技术基因和文化基因在面对新的时代社会环境时，吐故纳新，顺应同化，自我调节变革的结果，是手工造纸文化遗产传统价值观与现代理念交合转化的新生态，尽管外形已有所不同，但其内里始终保持着手工造纸的技术与文化基因谱系的连续性。这种积极创新，促使手工造纸传承与保护对象得以应时而变，推陈出新，生生不息。根据手工纸历史的演进历程，贯穿其中的正是不同时期手工造纸传承人的过去、现在和未来的创造活力和创造力。因此，他们的这种创新不仅保持了当地手工造纸独特的技术、文化基因，在原始手工技艺创新的氛围中保持了传统技艺的生产活力，实现了保持手工造纸技术、文化基因和保持手工造纸生产活力的内在和谐统一，维护了手工造纸技艺体系完整、纯粹与维持手工造纸技艺传承活力的内在和谐统一。

（二）手工纸制作技艺面临的困境及其对策建议

1. 建立复原专项资金，着力解决手工纸技术复原和产品复原的资金短缺问题

手工纸在传承过程中，大量出现变异问题。大量的历史名纸在社会工业化进程中加速消亡。以上原因都造成了大量珍贵的工艺技术失传，根据我国文化产业发展趋势，有的工艺技术如具备一定的条件还是需要技术复原的。技术复原需要购置相当数量的木材、石料等材料制作工具，这需要较大的投入。如单纯依靠个人是很难实现的，需要政府投入资金并加大推进力度，使手工纸技术复原工作取得实质性进展。

2. 建立传统工艺技术创新支持基金，解决手工纸行业修复试验和生产资金严重不足问题

由于部分手工纸用途的萎缩，其工艺技术的传承与保护必然选择开发新的产品或者拓展原有产品的用途。大量生产和传承也需要在原材料、工具等方面进行改良，需要投入的财力远远超过其承受能力。这就需要建立相应的基金，以保证其创新活动的持续进行。

3. 建全非物质文化遗产传承人体系，解决手工纸后继无人问题

一直以来，手工纸从业者有年过半百的老传承人，有30～40岁的年富力强的中青年传承人，也有二十几岁的青年传承人，维护这健康的传承体系。这些人群中，大多文化素质不高，需要提高其专业素质和文化素质等。而今，手工纸行业从业者绝大多数都是年过半百的老传承人，绝大多数手工纸出现了后继无人问题，需要政府根据地方资源出台切实可行的方法：一是从资金上投入，补贴到人，鼓励年轻人进入行业。二是给予从事一线的年轻人以社会荣誉，让其最大限度地收获社会荣誉感和归属感。三是对从业的年轻人给予一定的专业素养、文化素质提高的空间，以期提高他们文化传承的责任感，更好地承担手工纸传承保护的历史重任。

参 考 文 献

［1］ 刘仁庆.中国古纸谱［M］.北京:知识产权出版社,2009.

［2］ 刘魁立.文化生态保护区刍议［M］//张庆善,郑长铃.第二届中国非物质文化遗产保护论坛·苏州论坛论文集.杭州:浙江人民出版社,2009:75-80.

［3］ 吕品田.以手工生产方式和民俗建设保护中国非物质文化遗产［M］//张庆善,郑长铃.第二届中国非物质文化遗产保护论坛·苏州论坛论文集.杭州:浙江人民出版社,2009:94-104.

［4］ 方李莉.文化生态失衡问题的提出［J］.北京大学学报（哲学社会科学版）,2001(3):105-113.

［5］ 佚名.保护文化生态激活文化遗产立体生存［N］.中国文化报,2003-07-29.

［6］ 田青.保护与发展[M]//张庆善,郑长铃.第二届中国非物质文化遗产保护论坛·苏州论坛论文集.杭州:浙江人民出版社,2009:40-44.

［7］ 张振涛.风起田野:杨荫浏与中国艺术研究院音乐研究所的民间音乐考察[J].星海音乐学院学报,2007(4):19-29.

［8］ 赵明远.文化遗产的双重属性与非物质文化遗产的博物馆保护[J].艺术百家,2009,25(S2):34-37.

［9］ 柳宗悦.日本手工艺[M].张鲁,译.桂林:广西师范大学出版社,2006.

［10］ 刘智峰.道德中国:当代中国道德伦理的深重忧思[M].北京:中国社会科学出版社,2004.

［11］ 黄飞松,王欣.中国非物质文化遗产:宣纸[M].杭州:浙江人民出版社,2014.

［12］ 汪欣.中国非物质文化遗产保护十年[M].北京:知识产权出版社,2015.

［13］ 李少军.富阳竹纸[M].北京:中国科学技术出版社,2010.

［14］ 黄飞松.安徽非遗丛书:宣纸[M].合肥:安徽科技出版社,2020.

中国式现代化视域下手工造纸
业态发展策略研究

——结合对三个中国手工造纸业态富集地域的实地调查*

秦　庆[1,2]　陈雅迪[1,2]　王　璐[3]

1.中国科学技术大学科技传播系；
2.中国科学院科学传播研究中心；
3.故宫博物院文保科技部

＊　基金项目：2023年度安徽省非遗保护中心重点课题"安徽文房四宝非遗资源与现代新兴科技的双创融合策略研究"（项目编号：2023AHFYY06）。2022年安徽省教育厅新时代育人质量工程项目（项目编号：2022CXCYSJ005）。2021年度国家社科基金冷门绝学研究专项"中国西南少数民族手工造纸技艺社区文化传承谱系研究"（项目编号：21VJXT019）。

摘　要：本文基于中国式现代化视角，对当代中国手工造纸业态的在地性、多元性、共有性、传播性4个基本属性深入剖析，提出手工造纸业态具备丰富且多元的当代价值、手工纸生产主体较为脆弱、现代工业造纸压缩手工纸应用范围3个主要现实表征，顺势展示出现代化图景下手工造纸业态的演进趋势，结合笔者团队对当代中国手工造纸业态资源最为富集的3个地域的特色发展经验实地调查研究，以此从现代化生产性保护机制、现代科技多元赋能路径、社会协同的人才培养路径3个方面提出推动手工造纸业态发展的实效策略。

关键词：中国式现代化；手工造纸业态；田野调查；发展策略

一、引言

　　党的二十大报告提出了中国式现代化的本质要求，其中提到："中国式现代化，深深植根于中华优秀传统文化，体现科学社会主义的先进本质，借鉴吸收一切人类优秀文明成果，代表人类文明进步的发展方向，展现了不同于西方现代化模式的新图景，是一种全新的人类文明形态。"[1]这为我们思考中国优秀传统文化的创造性转化和创新性发展提供了基础的思想指导。

在中国优秀传统文化领域,历史悠久、门类齐全的传统工艺对承续中华文化血脉和维护民族精神特质有特殊的作用,深植于优秀传统文化土壤中的传统工艺彰显了独属于中国的文化基因与思想底色,在现代社会仍旧有着旺盛的延续力、生命力、创造力。作为中国四大发明之一的手工造纸技艺在2000多年的传承和演化过程中,展现出"同宗同源,万川竞涌"的地域发展态势,具备高度突出的在地性、多元性、共有性,这体现出手工造纸技艺已经充分融入地方文化生态系统,其文化象征、工艺水平、传承谱系、文化生态价值均为中国传统工艺的典型代表。

自20世纪60年代以来,国内关于手工造纸的相关研究逐渐增多,比较著名的学者有王菊华(中国制浆造纸研究院有限公司)、潘吉星(中国科学院自然科学史研究所)、王诗文(云南省设计院)、陈刚(复旦大学)、易晓辉(国家图书馆)、李晓岑(南京信息工程大学)、刘仁庆(北京轻工业学院)等,但是往往聚集历史渊源、工艺流程和科学原理分析,从手工造纸业态发展角度展开的研究多是点到即止。

本文以前人的研究成果为背景,基于中国式现代化视角,在对当代中国手工造纸业态的基本属性和表征进行深入剖析的基础上,提出当前手工造纸业态现代化演进的趋势特征,同时结合当代中国手工造纸业态资源最为富集的3个地域的特色发展经验实地调查研究,以此提出当代中国手工造纸业态的高质量发展实效策略。

二、手工造纸业态的基本属性及现实表征

(一) 手工造纸业态的基本属性

手工造纸技艺是中国古代四大发明之一,有着2000余年的传承与演化历史,在推动中国乃至全世界的文化传播和文明发展中起了巨大作用。在当代中国,古老的手工造纸技艺逐渐褪去了官办属性和血缘传承属性,逐渐演化为一种具备全链条产业要素的经济活动,即手工造纸业态[2]。整体来看,手工造纸业态具备以下4种属性:

1. 在地性

在地性的本质是指在全局性、宏观性的视野下思考和强调地方特性,内涵是由创造文化的主体、文化自身与生发文化的土地所共同构建的客观现实,也是一种发生事件的"场域"[3]。手工造纸技艺依附于造纸匠人,纸匠的思考和技艺受地方性文化资源和物质资源影响,加之手工造纸技艺的传承性和延续性较为稳固,我们现在看到的安徽泾县宣纸、浙江富阳元书纸、河北迁安桑皮纸、西藏那曲赛白藏纸等在民俗文化、原料取用、工具使用、技艺特征上都具备明显的地域烙印,这是由于手工纸生产往往联系着特定的群体生存经验、历史与文化资源、纸匠的认知和思维方式,在长期的实践和发展中形成了独特的展示形态,故手工造纸技艺

具备天然的在地性。

2. 多元性

我国手工纸品类多样、产区众多且分布广阔,从原材料上看,中国手工造纸的主要原料有"麻构竹藤桑,青檀稻瑞香",一些少数民族地区还有自己独特的造纸原料,例如西藏那曲地区使用狼毒草制作藏纸、云南玉龙纳西族自治县鲁甸乡的纳西族人使用一种名叫"诺瓦"(音译)的植物制作东巴纸。

从地域分布上看,当代中国的造纸点主要集中在南方地区,如安徽省、江西省、广东省、福建省、浙江省等,北方地区的山东省、山西省、河北省三省造纸点较多,西北地区陕西省、甘肃省造纸点较多,西南地区的造纸点集中在广西壮族自治区、贵州省、云南省,我国台湾省的手工造纸企业也相对富集,除此之外,其他省份的手工造纸均为零星分布状态[4]。

生产工艺上,手工造纸技艺主要可以分为浇纸法、抄纸法两个体系;用途上,不同类型的手工纸的使用方式也不尽相同,例如泾县宣纸宜书宜画、铅山连四纸适合印谱和古籍修复、纳西族东巴纸适用硬笔抄经等。整体来看,中国的手工造纸技艺在原料、工艺、地域、用途等维度都可以进行分类,具备多元属性。

3. 共有性

手工造纸技艺在一定程度上反映出一个地方传统工艺的技艺水平和公共性的价值认知,是地理标志的特殊载体和原产身份的独特体现[5],例如安徽泾县有宣纸原产地域产品专用标志企业16家,其生产出的手工纸是地理标志产品。虽然每个地域的手工造纸技艺都有明确的国家级、省级、市级以及县级非遗传承人,但是手工造纸技艺所蕴含的价值观念、审美风尚、特殊材质和原料、工艺标准等,是属于所在区域的文化生态系统的共同无形资产,其价值效应归属区域人民共享,具备典型的共有性。

4. 传播性

手工造纸技艺原本在家族或家庭内部通过言传身教的方式将技能代代相传,基本上可以分为师徒传播、亲缘传播、族群传播3个类型,由此形成了代际传承关系。进入当代社会后,在市场的驱动与催化下,手工造纸技艺的传播逐渐突破血缘传承和性别继承的限制,加上手工造纸技术的门槛较低,一些地方逐渐形成了具备集聚效应的手工造纸业态富集产区,例如安徽泾县、四川夹江、浙江富阳等。在信息时代下,手工造纸技艺的传播更为便利,许多地区的纸匠在技艺上互相借鉴,工具使用上也不断改进,例如西藏林芝市波密县的一家纸坊借鉴四川夹江现代的竹纸制作技艺,使用高压锅蒸煮造纸原料;四川夹江县部分手工纸坊,学习安徽泾县宣纸制作技艺,使用青檀树皮和慈竹进行混合制浆生产手工纸。

从手工纸的国际传播角度看,在全球视野下构建出来的知识文化流动性对手工纸的发展、传播、创新起到了重要推动作用,中国的手工造纸技艺首先传播到了朝鲜半岛,在7世纪由朝鲜东传日本,8世纪西传阿拉伯地区,12世纪传播到欧洲,在全球各地形成不同类型的手工造纸工坊或企业,例如意大利飞碧纳(Fabriano)纸厂,1264年成立至今已经有超过700年的历史,其生产出的纸张在欧洲一直是高质量纸张的代名词。这些都体现出手工造纸业态强烈的传播属性。

(二)当代中国手工造纸业态的现实表征

1. 丰富且多元的当代价值

中国人引以为傲的古代科技成就——造纸术的发明与传播对推动世界文明的发展产生了深远的影响,作为中华优秀传统文化重要组成部分的手工造纸技艺,其所蕴含的历史、文化、科技、艺术、教育、情感等维度的独特价值都引导着我们进行创造性转化和创新性发展。

虽然手工造纸技艺(高端名纸技艺除外)门槛较低,但其蕴含的精神价值在于常年的重复且艰苦劳动中生长出的超强稳定性和耐心,这也即工匠精神;在国际文化传播过程中,手工造纸技艺这一"中国故事"展示出了中国开放包容的文化胸怀和领先世界的发明智慧;虽然手工纸已经退出了人们的日常生活,但其在传统书画领域、民俗祭祀领域、艺术装饰领域的独特价值依旧是手工纸生产主体的生存源泉,保持着延续性,同时对现代科学技术的发现发明具有启发性[6]。

2. 手工纸生产主体较为脆弱

当前,手工造纸技艺的传承与生产主体绝大部分为家庭式纸坊,生产地多为靠近造纸原料和水源的农村偏远山区,生产者多为依靠血缘关系维系的族群成员,这类家庭式工坊工作环境艰苦,成员虽分工有序但劳动强度大、劳动效率低,生产出的手工纸质量不稳定,在生产过程中对地方植被、水体和大气都会产生一定污染和影响,且劳动成员知识技能较低,难以通过现代化机器和新媒体智能工具辅助生产及销售;在技艺传承上,纸坊传承人普遍老龄化严重,后继无人现象频仍。这些原因综合导致了家庭式纸坊在面对环保政策严格、市场销量不畅、生产原料供给不足等问题时,纸坊成员往往选择外出务工谋生,纸坊被迫停工。

3. 现代工业造纸压缩手工纸应用范围

经过现代科技革新、适合工业化生产的现代机器造纸技术在全球范围普及,机器生产的书画纸的生产耗时更短、成本更低、效益更高,与机器造纸相比,传统手工造纸技艺具有智能化程度低、工艺标准缺失、成纸周期较长、价格较高等缺陷[7],难以低价高质大批量生产,加上无纸化办公的盛行,除了在传统的书法、绘画、祭祀等领域,传统手工造纸几乎完全退出人们的日常生活。

图1　四川省夹江县杨湾村一家庭式纸坊正在生产毛边纸

三、现代化图景下手工造纸业态的演进趋势

（一）现代材料科学带来的价值要素置换

中国式现代化赋予中华文明以现代力量[8]，手工造纸技艺可以与现代材料科学进行结合，通过对不同类型手工纸制作材料、工艺技术进行分析和模拟实验，了解不同组成材料、关键技艺环节及其相互关系、作用和功能，揭示造纸过程中蕴含的材料科学原理，挖掘传统手工纸材料的现代化应用场景，解决手工造纸技艺传承和活化所面临的基础性技术问题，将手工造纸技艺的研究从经验性、操作性层面提升到科学的高度，丰富手工造纸的研究与应用空间。

例如，宣纸具有"绵软坚韧、百折不损"的特性，中国科学技术大学俞书宏院士团队对传统宣纸的微观结构在扫描电子显微镜下进行详细表征，发现宣纸内部大量的纳米纤维和微米纤维相互交织，形成了微米纳米多尺度的三维网络，这种仿生结构赋予宣纸高强度、高柔韧性的力学优势，科研团队受此启发研发出一种具有多尺度结构的高性能透明可折叠薄膜，成为精密光学器件和柔性电子器件领域的理想薄膜材料。

（二）多模态信息技术催生的数字典藏化

随着信息技术的迅速发展，诸如元宇宙、虚拟人之类的新事物层出不穷，人们开始更多地探讨非物质文化遗产在数字时代下的生存与传承[9]，数字典藏概念应运而生,即针对具备保存价值的物质或非物质类资料,通过声像资料摄制、电子化扫描、3D扫描、360°全景技术、VR技术、AR技术等多模态信息技术进行资源数字化,并加上后设资料的描述,以数字档案的形式储存。

手工造纸技艺是古代科技、历史和人文的活态展示载体,可以将具有代表性的手工造纸技艺及实物进行数字典藏,构建一个完整的手工造纸技艺专项非遗数字典藏数据库,对学术界的研究者来说,可以直观、系统地了解中国手工造纸技艺的当代及历史分布状态与基础内容,为体系性的学术研究提供了直观的一手资料。

对于手工造纸行业来说,数字技术的发展打破了地方手工造纸产业的若干信息壁垒,产生了新的传播载体,可为传统手工造纸产业学习、观摩、交流赋能;对于手工造纸行业内的从业者和设计师来说,数字传播过程中可以融入数字创意、数字加工、数字孪生等内容,为设计师提供更多设计灵感及元素借鉴。

对于手工造纸文化的传承与弘扬而言,依托数字媒介技术进行手工造纸材料与技艺、工匠与产品、文化内涵、地方特色民俗等内容的集成式创作、生产、传播,将具有鲜明中国风格和特色的手工造纸文化以"数字+人文"的方式展示表达,可以讲好中国故事,推动中国优秀传统文化的国际传播。

(三)文旅融合凝视下的新价值形态

文旅融合的本质是文化和旅游通过产品融合、业态生成、生产要素集聚,在共同市场中实现价值耦合,在过程中分别实现文化产业和旅游产业边界拓展,同时创造新的价值增长点。在文旅融合视角下,开发文旅目的地和文旅产品是最能让人近距离感受文化惊奇与深度抒发情感的方式,能将地方文化生态中的多个要素通过市场手段结合在一起,是地方手工造纸技艺重焕生命活力的一个可能途径[10]。

针对手工造纸技艺的文旅目的地打造,开发团队需要扎根手工造纸业态聚集点,推动零散的手工造纸点形成当代生存性生态聚集地,充分利用手工造纸业态集聚所聚合产生的人文资源进行文化再生产,创造新的文化场景,同时思考如何塑造和梳理手工造纸知识文化体系、新的地域群体结构、新的分工合作体系、新的文旅产业链,让多元从业者可以在聚集地形成良好的共存模式。

针对手工造纸技艺的文旅产品打造,开发团队需要熟悉手工造纸材料、工艺特征、产品属性甚至文化理念,在追求可持续发展的今天,人们不只看重消费商品的使用功能,还在消费中表达着自己的价值主张,人们更加追求有品质的社会生活方式,所以在保留手工造纸的人文温度的同时,结合科技要素,为纸的生命注入新的活力,挖掘出当代的大众消费点,将会促使一大批优质的手工纸重新焕发新生。

(四)艺术表达衍生出的生存空间

当前手工纸的核心用户群体为书法家、绘画家,在艺术家群体使用手工纸的过程中,手工造纸技艺所蕴含的艺术价值也逐渐被挖掘。近些年,无论是在中国的上海国际纸艺术双年展,还是在国际上的国际手工造纸师和造纸艺术家协会 (The International Association of Hand Papermakers and Paper Artists, IAPMA),都产生了一大批以纸浆、纸纤维、成品纸、回收纸为原料的艺术作品,也出现了一批纸张及纸纤维艺术家。

作为艺术行为的手工造纸技艺,在向纸艺术、民间艺术、现代艺术转化的过程中,既丰富了纸艺术的独特内涵,又增强了民族艺术和审美表现力,可以多元展示创作者对自然、生命、社会、文化、艺术、情感等主题的思考,其包含的创作理念、个人风格、独特性、原创性等个性化特质,都是机器所无法生产和表现的。艺术家们丰富的想象力和创造力极大地拓展了人们对造纸技艺和原料的既有认知,不仅展现出中国古代科技文明对当代艺术创作的启示,更揭示了手工造纸于当代语境下的文化涵义和艺术思考,这也是手工造纸艺术的独特生存空间。

四、当代手工造纸业态富集地域的特色发展路径解析

当前中国活态传承手工造纸技艺的地域主要集中在南方地区,本文基于笔者团队在2019—2023年,对安徽省泾县、四川省夹江县、浙江省富阳区3个地域进行为期5年不定期的田野调查,对3个手工造纸业态富集主体的特色发展路径进行展示。

(一)安徽泾县:宣纸产业集聚与文旅深度融合催生中国宣纸小镇

中国宣纸小镇项目坐落于泾县榔桥镇境内,2017年被列入安徽省首批特色小镇,2019年泾县人民政府批准成立了安徽泾县宣纸小镇有限公司,负责宣纸小镇的投资、建设、运营、管理。

中国宣纸小镇以现有中国宣纸股份有限公司、中国宣纸博物馆、中国宣纸文化园为核心,辐射乌溪中心村,中国宣纸小镇项目规划分三期实施:一期主要建设国纸客厅(游客服务中心)及水街项目,由国纸厅、国纸售卖和国纸体验馆、国纸表演馆三幢建筑组成;二期主要建设文创艺术区艺术家村落,包括宣纸制作工艺的檀园、草园、藤园、帘园和与宣纸有关名人的可染园、叶挺园、孔丹书院与艺术家工作室等;三期主要建设村庄配套服务区、活力产业区、生态康养区。

中国宣纸小镇主要由技艺展示区、艺术交流区、活力产业区、宣纸生产区、艺术怡养区、配套服务区6个功能区构成,建设目标为"宣纸产业聚集升级、业态跨界融合、产业创新发展的重要载体",是地方政府推动宣纸文化与旅游业深度融合高质量发展的实践地。

(二)四川夹江:打造基于传统手工造纸的产居型民居

"产居型民居"是夹江县造纸人生活兼生产的场所,一般为家庭式纸坊,主要分布在夹江县马村镇的石堰村、碧山村、杨湾村。传统手工造纸产居型民居具有

得天独厚的文化产业特色,地方政府与四川美术学院合作规划建设"中国纸乡"项目,生成石堰村村史馆、大千书画纸、枷担桥乡野市集、传统工艺工作站特色村落等重点项目。

石堰村村史馆:石堰村是一个以手工竹纸生产为核心产业的村落,保留着较为完整的传统村落形态,也保存着丰富的民俗文化资源与造纸技术资源。村史馆以"振业兴村·纸艺石堰"为主题,对石堰村及周边碧山村、杨湾村等造纸村落的历史风貌、产业分布、生活民居、造纸工艺、纸乡民俗等方面进行整体呈现,形成展览、休憩、文创售卖、休闲等不同功能分区的综合性空间。

大千书画纸特色村落:以"见人见物见生活"为核心,围绕手工造纸技艺、大千纸坊、大千故居珍贵IP,打造集研学体验、文化传承、文艺创作、民俗休闲旅游等为一体的博物馆式的生态民居聚落。

枷担桥乡野市集:配套布局手工纸交易、餐饮等业态,定期举办老街集市、研学体验等民俗活动,以恢复枷担桥老街昔日繁荣。

传统工艺工作站:立足非遗保护传承与开发利用的实际,以文化遗产保护研究,传承人培养及高层次人才交流培训,文化创意产品开发为内容建设工作站。

(三)浙江富阳:基于泗洲造纸作坊遗址打造考古遗址公园

"泗洲造纸考古遗址公园"项目位于杭州市富阳区原泗洲村、凤凰山北麓与新义溪之间,是目前我国发现年代最早的造纸遗址,遗址基本反映了造纸工艺从原料预处理、沤料、煮镬、浆灰、制浆、抄纸、焙纸等流程,造纸技术要素齐全。

泗洲造纸考古遗址公园由富阳区政府主导打造,规划定位是国家考古遗址公园、国家AAAAA级旅游景区、浙江"宋韵文化传世工程"的标志性项目。项目规划了主入口及博物馆综合展示区,包括主入口区、(杭州)中国造纸博物馆(一期)、国际手工纸研究中心(二期)、研学中心区共4个分区;古法造纸模拟展示区(活态展演区);考古预留区(暨农耕生活展示区);河滩景观区;游客配套服务区(暨田园村落展示区)5个部分。

项目整体规划以富阳手工纸为窗口,将手工造纸从制造业属性引导向文化属性转型,基于手工造纸技艺的原始文化遗产,将国际手工造纸、本地农耕文化、宋韵文化、文物保护、文化研学体验、舞台演艺、商品交易、民宿等展示形态和商业业态聚合在一起,综合呈现和传播泗洲造纸作坊遗址文化价值的同时挖掘其经济价值。

五、推动手工造纸业态现代化传承与发展的实效策略

(一)构建手工造纸的现代化生产性保护机制

2022年由文化和旅游部等10个部门发布的《关于传统工艺高质量传承发展的

通知》提出："支持（传统工艺企业）全面掌握并运用传统工艺核心技艺和关键技术，在保持传统配方和工序的基础上，鼓励运用现代生产技术和管理方式，提高生产效率。"所谓现代生产技术，指代了当前正在经历的电子技术革命和信息技术革命中产生的新技术、新思维和新工艺。

作为传统工艺典型代表的手工造纸技艺，其传承与保护需要成为在现代化生产性保护逻辑支配下的动态传承[11]。手工造纸的现代化生产性保护机制的传承特质由核心要素和随机要素组成：核心要素是必须坚守的手工造纸技艺的核心技艺部分，体现为工艺的本质特征、评价体系与价值观及其生命力，例如手工抄纸等技艺环节。随机要素是手工造纸技艺中可以变异和革新的部分，体现为工艺技术的有效性和功利性以及在时代发展中的适应性，例如机器制浆、高压锅蒸煮等现代化改进的技艺环节。

同时，生产性保护是一种连接市场与非遗的保护方式，突出的价值是活态传承价值和经济价值，因此除了遵循市场规律还必须遵循非遗保护的规律。因此在建设手工造纸现代化生产性保护机制的过程中，需要设计手工造纸传承人带徒传艺、创作作品、档案资料收集的具体机制和工作方法，尽量避免文旅包装对手工造纸技艺本真性的破坏，要传承手工造纸技艺所保有的核心技艺和文化意蕴，适应现代化，即使用合适的先进工具，提高专业化水平，提升核心竞争力。

（二）探索"现代科技+手工造纸"的多元赋能路径

千百年来，中国智慧的工匠们对动力的使用有一个不断发展的进程，一直在巧妙的使用从人力、畜力、机械力、水力、火力进行社会各类产品的生产，在这个过程中形成了各种类型的传统工艺，材料与技术的迭代从古至今从未间断，因此只有不断将新的科技元素融入手工造纸技艺中，才能使它焕发当代生机。

中国式现代化关键在科技现代化，现代科技为手工造纸业态的繁荣提供了更多的思考和想象空间：机器学习、卷积神经网络等人工智能技术可以建立和训练手工造纸技艺的算法模型，提前设定期待的手工造纸性能指标，通过数据训练和生成算法判断手工造纸关键技艺环节的操作和处理细节，指导手工造纸生产；知识图谱技术可以搭建手工造纸技艺类的专业术语与知识网络，从手工纸的原料、工艺、产品、地域、传承人等多个维度对非遗知识进行拆解、再现和重组，深入挖掘和展现手工造纸技艺所蕴含的传统文化谱系及其演化路径；3D打印、智能机器人等数控设备不仅可以应用于手工造纸的制浆环节，同时在抄纸环节也可以设定标准数据，一定程度上实现人工效果。

（三）社会协同的手工造纸人才培育路径

无论任何行业，"人"都是最关键最核心的主体要素。目前手工造纸业态的参与群体大致可以分为家庭式造纸工坊经营主体、具备一定体量的造纸企业主体、市场销售主体、以纸为媒的艺术家群体、使用手工纸的古籍修复师群体、研究手工纸的学者群体、手工纸非遗保护的政府及社会组织、爱好手工造纸的人群等，具备明显的社会化特征。

作为手工造纸行业核心力量的生产主体和销售主体,整体体量较小且人才匮乏,使得手工造纸的可持续发展和创新性发展面临动力不足的情况,这就需要社会多方力量协同,共同培育手工造纸人才。手工纸坊多集中在农村地区,地方政府可以坚持培养与引进并重原则[12],多渠道引聚技能人才、文艺人才;同时需要深入培养当地手工造纸人,当地纸匠才是技艺的习得者和文化的承担者,最终也需要在保护与发展手工造纸技艺与地方文化之外,建设以人为本的特色乡村。

中国传统的家庭工坊式师徒传承已经不适应现代人才的培养,现代学徒制是通过学校、企业的深度合作与教师、师傅的联合传授,对学生以技能培养为主的现代人才培养模式,相关高校、研究院所可以联合手工纸的生产主体、使用主体,构建实质性产学研联盟,探索建立政校企合作培养人才机制,培养适应手工造纸行业需求的专业人才。

六、总结

新时代文化建设和中华民族现代文明发展在中国式现代化进程中发挥了重要作用,作为中国传统工艺经典代表的手工造纸技艺在古代中国的文化承载、文明传播中发挥了重大作用,在当代社会,科技、文化与人们的需求不断更新演化,传统的中国手工造纸技艺如何保持活力与创新性、跟上时代进程走入当代人们的现实生活?回答这个时代命题,需要所有关注手工造纸的人们沿着这条手工造纸现代化演进之路坚定地探索下去。

参 考 文 献

［1］ 韩保江,李志斌.中国式现代化:特征、挑战与路径[J].管理世界,2022,38(11):29-43.

［2］ 罗文伯.中国手工造纸的现代化建构研究[D].合肥:中国科学技术大学,2017.

［3］ 汤书昆,朱赟.中国南方手工造纸的田野调查与行业生态构建[J].东南文化,2017(4):6-13,127-128.

［4］ 王潇.传统手工艺的再生产研究[D].西安:西安美术学院,2016.

［5］ 陈彪,朱玥玮,陈刚.在传统与现代的对话间解码手工纸:手工纸研究专家陈刚教授访谈录[J].广西民族大学学报(自然科学版),2022,28(2):1-11.

［6］ 郑久良.非遗传统技艺与现代科技的辩证关系与融合路径:以手工造纸行业当代生产为例[J].常州工学院学报(社会科学版),2023,41(1):128-135.

［7］ 杨玉良,凌一鸣.科学、技术与文化遗产:手工纸张的理化性质[J].古籍保护研究,2020(1):83-90.

［8］ 潘丽嵩,范晓阳.中国式现代化新道路的传统文化底蕴研究:在"两个结合"中坚定中国特色社会主义理论自信[J].西北民族大学学报(哲学社会科学版),2022(1):9-18.

［9］ 牛力,刘慧琳,王保国.数字人文视角下典藏资源多维度标签本体构建[J].情报科学,

2021,39(11):30-37,59.

［10］ 赵慧琳.文旅融合视角下非遗手工造纸的创意设计研究［D］.广州:华南理工大学,2022.

［11］ 张洁.乡村手工业技术的多元特征:贵州石桥村手工造纸技艺的人类学考察［J］.原生态民族文化学刊,2021,13(3):143-152,156.

［12］ 夏诗集.地方特色文化产业发展中的县域政府职能研究［D］.南京:南京师范大学,2021.

* 本文为 2022年安徽省哲学社会科学规划项目"徽州文化生态保护实验区建设调查与价值评价研究"成果，项目号：AHSKY2022D197。

基于CiteSpace的国外手工造纸文献知识图谱分析 *

庞建波[1]　郭延龙[1,2]

1.安徽大学艺术学院；
2.安徽社会科学院当代安徽研究所

摘　要:本文运用科学计量学的方法,对国外手工造纸文献进行了可视化分析,旨在研究该领域的研究热点和趋势。以 Web of Science 作为数据库,收集、汇总和分析学术界已发表的有关手工纸与手工造纸的文献,以系统地整理该领域的研究成果。通过使用 CiteSpace 的科学计算与可视化技术,从多个维度展开了分析,包括文献的发表时间、核心作者与单位、关键词的共现方式,以及关键词在时间上的演化趋势等。通过分析,发现手工造纸领域的研究主题主要集中在纤维材料的研究、性能评估、文化遗产保护等方面。可视化分析揭示了手工造纸领域的研究热点和趋势,更全面地了解国外该领域的学术动态。对研究者在进行进一步的学术探索和创新具有重要的参考价值,对于推动手工造纸领域的学术进步以及文化传承具有积极意义。

关键词:手工造纸;CiteSpace;知识图谱;可视化

一、引言

手工造纸作为人类文明的珍贵遗产之一,拥有悠久而丰富多彩的历史。几千年来,手工造纸技艺在不同国家和文化中得以传承和发展,成为承载着文明智慧的重要载体[1]。然而,在现代科技的冲击下,这项传统工艺逐渐被工业化生产所取代[2]，面临着保护和传承的挑战。为了更好地理解和维护这一古老工艺的价值，学术界对手工造纸领域进行了广泛而深入的研究。在这个全球化的时代，学术研究已经超越国界的限制，国际视角成为深入探究任何领域的重要途径。对于手工造纸这一拥有浓厚文化色彩的传统工艺来说，国外视角也相对重要。不同国家和地区拥有各自独特的手工造纸传统和技艺，它们之间的交流与合作将为这项古老工艺的传承和发展带来新的机遇和挑战。因此，本文旨在从国外角度出发，探究国外手工造纸领域的学术动态与研究趋势，旨在为手工造纸的保护与创新提供新的视野与思路。

在本文的研究过程中，采用科学计量学的方法，结合文献可视化分析技术，对国外手工造纸领域2004年至2023年的学术动态进行了研究。通过收集整理Web of Science核心数据库中相关文献，并利用CiteSpace软件，对数据进行可视化处理，以全面展示该领域的研究状况。研究重点包括对手工造纸领域的研究热点进行深入剖析。手工造纸的研究领域广泛，不仅涉及纸张的制作技艺，还包括纤维材料的研究、性能评估、文化遗产保护等多个方面[3]。通过关键词共现分析和聚类分析，将深入了解研究方向的发展趋势，揭示手工造纸领域的前沿动向和未来发展的可能性[4-6]。随着科技的不断进步，数字化技术、智能化生产等现代科技手段正在渗透到传统工艺的各个方面[7]。本文的研究不仅关注了手工造纸领域的学术研究动态，也深入探讨了其在现代社会的可持续发展问题。虽然手工造纸拥有着丰富的文化内涵和历史价值，但其传统技艺与现代科技相结合的探索和创新亦不容忽视。在推动手工造纸可持续发展的过程中，需要注重环境友好型工艺和材料的使用，传统文化的传承与创新，以及人才培养和技艺传授的重要性。

二、材料与方法

（一）使用工具

本文利用CiteSpace软件构建知识图谱，该软件基于文献计量学的理论基础。文献计量学以普莱斯[8]定律所揭示的作者分布和布拉德福德定律[9,10]描述的特定学科在期刊上的分布为理论依据[11]。CiteSpace软件是一种文献计量分析的知识可视化工具，能够客观地处理手工造纸大量科学文献数据，并可视化相关信息[12-14]。它支持共引分析、共现分析、聚类分析和关键词突发性分析[15]。除此之外，CiteSpace最突出的功能之一是协助学者调查知识结构和研究热点，帮助他们发现研究课题的进展和演变，从而为学术研究提供更全面的认识和洞察[16]。基于研究前沿 $\Psi(t)$ 到基础知识 $\Omega(t)$ 时间映射 $\Phi(t)$，即 $\Phi(t):\Psi(t) \to \Omega(t)$。$\Omega(t)$ 包含了大量被前导词文献引用的文献，它们之间的关系总结为[17]

$$\Phi(t): \Psi(t) \to \Omega(t)$$

其中

$$\Psi(t) = \{term\backslash term \in S_{\text{Title}} \bigcup S_{\text{Abstract}} \bigcup S_{\text{Descriptior}} \bigcup S_{\text{Indentifier}} \bigwedge IsHotTopic(term, t)\}$$

$$\Omega(t) = \{term \backslash term \in \Psi(t) \bigwedge term \in article_0 \bigwedge article_0 \rightarrow article\}$$

CiteSpace 有 3 种计算网络连接强度的算法,分别是 cos,Jaccard 和 Dice。在本文中,软件采用默认余弦算法:

$$\cos(C_{ij}, S_{ij}, S_j = \frac{C_{ij}}{\sqrt{S_i S_j}})$$

(二) 数据收集程序

数据于 2023 年 7 月 21 日从 Web of Science 核心合集数据库检索覆盖了所有相关文献。检索关键词为"handmade paper""artisanal paper""craft paper""hand made paper""Xuan paper",以准确匹配并检索相关文献,共检索到 213 篇文献。最终排除重复论文、研究报告、书稿等 8 篇文献,因此,共选择 205 篇文献作为研究对象。所有选定的文献均在 CiteSpace6.1R6 中处理。如图 1 所示。

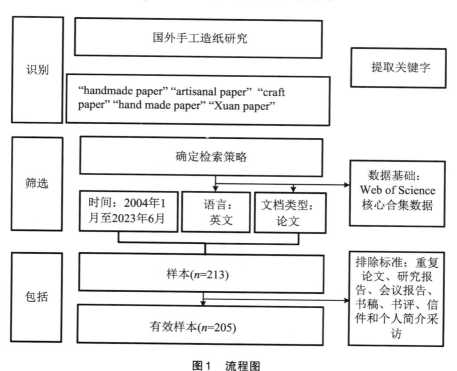

图 1　流程图

(三) 分析路径

在处理数据之前,必须预先设定好以下参数:① 根据相应的分析选择节点类型;② 时间片设置在 2004 年 1 月至 2023 年 6 月;③ 每个时间片的长度为"1";④ 其余参数设置为"默认"设置。

利用 CiteSpace 软件对路径进行分析,以解决研究问题。第一条路径是共同网络分析,以更深入地了解整个研究状况,包括作者与机构之间的分布和合作。此

基于CiteSpace的国外手工造纸文献知识图谱分析

分析生成了共同作者网络和共同机构地图。第二条路径是基于关键词分析的共现分析。通过关键词分析,得到关键词共现图、时区图和知识图谱的聚类,以确认研究热点,追踪热点的演变,并明确研究前沿。第三条路径由名词术语突发分析组成[18]。这一分析可以用于分类某个时期最活跃的研究领域,并预测相关的研究趋势。

(四)文献分析的主要指标

在 CiteSpace 分析后,采用综合指数、中心性、轮廓与模块化来解释和描述可视化的图标[19,20]。在知识图谱中,具有高中心性的节点在其他节点之间的通信中起着突出的作用。具有高中心性(>0.1)的关键词表示一个关键的研究领域[21]。模块化(Q)值和平均轮廓(S)值主要用于衡量聚类图。Q 值代表模块化程度,范围从 0 到 1[22]。当大于等于 0.3 时,说明网络模块化程度显著。同时,Q 值的增加意味着网络的聚类效果提升。平均轮廓(S)测量了网络的同质性,S 值的范围从 1 到 -1[23]。当 S 值大于等于 0.5 时,表明聚类结果是合理的,当 S 值超过 0.7 时,聚类结果被证明是可信的,随着 S 接近 1,同质性增加。

三、手工造纸文献的描述统计分析

(一)文献总体数量描述

通过 Web of Science 核心合集数据库搜索查询,收集 2004 年至 2023 年间发表的有关手工造纸的期刊文献,根据收集的数据,对国外手工造纸文献的总体数量进行描述。自 2004 年起至 2023 年 6 月止,各年份文献发表数量如下:2004 年为 2篇,2005 年为 4 篇,2006 年为 3 篇,2007 年为 4 篇,2008 年为 3 篇,2009 年为 4 篇,2010 年为 7 篇,2011 年为 9 篇,2012 年为 4 篇,2013 年为 6 篇,2014 年为 8 篇,2015年为 8 篇,2016 年为 14 篇,2017 年为 9 篇,2018 年为 22 篇,2019 年为 16 篇,2020 年为 18 篇,2021 年为 28 篇,2022 年为 23 篇,2023 年为 14 篇。得到图 2 显示结果。

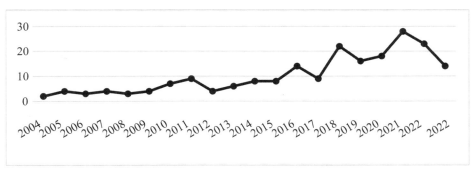

图2　2004 年至 2023 年间发表相关的文献趋势

从数据可以观察到,自 2004 年至 2023 年,国外手工造纸领域的相关文献的发表显示了逐年上升的趋势。在这20年的时间跨度中,研究成果不断增加并被发表。在最初的几年,2004年至2006年,文献数量较为有限,分别为2篇、4篇和3篇。随着时间的推移,研究兴趣逐渐增加,特别是在2010年以后,文献数量显著增加,尤其值得注意的是,2018年至2021年这4年间,文献数量急剧增加,分别达到22篇、16篇、18篇和28篇。国外手工造纸领域的研究在过去的20年里得到了广泛的关注和积极的发展。这一持续增长的趋势反映了手工造纸领域的重要性以及对其研究的持续热情。该趋势可能受到了技术进步、环境保护和文化传承等因素的推动,为该领域未来的研究和应用带来更多的机遇和挑战。

这些数字反映了该领域研究的活跃程度和持续增长的趋势。随着手工造纸领域的重要性和关注度的提升,越来越多的研究者开始关注并投入相关研究中,从而促使了文献数量的不断增加。文献的发表不仅丰富了该领域的知识体系,还为进一步研究和发展奠定了坚实的基础。值得注意的是,对于文献数量的增长趋势的原因,需要进行更深入的分析,以理解其中可能涉及该领域研究兴趣的增加、资金投入的增加、技术进步的推动等多个因素的综合影响。通过进一步的研究,可以获得对这一趋势更全面的认识。

(二)作者关系网络

1. 作者合作网络分析

通常而言,在作者协作网络中,论文的作者被抽象为一个节点。若两个作者共同发表了一篇文献,则增加了两个节点之间的连接。近年来,作者协作网络的研究引起了情报学等相关领域的极大兴趣。基于复杂网络理论的多作者协作网络实证分析已成为研究热点[24]。

依据CiteSpace图谱分析网络理论,分析2004年至2023年在Web of Science核心数据库收录的手工造纸相关文章共计205篇。使用CiteSpace软件,将年限设置为2004年1月至2023年6月。节点类型设置为"Author",点击"Go"之后Threshold节点设置为3,Font Size节点为61,Node Size节点设置为65,最终的结果如图3所示。

2. 作者分析

不同学科和不同阶段的期刊都围绕着不同的作者集群发展,其中高产出的作者集群是核心群体。因此单篇论文的产生并未体现学科的发展规律性,而多论文形成的论文流则显现出规律性的变化。在此基础上,理解发展规律,判断进展水平显得尤为重要。核心作者将充分发挥着主心骨的影响,把学科研究方向带到全新的发展水平[25]。依据Web of Science统计探究,分析作者发文具体步骤如下:

图3 CiteSpace图谱作者网络

  首先,通过计算作者平均发文数量,可以确定核心作者候选人。在2004年至2023年,Web of Science核心合集数据库收录刊物上共发表手工造纸领域相关的205篇文章,共有392位作者,人均发表0.778篇文献,不到1篇文献,根据实况本文按作者发表3篇文献研究,有20位作者符合计算要求。这20位作者共发表71篇文献,每人平均发表3.55篇文献。总共被引次数1835次,去除自引共计1641次。平均每人被引次数4.1862次。最后,计算综合指数(如表1所示),计算公式如下:

$$综合指数 = \left(\frac{发文量}{人均发文量} \times 100 + \frac{被引频次}{人均被引频次} \times 100 \right) / 2 \ ^{[26]}$$

表1 核心作者综合指数表

排序	首发年份	作 者	发文量	被引用次数	综合指数
1	2010	Bhatnagar Pradeep	4	102	4.08347082
2	2010	Kulshreshtha Shweta	4	102	4.08347082
3	2010	Mathur Nupur	4	102	4.08347082
4	2016	Han Bin	5	54	2.8648504
5	2016	Gupta A B	3	47	2.16376094
6	2016	Singh Kailash	3	47	2.16376094
7	2013	Smith Gerald J	3	46	2.13329172
8	2013	Tang Ying	3	46	2.13329172
9	2015	Bujang Japar Sidik	3	42	2.01141481
10	2018	Dong Li-Ying	3	40	1.95047636
11	2008	Kannan K	3	28	1.58484565
12	2008	Natesan M	3	28	1.58484565

排序	首发年份	作 者	发文量	被引用次数	综合指数
13	2008	Premkumar P	3	28	1.58484565
14	2019	Luo Yanbing	3	18	1.28015339
15	2022	Liu Xinhua	4	4	1.09748666

在核心作者中,Bhatnagar Pradeep,Kulshreshtha Shweta 和 Mathur Nupur 是显著的研究者,首次发表文章都在 2010 年。这三位作者的发文量均为 4 篇,且每篇文章平均被引用次数高达 102 次,综合指数为 4.08347082。这表明研究工作在学术界具有较高的影响力,吸引了广泛的关注和引用。另外,在 2016 年首次发文的作者 Han Bin,Gupta A B 和 Singh Kailash 也是该领域的重要研究者。虽然发文量相对较少(分别为 5 篇、3 篇和 3 篇),但每篇文章平均被引用次数较高,分别为 54 次、47 次和 47 次,综合指数约为 2.8648504,2.16376094 和 2.16376094。这显示他们的工作也受到学术界的认可和关注。

在 2013 年首次发文的作者 Smith Gerald J 和 Tang Ying,以及 2015 年首次发文的作者 Bujang Japar Sidik,虽然发文量较前述较少(均为 3 篇),但平均被引用次数仍相当可观,分别为 46 次、46 次和 42 次。综合指数约为 2.13329172、2.13329172 和 2.01141481。这表明研究成果也在该领域有着一定的影响力。虽然还有其他首次发文年份较早或较近的作者,但发文量和被引用次数相对较少,综合指数较低。

核心作者的发文量和被引用次数并不是唯一的评估指标,综合指数考虑了发文量和被引用次数等多个因素,更全面地反映了其在手工造纸领域的学术贡献和影响力。核心作者在国外手工造纸领域的研究中发挥着重要作用,研究成果为该领域的发展和创新提供了重要的参考和借鉴。同时,数据也反映了手工造纸领域研究的活跃程度和不断增长的趋势,预示着该领域在未来将继续受到学术界和产业界的重视与关注。[24]

四、学术机构分布与核心期刊分析

通过发文数量和被引次数计算相应的综合指数,判断核心研究机构,分析机构在手工造纸研究领域的学术水平和影响力(如表 2 所示)[28]。所示机构网络图由 CiteSpace 图谱分析制作,机构网络分析通过机构与机构之间的线的数量、粗细和离散度来进行机构网络分析。通过 CiteSpace 图谱分析,节点类型设置为"Author",点击"Go"之后 Threshold 节点设置为 3,Font Size 节点为 30,Node Size 节点设置为 53,最终的结果如图 4 所示。只有几条细线,说明机构之间的合作关系薄弱。

表2　核心机构综合指数

排序	首发年份	机　　　构	发文量	被引用次数	综合指数
1	2010	Beijing Institute of Graphic Communication	4	5	46.2461914
2	2005	Tianjin University	3	6	31.2461914
3	2019	Fudan University	7	15	29.5795247
4	2018	Capital Museum	3	10	21.2461914
5	2004	Nanjing Forestry University	3	11	19.882555
6	2019	Shanghai Institute of Quality Inspection and Technical Research	3	14	16.9604771
7	2020	Anhui Polytechnic University	4	23	14.9418435
8	2020	Technology Public Service Platform of Textile Industry in Anhui Province	4	23	14.9418435
9	2019	Sichuan University	3	18	14.5795247
10	2008	Government College of Engineering	3	28	11.6033342
11	2017	University of Chinese Academy of Sciences	8	84	11.0080961
12	2014	Chinese Academy of Sciences	10	109	10.8333473
13	2016	Islamic Azad University	3	34	10.6579561
14	2010	International College for Girls	3	38	10.1935598
15	2016	Sorbonne University	4	58	9.69446721

图4　CiteSpace 图谱机构网络

根据数据分析,Beijing Institute of Graphic Communication(北京印刷学院):于2010年首次发文,发文量为4篇,被引用次数为5次,综合指数高达46.2461914。尽管发文量较少,但其研究成果受到了学术界的广泛关注和引用,综合指数显示其研究工作在学术影响力上具有显著地位。Tianjin University(天津大学)首次发文年份为2005年,发文量为3篇,被引用次数为6次,综合指数为31.2461914。虽然在发文量上相对较少,但该机构的研究工作仍受到一定程度的认可和引用。Fudan University(复旦大学)在2019年首次发文,发文量为7篇,被引用次数为15次,综合指数为29.5795247。其在学术界的研究影响力相对较高,显示其在手工造纸领域的研究成果备受关注。Capital Museum(首都博物馆)首次发文年份为2018年,发文量为3篇,被引用次数为10次,综合指数为21.2461914。作为博物馆,该机构在手工造纸研究领域也展现出一定的学术贡献和影响力。Nanjing Forestry University(南京林业大学)首次发文年份为2004年,发文量为3篇,被引用次数为11次,综合指数为19.882555。尽管发文量相对较少,但其研究成果在该领域得到了学术界的认可。

核心机构在国外手工造纸领域的研究中都展现出了一定的学术贡献和影响力。其研究成果在学术界得到广泛的关注和引用,推动了该领域的发展和创新。北京印刷学院、天津大学和复旦大学是在2010年以后首次发表文章的核心机构,它们的综合指数均较高,分别为46.2461914,31.2461914和29.5795247。这表明了机构近年来在国外手工造纸领域的研究上有着显著的贡献,并且其研究成果受到了学术界的高度认可和引用。此外,中国科学院大学和中国科学院作为两个重要的科研机构,其综合指数分别为11.0080961和10.8333473,虽然相对于前述三个机构较低,但在手工造纸领域的研究也得到了较高的学术评价。

值得强调的是,综合指数并非评价研究机构学术影响力的唯一标准。每个机构在不同研究领域可能有不同的特长和优势,而数据只是对其在国外手工造纸领域的研究活动的一部分反映。同时,对于一些较新的机构或专业性较强的机构,虽然综合指数较低,但其在该领域中的研究也可能具有一定的重要性和影响力。核心机构在国外手工造纸领域都发挥着积极的作用,研究成果为该领域的发展和创新做出了重要贡献。无论综合指数高低,每个机构的研究都有其独特价值,相互合作与交流将促进该领域的持续发展。未来,机构可以继续深化研究,拓展合作范围,为手工造纸领域的研究与应用提供更多有益的成果。

五、关键词分析

(一)关键词共现分析

目前,通过关键字共现能够获取到大量长期的学术研究结果,并有助于确定研究的主要特点、进展脉络与走向,以及研究内容的内在关联等多个关键课题。

在学术研究中,关键词分析方法业已成为了一个比较成熟的文献计量研究方式[29,30]。关键词是论文的精华,更恰当地表达研究热点。通过利用CiteSpace软件处理205篇文献,制作关键词信息图谱(如图5所示)。

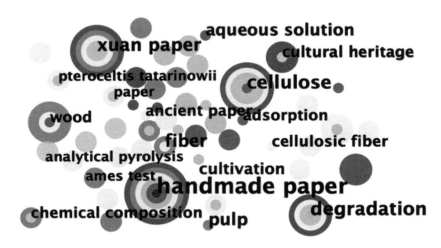

图5　CiteSpace图谱关键词共现

　　根据分析数据,可以看到在国外手工造纸领域的研究中,一些重要的关键词频繁出现并具有较高的中心性(如表3所示)。根据提供的数据进行关键词共现分析,发现在手工造纸领域,存在一些频繁共现的关键词。首先,"handmade paper"(手工纸)和"xuan paper"(宣纸)分别在2005年和2012年首次出现,出现次数分别为30次和23次。这两个关键词在手工造纸研究中可能具有一定的相互关联性,因为它们都涉及纸张的手工制作方法,"handmade paper"(手工纸)强调了手工制作的纸张,而"xuan paper"(宣纸)则指向一种特定的手工造纸品种。"cellulose"(纤维素)和"fiber"(纤维)分别在2010年和2011年首次出现,出现次数分别为15次和10次。这两个关键词都涉及纸张制作的基础材料,"cellulose"(纤维素)指代纸张主要的成分之一,而"fiber"(纤维)则强调纸张中的纤维结构,因此它们在研究中经常同时被讨论。"degradation"(退化)在2014年首次出现,出现次数为12次。这个关键词可能与手工造纸纸张的降解和老化过程相关,这是一个重要的研究方向,因为了解纸张的降解机制对于保护文化遗产和历史文献具有重要意义。"wood"(木材)在2016年首次出现,出现次数为8次。这个关键词可能涉及手工造纸中使用的原材料,因为木材是传统手工造纸原材料的主要来源,研究该领域有助于改进手工造纸技术和资源利用。

　　其他关键词共现现象,例如"chemical composition"(化学成分)和"composite"(复合材料)分别在2014年和2016年首次出现,出现次数较少,但仍值得关注。"paper"(纸张)、"chinese handmade paper"(中国手工纸)、"adsorption"(吸附)和"bagasse"(甘蔗渣)等关键词也在手工造纸研究中占有一席之地。这些频繁共现的关键词为手工造纸领域研究方向和热点提供了有益的信息,同时也为深入探讨手工造纸技术、纸张材料以及文化遗产保护提供了有价值的线索。

表3　频数前20的关键词

排序	频数	中心性	首发年份	关键词	排序	频数	中心性	首发年份	关键词
1	30	0.38	2005	handmade paper	11	5	0.07	2017	cultural heritage
2	23	0.15	2012	xuan paper	12	5	0.01	2019	identification
3	15	0.16	2010	cellulose	13	5	0.07	2004	pteroceltis tatarinowii
4	12	0.14	2014	degradation	14	5	0.03	2011	ancient paper
5	10	0.11	2011	fiber	15	5	0.03	2016	acid
6	8	0.06	2016	wood	16	5	0.07	2013	aqueous solution
7	7	0.05	2014	chemical composition	17	5	0.03	2015	paper
8	6	0.02	2016	composite	18	4	0.03	2013	chinese handmade paper
9	6	0.03	2009	cellulosic fiber	19	4	0.01	2013	adsorption
10	6	0.04	2006	pulp	20	4	0.01	2015	bagasse

　　频繁共现的关键词为手工造纸领域的研究方向和热点提供了有益信息。探索手工造纸技术、纸张材料以及文化遗产保护是当前学术界关注的重要课题。关键词共现分析为研究者展示了关键词之间的相互联系,有助于深入了解手工造纸领域的发展动向和研究重点。这将促进推动手工造纸技术的进步和资源利用的改进,同时保护和传承丰富的文化遗产。

　　关键词的频繁出现和较高的中心性揭示了国外手工造纸领域的研究重点和热点。这些关键词为学术界提供了重要线索,帮助指导未来的研究方向和决策制定,以推动手工造纸领域的持续发展与创新。关键词分析提供了对国外手工造纸领域研究主题和热点的深入认识,反映了该领域的多样性和复杂性,涉及从管理、经济、社会到环境等多个层面的研究内容[31]。未来的研究可以进一步深入探讨关键词所涵盖的议题,以推动手工造纸领域的可持续发展,并为解决相关的环境和社会问题提供有效的解决方案。

　　关键词的分析,可以看到国外手工造纸领域的研究涵盖了多个方面,包括管理、社会、环境和经济等。关键词提供了研究的方向和重点,同时也反映了手工造纸产业在全球范围内的复杂性和多样性。对关键词进行深入研究有助于进一步推动手工造纸领域的发展与创新,并为可持续的手工造纸技术和产业的发展提供有益的启示和指导[28]。

(二)关键词聚类分析

聚类分析将有助于更好地协助科学家了解在手工造纸研究领域的主要问题与重要内容。通过聚类分析,我们能够得出当前教育技术研究领域的重要性,并对其进行分类分析,从而确定教育研究的未来走向[29],综合总结并进一步发展研究内容,全面掌握当前国外对手工造纸的研究情况,从而确定了研究的思路,在CiteSpace软件上对文献数据进行关键词共现与聚类分析,并取得了关键词共现的聚类分析法图。在关键词共现图谱的基础上对关键词进行聚类,并将聚类后规模前9的关键词进行显示,形成如图6所示的关键词聚类图谱,结合文献阅读进行分析。从图6可视,2004年至2023年国外与手工造纸相关文献聚类关键词分别为:#0 kaihua handmade paper,#1 bone glue concentration,#2 mushroom cultivation,#3 comparative performance evaluation,#4 bacillus coagulan,#5 analytical characterization,#6 superhydrophobic coating ,#8 pteroceltis tatarinowii,#10 photostability,#12 ethnobotany 10个类别。

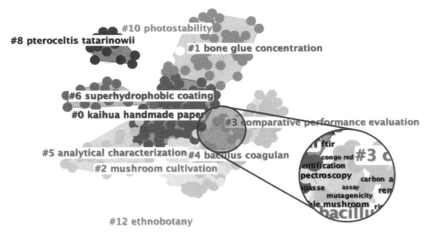

图6　CiteSpace图谱关键词聚类

通过对提供的关键词进行聚类分析,可以将它们划分为几个有关联的主题群组。首先,有关手工造纸领域的关键词集合,包括"handmade paper"(手工纸)和"pteroceltis tatarinowii"(油纸树)。其中,"handmade paper"(手工纸)可能指向某种特定类型的手工造纸产品或制作工艺,而"pteroceltis tatarinowii"(油纸树)则可能与手工造纸中使用的某种原材料或纤维相关。其次,一组关键词涉及黏合剂或胶水的研究,包括"bone glue concentration"(骨胶浓度),这可能涉及对骨胶水浓度的研究,以及"bacillus coagulan"(凝固杆菌),这可能指向某种与胶水或黏合剂相关的菌种。此外,涉及超疏水涂层,包括"superhydrophobic coating"(超疏水涂层),这

千年泗洲 —— 中国手工纸的当代价值与前景展望 ——

可能指向对具有超疏水性能的涂层材料的研究。关于光稳定性和民族植物学的关键词,包括"photostability"(光稳定性)和"ethnobotany"(人种植物学)。"photostability"(光稳定性)可能指向对材料或产品在光照条件下的稳定性研究,而"ethnobotany"(人种植物学)可能涉及对民族植物学的研究,可能涉及对民族植物学的研究关联纸张原材料的传统使用和相关植物的民族学知识。

关键词聚类提供了对手工造纸领域和其他相关领域研究方向的洞见,涵盖了纸张制作工艺、原材料研究、黏合剂技术、涂层性能、民族植物学等多个方面。[30]主题群组有助于指导研究人员深入探索手工造纸领域的热点问题和潜在研究方向。研究聚焦于手工造纸产业的环境影响、政策支持、技术创新以及地域性特点等方面。深入研究聚类所涵盖的议题将有助于推动手工造纸产业的可持续发展和创新,为解决相关的环境和社会问题提供有效的解决方案。

(三)关键词时区图分析

关键词时区图分析显示了国外手工造纸领域研究在不同年份的研究重点和关注领域的演变(如图7所示)。Threshold 设置为15,Font Size 设置为15,Node Size 设置为13。数据显示了不同年份出现的关键词词组。在2004年,主要关键词是"pteroceltis tatarinowii"(油纸树),在2005年是"handmade paper"(手工纸),在2006年是"pulp"(制浆)和"cultivation"(种植),在2009年是"cellulosic fiber"(纤维素纤维),在2010年是"cellulose"(纤维素),在2011年是"fiber"(纤维)、"ancient paper"(古纸)和"ames test"(变异试验),在2012年是"xuan paper"(宣纸),在2013年是"aqueous solution"(水相溶液)和"adsorption"(吸附),在2014年是"degradation"(毁坏)和"chemical composition"(化学成分),在2015年是"paper"(纸张),在2016年是"wood"(木材)和"analytical pyrolysis"(分析热解),在2017年是"cultural heritage"(文化遗产)。关键词词组反映了手工造纸领域和相关研究在不同年份的研究重点和热点。例如,手工造纸和纸张制作技术是2005年和2010年的关注点,而纤维材料以及纸张的降解和化学组成成为2011年至2014年的研究重点。同时,一些特定的研究方法和技术,如"analytical pyrolysis"(分析热解)在2016年和"cultural heritage"(文化遗产)在2017年也引起了学术界的兴趣。

这种时区图分析有助于了解手工造纸领域的发展趋势和演变,指导研究人员在不同年份选择研究方向,同时也为手工造纸领域的发展提供了重要的参考和指导。手工造纸领域研究的时区图揭示了其研究动向的时间演变和研究焦点的变化。从管理和环境保护到与采矿业、政府政策等相关议题的转变,研究者对手工造纸产业的关注领域和研究重点不断拓展。时区图数据对于了解该领域的发展历程,指导未来研究方向以及决策制定具有重要意义。未来的研究可以进一步深入探讨手工造纸领域在新的背景下所面临的挑战和机遇,为促进其可持续发展提供科学依据和切实措施。综合关键词时区图的分析,可以进一步探讨国外手工造纸领域研究的发展趋势和未来可能的研究方向。

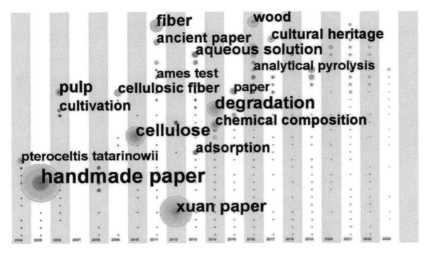

图7　CiteSpace 图谱关键词时区

六、结语

手工造纸作为一项悠久而珍贵的传统工艺，承载着人类文明的记忆和智慧，对于文化传承和环境保护都具有重要意义。本文从科学计量学视角对国外手工造纸文献进行了可视化分析，探讨了该领域2004至2023年的研究热点和趋势，包括核心作者、机构以及关键词的详细分析，从而对手工造纸领域的发展和趋势有了更全面的认识。

通过文献总体数量描述，发现国外手工造纸研究自2004年以来持续增长，尤其是在近几年呈现爆发式增长。这表明手工造纸领域在国际学术界备受关注，吸引了越来越多的研究者投身其中。同时，核心作者的分析也揭示出一些在该领域具有显著影响力的学者，研究成果对手工造纸的发展和创新起到了积极的推动作用。关键词共现分析进一步揭示了手工造纸研究的主要热点和关注领域。"handmade paper"（手工纸）与"xuan paper"（宣纸）、"cellulose"（纤维素）与"fiber"（纤维）、"degradation"（退化）与"chemical composition"（化学成分）等关键词的共现现象，指示了手工造纸领域的多样化研究方向，包括纸张制作技术、材料性能研究、纤维降解与老化等，共现关系为研究者提供了深入挖掘研究内容的线索和方向。

通过对核心机构的概述分析，发现不同机构在手工造纸领域的研究贡献各有特色，有些机构在发文量上较多，有些机构在被引用次数和综合指数上较高，这表明手工造纸研究是一个多样化且合作性较强的领域。关键词聚类分析将相关的关键词词组进行了归类，反映了手工造纸领域研究内容的主要方向，包括纸张制作技术、黏合剂研究、性能评估、纸张光稳定性、民族植物学等多个方面，这为研究者提供了研究领域的全面认知。

关键词共现分析和聚类分析展示了手工造纸领域研究的主要热点和趋势,如纸张制作技术、材料性能、纤维研究、文化遗产保护等。研究方向对于推动手工造纸领域的发展、保护传统文化遗产、提高纸张材料性能等方面都具有重要的实践意义。然而,必须认识到手工造纸领域仍面临一些挑战。随着科技的不断进步,数字化技术、新材料的应用等正在改变着纸张的生产方式和用途,这也给传统手工造纸工艺和文化传承带来了一定的压力。因此,应该重视并支持传统手工造纸工艺的保护与传承,推动传统工艺与现代科技的有机结合,为手工造纸领域的可持续发展创造更有利的条件。

在这个信息爆炸的时代,科学计量学的应用使学者们能够更有效地梳理文献、揭示研究热点,为学术界和产业界提供了宝贵的指导和决策支持。手工造纸作为传统工艺,正逐渐融入现代科技的怀抱。科学计量学的可视化分析为手工造纸的传承与发展提供了新的机遇。因此,应重视传统工艺的保护与传承,挖掘其中蕴含的技术智慧和文化价值。同时,将现代科技手段,如数字化技术、智能化生产应用到手工造纸中,为其注入新的活力和生机。手工造纸领域还面临着一些挑战。环境保护、资源利用、工艺改进等问题亟待解决。需要更加注重手工造纸的生态友好性,推动绿色制浆、低碳排放等可持续发展方向。此外,要加强手工造纸领域的学术交流与合作,鼓励国际间的合作研究,共同应对全球性的挑战,同样十分重要。

手工造纸领域的研究正在迎来新的机遇和挑战。本文为可视化分析提供了新的视角和认识。在未来,期待手工造纸领域继续吸引更多的学者加入,共同推动其发展,为传统文化的保护与传承做出更大的贡献。同时,也希望科学计量学的应用能够为手工造纸领域的研究提供更多的指导和支持,使其在不断创新中绽放新的光芒,为人类社会的可持续发展做出积极贡献。共同努力,让手工造纸这项珍贵的传统工艺继续在时光中延续,为人类文明的瑰宝添彩。

参 考 文 献

［1］ 张宇欣.造纸史与纸质文物研究新气象:第三届中国古代四大发明暨文化遗产保护国际学术讨论会召开[J].中国造纸,2022,41(10):129.

［2］ 陈蔼.科技与文化融合的传统手工艺传承模式创新与应用:评《中华优秀传统手工技艺传承与创新实务》[J].科技管理研究,2023,43(10):243.

［3］ 张慧,陈步荣,朱庆贵.传统氧化去污材料对纸张纤维纤维素聚合度的影响[J].中国造纸,2014,33(2):30-33.

［4］ 李丹,余运正,张丽军.新媒体时代传统手工艺的数字化传播[J].出版广角,2019(1):88-90.

［5］ 李颖科,程圩.中国文化遗产保护:问题与路径[J].西北大学学报(哲学社会科学版),2023,53(2):130-138.

［6］ 许欲晓.北张村传统手工造纸走进高校的探索[J].西北大学学报(哲学社会科学版),

2011,41（1）：189-192.

［7］ 黄蓓.手工造纸工艺下的非遗保护研究：评《中国传统工艺全集：造纸与印刷》［J］.中国造纸,2020,39（3）：108-109.

［8］ Brner K , Boyack K W , Milojevi S , et al. An introduction to modeling science：basic model types, key definitions, and a general framework for the comparison of process models ［M］. Berlin：Springer, 2012.

［9］ Bradford S C. Classic paper：sources of information on specific subjects［J］.Collection Management, 1976, 1（3-4）：95-104.

［10］ Ke-Xin B I, Xiang L I. Research on the development trend of internet of things：based on bibliometrics and visualization analysis［C］// 2018 international conference on management science and engineering（ICMSE）［R］.Frankfurt：IEEE,2018.

［11］ María V G,CHEN C M. CiteSpace：a practical guide for mapping scientific literature［J］. Hauppauge, N.Y. Nova Science, 2016：169.

［12］ Chen C.CiteSpace Ⅱ：detecting and visualizing emerging trends and transient patterns inscientific literature［J］.Journal of the American Society for Information Science and Technology,2006（57）：359-377.

［13］ Schneider J W. Review of mapping scientific frontiers：the quest for knowledge visualization by Chaomei Chen. London：Springer- Verlag, 2003［J］. Journal of the American Society for Information Science and Technology, 2004, 55（4）：363-365.

［14］ Niazi Muaz A. Review of "CiteSpace：a practical guide for mapping scientific literature" by Chaomei Chen［J］.Complex Adaptive Systems Modeling, 2016, 4（1）：23.

［15］ Chen C M, Fidelia I S, Jianhua H.The structure and dynamics of cocitation clusters：a multiple erspective cocitation analysis［J］.Journal of the American Society for Information Science and Technology, 2010, 61（7）：1299-1316.

［16］ Chen C M.Information visualization：beyond the horizon［M］.London：Springer, 2006.

［17］ Kabil M, Priatmoko S, Magda R, et al. Blue economy and coastal tourism：a comprehensive visualization bibliometric analysis［J］.Sustainability, 2021, 13（7）：3650.

［18］ Ingwersen P.Becoming metric-wise：a bibliometric guide for researchers［J］.Journal of Informetrics, 2018, 12（3）：703-705.

［19］ Su Z, Zhang M, Wu W. Visualizing sustainable supply chain management：a systematic scientometric review［J］.Sustainability, 2021：13.

［20］ Niazi, Muaz A . Review of "CiteSpace：a practical guide for mapping scientific literature" by Chaomei Chen［J］. Complex Adaptive Systems Modeling, 2016, 4（1）：23.

［21］ Kabil M, Priatmoko S, Magda R, et al. Blue economy and coastal tourism：a Comprehensive Visualization Bibliometric Analysis［J］. Sustainability, 2021, 13（7）：3650.

［22］ 李慧,丁德武,须文波.计算机科学领域作者合作网络及其分析［J］.池州学院学报,2010,24（6）：11-14.

［23］ 段和平,史文海,俞立,等.探讨期刊论文发表数量和核心作者群的重要意义［J］.临床荟萃,2004（8）：480-481.

［24］ 段晓卿.2001—2020 年 CNKI 非遗研究文献计量分析［J］.文化遗产,2021（4）：28-36.

［25］ 康佳丽,叶翠仙.纳西族东巴纸手工技艺的设计价值研究[J].家具与室内装饰,2020(10)：45-47.

［26］ 曹树金,吴育冰,韦景竹,等.知识图谱研究的脉络、流派与趋势：基于 SSCI 与 CSSCI 期刊论文的计量与可视化[J].中国图书馆学报,2015,41(5):16-34.

［27］ 安秀芬,黄晓鹂,张霞,等.期刊工作文献计量学学术论文的关键词分析[J].中国科技期刊研究,2002,13(6):505-506.

［28］ Adabre M A,Chan A P,Darko A.A scientometric analysis of the housing affordability literature[J].Journal of Housing and the Built Environment,2021(36):1501-1533.

［29］ 葛芳.传统手工抄纸工艺在当代设计领域的应用研究[J].包装工程,2016,37(16):27-30.

［30］ 赵国昂.重塑造纸产业链,打造纸业链长[J].中国造纸,2021,40(9):113-116.

［31］ 吴群,沈珂琦,吕波芳,等.基于知识图谱的非遗研究热点和前沿演进分析[J].浙江理工大学学报(社会科学版),2020,44(1):42-51.

［32］ 王志义,马连众.造纸污泥基础特性及其在复合材料中的应用[J].塑料,2018,47(2):12-15.

科学计量学视角下国内手工造纸文献知识图谱可视化分析*

陈鹏宇[1]　**郭延龙**[1,2]

1.安徽大学艺术学院；
2.安徽社会科学院当代安徽研究所

* 项目基金：2022 年度安徽省科研编制计划项目"徽州文化生态保护区活态保护模式研究"，项目号：2022AH050038。

摘　要：为了探究中国手工造纸的研究脉络，探索手工造纸研究的热点及未来趋势前沿，基于中国国家知识基础设施（CNKI）的文献数据，以国内手工造纸相关研究为对象，进行样本筛选，利用 CiteSpace 和 VOSviewer 对该研究主题的文献产出、关键词聚类、高被引文献等内容生成可视化知识图谱，并结合有关参数作出分析和归纳。手工造纸的研究涉及了工业、旅游、考古等多个领域，具有一定研究前景。其中，轻工业手工业发文量占比最多。手工造纸研究历经了基础、稳定发展和拓展延伸三个阶段。中国造纸学会、中国科学技术大学等机构是该领域研究的主力，但不同机构和学者间有待加深彼此的合作与交流。从关键词来看，研究分为古法造纸、非物质文化遗产、手工纸与机制纸和书画用纸与修复用纸四大方向。从高被引文献来看，形成了以造纸文化、纸质文物研究为基础的多元交叉研究范式。

关键词：手工造纸；CiteSpace；VOSviewer；知识图谱；可视化分析

一、引言

　　作为中国古代劳动人民的伟大发明，造纸术凝聚着这个民族在认识和改造世界中的智慧与勤勉。手工造纸即通过手工操作方式而制作的纸张。其采取植物纤维利用天然材料工具配合抄制的制作方式体现出这个民族在生产生活实践中朴素的哲学观念[1]。因此,纸张分为手工纸和机制纸两种不同的类型[2]。随着工业革命带来生产力和生产关系的变革,机制纸因为其效率高、成本低、大批量生产的优势逐渐在现代生活中取代了原本的手工纸。这使得手工造纸行业遭受巨大打击,而逐渐面临濒危[3]。在工业大批量生产和数字信息经济的双重冲击下,手工造纸愈发需要注入新思想、新技术和新方法,为其在变幻莫测的时代浪潮中得以传承和再生。

目前,国内对手工造纸研究的综述较少,尤其缺乏使用文献计量的方式对大数据文献进行定量分析。因此活态传承优秀传统文化,探究手工造纸的发展规律和研究脉络势在必行。据此,本文基于中国国家知识基础设施(CNKI)所收录的文献数据,以国内手工造纸的相关研究为研究对象,采用文献计量和数据可视化对其展开深入分析,以探究其内在的学术价值和应用前景。运用 VOSviewer 和 CiteSpace 对关键词聚类、演变趋势等进行可视化分析,为未来手工造纸研究提供借鉴和参考。

二、数据来源与研究方法

采用了 CiteSpace 和 VOSviewer 对从数据库中导出的文献进行知识图谱分析的可视化。以中国国家知识基础设施作为数据来源,检索范围为数据库收录的全年份期刊文献,其时间范围为 1986 年 1 月 1 日—2023 年 7 月 1 日;在检索界面中设置检索条件为:("主题=手工造纸")或("篇关摘=手工纸"),共检索出文献 2254 篇,对检索结果去重、整理,删除期刊会议、报纸、作品创作等非研究型文献后得到有效样本文献 752 篇。

三、手工造纸研究文献基本特征分析

(一) 文献产出基本情况

从中国国家知识基础设施导出文献数据,进行清洗去重后得到其年度发文量统计图(图1)。随着中国古代造纸术的问世,手工制造纸张的技艺逐渐在世界范围内得以发扬光大。而新中国成立以来,真正意义上首次对手工造纸展开的相关研究实为 1951 年周萃機撰写的《河南省密县手工造纸业调查》[4]。而后至 1986 年,研究开始起色,学界开始呼吁加大对传统手工造纸的研究和扶持[5,6]。

从整体时间发展进路看,有关手工造纸的发文量分为两个时期。1986—2003年为低水平时期,年发文量保持在 1~14 篇。2004—2023 年为逐渐增长时期,发文量稳定上升。有关手工造纸的第一篇文献在 1986 年发表,至 2009 年,年文献产出均未超过 20 篇,主要为造纸方式的发掘和探寻。在促进优秀传统文化等政策的推动下,发文量分别在2009—2012年与2014—2017年间急速上升,2018—2023年年均发文量为45篇,发文量呈上下波动趋势,并在2021年达到最高值61篇。从总体发文趋势看,在未来该方向还有很大的研究发掘空间(如图1所示)。

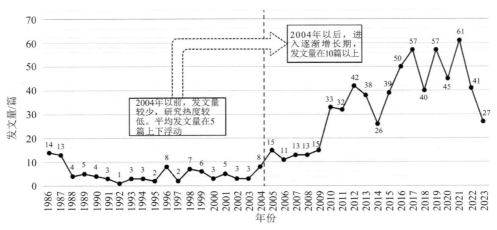

图1　1986—2023年国内手工造纸年度发文量统计

(二)学科及期刊分析

中国国家知识基础设施统计检索范围内有15个学科与手工造纸研究最密切,其中发文量排名前五的学科分别为:轻工业手工业,发文量764篇,占比33.88%;有机化工,发文量535篇,占比23.73%;美术书法雕塑与摄影,发文量481篇,占比21.33%;工业经济,发文量171篇,占比7.58%;档案及博物馆,110篇,占比4.88%。发文量排名前五的学科占总发文量91.40%(如表1所示)。轻工业手工业、有机化工、工业经济均和工业有关联,占总发文量65.19%。可见,工业在手工造纸研究领域占据主导地位。与此同时,其余10个学科涉及旅游、考古、建筑、艺术、图书情报、经济等。从整体看,手工造纸研究领域是相对多元和交叉的。

表1　研究主要学科及发文量

排　序	主要研究领域	发　文　量
1	轻工业手工业	764
2	有机化工	535
3	美术书法雕塑与摄影	481
4	工业经济	171
5	档案及博物馆	110
6	旅游	89
7	考古	80
8	人物传记	76

续表

排　序	主要研究领域	发　文　量
9	文化	61
10	建筑科学与工程	53
11	中国文学	48
12	图书情报与数学图书馆	38
13	文化经济	34
14	环境科学与资源利用	33
15	企业经济	32

发文量前五的期刊为《纸和造纸》（139篇）、《中华纸业》（72篇）、《中国艺术》（22篇）、《东方艺术》（20篇）、《天津造纸》（17篇）（如表2所示）。其中《纸和造纸》（139篇）于1982年创刊，为我国制浆造纸专业权威期刊，反映造纸业的研究成果、方针政策、技术经济信息和市场动态等内容。位于发文量第二的期刊为《中华纸业》，该期刊主要关注造纸技术研发以及造纸行业的咨询与运营等方面，有丰富的实践价值和学术价值。《中国艺术》一直专注于艺术设计领域，聚焦于美术、书法、雕塑、摄影、文艺理论、建筑科学、工程、文化经济等多个学科。传统手工纸内在的造纸文化、美学价值以及制作工艺等均在该期刊所涉及的范畴内。

表2　期刊来源及发文量

排　序	期　刊　名　称	发　文　量
1	纸和造纸	139
2	中华纸业	72
3	中国艺术	22
4	东方艺术	20
5	天津造纸	17
6	美术大观	16
7	文物鉴定与鉴赏	13
8	浙江档案	10
9	收藏	10
10	中国书画	10

四、手工造纸研究作者与机构分析

所有高产的作者均源自于研究机构和高等教育机构。刘仁庆主要研究中国造纸、纸文化；吴世新主要研究中国宣纸、宣纸的原料和制造工艺等；曹天生主要研究宣纸文化、徽学与安徽地方经济文化史等（如表3和图2所示）。

表3　高产作者统计

序　号	作　者	发文量	单　　　　位
1	刘仁庆	56	中国造纸学会
2	吴世新	12	泾县中国宣纸协会
3	曹天生	11	安徽财经大学
4	陈彪	11	中国科学技术大学
5	李晓岑	9	南京信息工程大学
6	黄飞松	7	中国宣纸集团公司宣纸研究所
7	陈　刚	6	复旦大学
8	刘军钛	6	深圳市三力星聚合同创科技发展有限公司
9	施继龙	5	北京印刷学院
10	章若红	5	上海市质量监督检验技术研究院

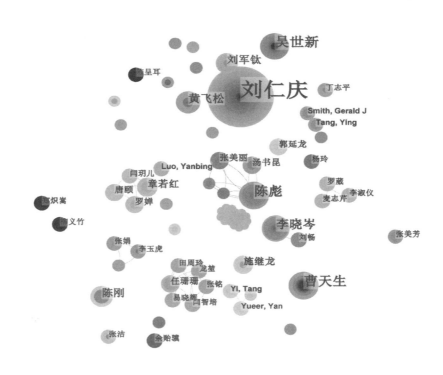

图2　1986—2023年手工造纸作者知识图谱

手工造纸研究发文最多的机构是中国造纸学会(21篇)，其次是中国科学技术大学科技史与科技考古系(15篇)、第三为复旦大学文物与博物馆学系(9篇)(如表

4所示）。手工造纸的研究以学会、高校和企业等为主，但在不同机构之间，其连线较为稀疏，需要进一步加深彼此之间的合作和联系。

从研究方向看，中国造纸学会、中华纸业杂志社、中纸投资研究中心、中国宣纸集团公司、中国宣纸股份有限公司主要研究造纸技术、造纸文化及纸张制作工艺。中国科学技术大学科技史与科技考古系和中国科学技术大学手工纸研究所，专注于探究纸张传统工艺与科技的交融与创新。复旦大学文物与博物馆学系专注于手工纸的研究，并致力于保护这些珍贵文物的完整性。四川美术学院主要研究传统手工纸和古法造纸在现代设计中的运用。中国人民大学信息资源管理学院聚集于纸质文献档案的管理和研发。广东工业大学、上海市质量监督检验技术研究院、中国文化遗产研究院主要研究纸质文物和纸质材料的性能（如图3所示）。

表4 研究机构统计

序　　号	发文量	单　　位
1	21	中国造纸学会
2	15	中国科学技术大学科技史与科技考古系
3	9	复旦大学文物与博物馆学系
4	9	四川美术学院
5	8	中国人民大学信息资源管理学院
6	8	广东工业大学
7	6	中国宣纸集团公司
8	6	中国科学技术大学手工纸研究所
9	5	中国宣纸股份有限公司
10	5	上海市质量监督检验技术研究院
11	5	中纸投资研究中心
12	5	中国文化遗产研究院
13	5	中华纸业杂志社

五、手工造纸研究关键词共现分析

采用VOSviewer工具对国内手工造纸文献数据的keywords进行Cooccurrence共现分析，关键词出现的最小次数5次为阈值进行筛选，经过数据整理和去重，进而绘制手工造纸关键词共现聚类图谱（如图4所示）。基于Java编程逻辑的可视化图谱呈现出一种线性的数理关系，即每个圆形节点均代表一项热点关键词，其直径大小与被引用的频率成正比(如图5所示)。圆形节点之间的线条粗细与研究热点间的共现关系成正比。"手工纸"出现的频次最高,是该研究领域关注度最高的关键词。圆圈的直径的长度正比于关键词频次。排名前五的高频关键词为:"手工纸"151次、"手工造纸"107次、"宣纸"101次、"机制纸"30次、"古法造纸"20次。通过梳理,高频关键词共形成9大聚类,分别为:聚类1(红色)传统工艺、聚类2(绿色)非物质文化遗产、聚类3(蓝色)手工纸与机制纸、聚类4(黄色)制作工艺、聚类5(紫色)古代造纸、聚类6(青色)书画用纸、聚类7(橙色)修复用纸、聚类8(棕色)宣纸、聚类9(粉红色)夹江纸。将上述聚类类型整理为4类,来代表手工造纸的不同研究方向。聚类1,4,5,8和9为古法造纸。聚类6,7为书画用纸与修复用纸。其余聚类各自代表不同研究方向。

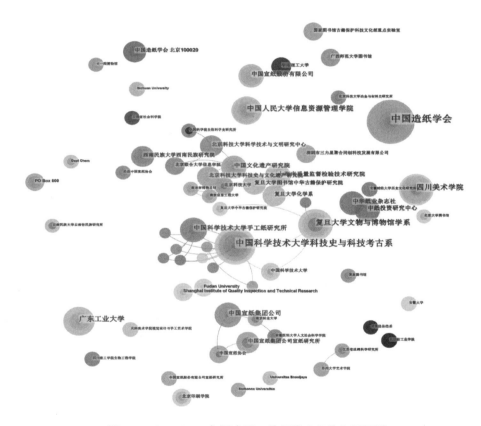

图3　1986—2023年国内手工造纸发文机构知识图谱

　　方向1(古法造纸)共包含31个关键词。主要包括传统工艺、造纸工艺、手工抄纸、宣纸、桑皮纸、东巴纸、宣德纸、澄心堂纸、夹江纸等。该研究方向主要探究中国的各种传统造纸技艺,并深入挖掘其技术要领、材料工艺等。传统古法造纸的技艺是手工造纸延续和发展的基础,包括传统造纸的技艺、品类、工具、器具、原料等。据明代《飞凫语略》记载,宣德纸最初是明代宣德(1426—1435)年间官府所生产和使用的御用纸,而后引入民间,被誉为纸中极品。从类别上看,宣德纸有皮纸与专用加工纸之分。皮纸以韧皮纤维为材料抄制而成,包括楮纸、桑皮纸和青檀皮纸等;专用加工纸包括磁青纸、羊脑纸[7]。传统造纸技艺是中国传统文化的活化石,其外在呈现方式和内在底蕴逻辑都与中华民族特有的民族风范和民族精神具有千丝万缕的联系,深掘这一铭刻在民族内部的文化内核对于继承和延续民族精神具有重要意义。方晓阳、吴丹彤和卢一葵[8]指出"千年古宣"之所以是中国传统皮纸生产技术发展的高峰,关键在于其承袭了古法造纸的浸沤、蒸煮、漂白和踏碓舂捣等工艺。朱霞和李晓岑[9]经过考察指出云南的手工纸均由植物纤维制成,可分成三大类竹纸类、构皮纸类、瑞香科植物纸类。并指出云南的造纸技术与早期造纸技术有着千丝万缕的联系。谢亚平认为造纸技艺的传承不仅在于培育和守护传承者,还在于保护这一技艺产生的文化场域和社会关系,需要系统和深入地分析承载造纸技艺的器物[10]。

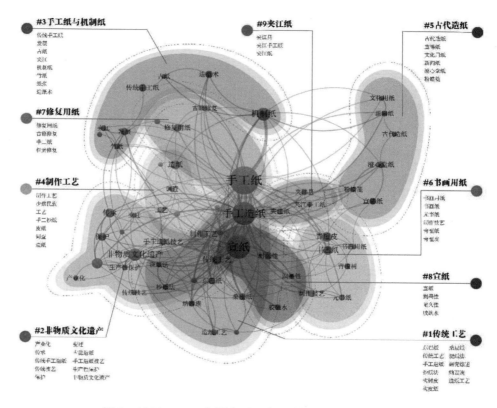

图4　1986—2023年国内手工造纸关键词共现聚类图谱

方向2(非物质文化遗产)共包含10个关键词。主要包括产业化、传承、保护、变迁、生产性保护、传统技艺等。主要探究手工造纸文化的各种价值。经过调查分析,范生姣表示,需结合现代的手工技术,要推动造纸文化同产业化运作结合,实现文化发展与经济发展的双重效应[11]。罗富民提出要发挥市场的主体作用,在产业链的各个环节夯实合作。需要培育传承者,构建社会保护机制,革新企业合作的利益分配机制,才能有效促进手工造纸产业的发展[12]。当代信息传播技术的发展改变了传统造纸技艺的传播方式,为手工造纸的文化生产和思想重塑创造了新的环境。郑久良构建了非遗"文化记忆"新媒体的路径,并指出在新媒体语境下宣纸等非遗传承的三条路径:① 开展公共性文化服务;② 提供具有地域独特性的文化服务;③ 借助新技术构建新发展模式[13],为传统造纸文化的活态传承与赓续绵延提供了参考与借鉴。

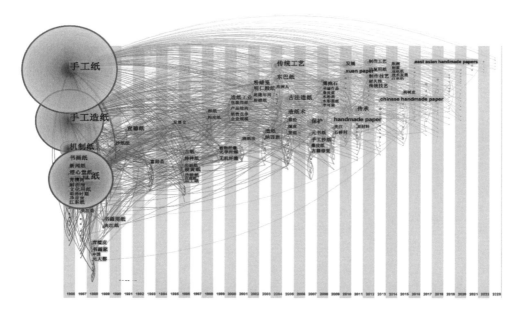

图5　1986—2023年国内手工造纸关键词时区图谱

方向3(手工纸与机制纸)共包含8个关键词。主要有机制纸、传统手工纸等。随着工业化和信息化对人们生活方式的改变,手工纸张对于现代社会而言愈来愈成为一个边缘化的物件。由传统手工造纸到机制纸再到电子书写材料的转变已然成为时代发展的必然趋势。手工纸和机制纸之间的关系也成为学者们广泛关注的焦点。针对为什么还需要手工纸这一疑虑,赵权利认为纸为物,亦有性。濯沐在手工纸中的记忆和情怀,关乎着我们的人格品质和思想世界[14]。刘艳萍表示手工纸完美地展现了中华文化的朴实与智慧。纵然机制纸怎样便利,时代怎样改变。唯有手工纸方可恰如其分地展现出中华文化的气质与风采。手工纸与中华文化之间是相辅相成、血脉相连、不可分割的[15]。

方向4(书画用纸与修复用纸)共包含10个关键词。主要包括书画用纸、文元书纸、青檀纸、古籍修复纸、档案修复纸等。主要探究书画用纸与修复用纸的用途与性能,为提升手工纸品质提供参考。不同用纸的使用和选取具有不同的标准和要求。传统的书画装裱,通常以宣纸为原料。通过了解不同宣纸装裱材料的性能,徐文娟等得出传统工艺制作的宣纸,其稳定性和耐久性能是所选纸样中品质最佳的[16]。一绢方絮因厚德而以载物,中国书画用纸以其悃愊无华的材料特性承载着历代传统艺术的精神风韵。刘仁庆通过梳理历史,指出中国书画用纸的源头与脉络。为未来书画用纸和机制纸的相关研究提供了参考[17]。张平和田周玲分析了传统手工纸和现代手工造纸的关系及优劣。最终指出定制古籍修复用纸的正确性和必要性[18]。张美芳通过比较中、日、韩三国修复用纸的源头与脉络及其各自的特点,指出日本很早就意识并开发出多种修复用纸。中国修复用纸行业亟待完善[19]。对于书画用纸和修复用纸,一方面要积极融入现代科学技术提高纸张材料的质量,另一方面要积极开展交流学习,借鉴他国优秀的经验与知识,最终促进手工纸的使用与传承。

六、手工造纸研究发展阶段与趋势分析

国内手工造纸研究可分为基础、稳定发展、拓展延伸3个阶段(如图6所示)。

基础阶段(1986—2009年)。"新闻纸""机制纸""宣纸""古法造纸"等是这个阶段的热点关键词。此阶段以探究手工造纸相关的传统制作技艺、传统手工纸的种类与传统手工纸制作材料为主,该时期出现的文献多为传统造纸文化简史和造纸品种调查报告、造纸技艺文献记载等,为手工造纸研究奠定文献资料基础。李晓岑[20]通过实地考察四川德格县和西藏尼木县藏族传统造纸,发现藏纸手工造纸法是一种印巴次大陆的浇纸法造纸,具有良好的开发前景。刘仁庆[21]通过阐述手工纸和机制纸的区别,以及手工纸和中国传统文化的关系得出纸是中国传统文化的有机载体,它与中国人的文化生活和人文素养具有深度联系。朱霞[22]认为广西壮族的"纱皮纸"与祭祀文化具有直接的联系,并在当地人文风俗中扮演着重要角色。

稳定发展阶段(2010—2015年)。"产业化""保护""传承""制作工艺"等是这个阶段的热点关键词。此阶段研究者探究手工纸的材质性能及学术价值、现实意义以及传统造纸技艺的现状和发展前景等。中国古代创造的造纸技艺一方面体现出其有别于原始记录材料的功用性和适应了社会发展的时代性。另一方面在于其制作过程和使用过程中展现出深厚的文化底蕴。谢亚平[23]指出夹江竹纸制作技艺的保护与传承不仅应兼顾经济和文化的协同发展,还需加强手工技艺与科学研发的结合,采取开放性的文化产业策略。从而充分发挥传统手工技艺的内在机制和人们对于传统工艺的文化认同感等。通过分析中国西南少数民族传统手工造纸的现状,张建世[24]指出传统手工纸在现代工业生产的冲击下已经遭遇严重衰退,需要给予适度补贴,鼓励造纸的生产,制定收储制度等措施来保护和传承传统造纸工艺。梁正海和刘剑[25]通过人类学考察研究方法对环梵净山区土家族皀纸工艺展开调查。并指出皀纸工艺需要融入现代文化旅游行业,适应现代产业结构的需要。只有深入挖掘皀纸工艺的技术和潜力,才能确保传统手工造纸技艺的保护和传承得以有效实现。

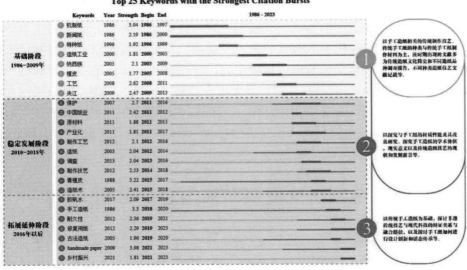

图6　关键词突现图谱

　　拓展延伸阶段（2016年以后）。7个研究热点的热度分别从2017年持续到2023年。"修复用纸""乡村振兴""耐久性""胶矾水"等是该阶段的热点关键词。此阶段研究者着力探讨传统手工造纸技艺与现代科技的辩证关系与整合路径，以及探讨手工纸如何进行设计创新和活态传承等。手工造纸的研究方式和深度已受到学术界更深层次的观照和探讨。彭勇、李诺和王帅[26]以洗花造纸为工艺来源，对洗花造纸的材料特征、工艺特征和造型特征进行了分析，并将其运用于灯具设计中。为手工造纸技艺得以创新传承提供了新的路径。冉毅和李筠[27]通过深入调查和探讨了重庆朗溪竹板桥手工造纸的发展现状，并基于手工造纸技艺的存置语境和工艺过程提出其延续再生的发展路径。葛芳[28]对安徽手工抄纸"花笺"进行田野调查，并分析手工造纸的文献。在此基础上对比了日、韩传统造纸技艺的现代化演变路径，并结合花笺制作工艺的流程和美学价值从而指出和其开展设计实践和实践研究的思路。

七、手工造纸研究高影响力文献分析

　　高被引文献能够反映一个专业领域的发展和演变路径等。由于手工造纸的研究涉及多重因素，仅被引量作为指标并不合理，因此本文参考以往学者的研究，以综合影响力指数作为评价高影响力文献的依据[29]，该指数的计算公式为：综合影响力指数等于期刊的综合影响因子乘以文献的月均被引数，将检索范围内的手工造纸相关文献按照综合影响力指数进行排序，提取共10篇文献（如表5所示）。

在高被引文献中,研究范式可大致分为以下三类:① 纸质文物,纸质档案及古籍的保护性研究或探究档案与古籍修复用纸的现状与问题发掘。② 对手工造纸技艺进行跨地区的调查,并对其开展分析和定位研究。③ 从非物质文化遗产保护的视角研究手工造纸的生产性开发。

编号1,2,4,8为手工造纸研究中,纸质文物、纸质档案及古籍的保护性研究。编号1张美芳[30]通过分析中国常用修复纸的使用状况,从造纸原料、工艺等方面提出了选择纸质档案及古籍修复用手工纸的若干建议。编号2陈刚[31]调查了福建、江西、浙江等省用于修复古籍和档案的竹纸。指出当下古籍修复用竹纸产业苛待解决的各种隐忧,并提议要加大对于非遗竹纸的保护与传承。编号4刘博和齐迎萍[32]将苯丙乳液加入宣纸材料,并测试宣纸。得出苯丙乳液可用于增强宣纸的强度性能。编号8刘姣姣、李玉虎和邢惠萍[33]研发出一种多功能改性胶黏剂,并将其添加入传统纸浆中。通过加速老化试验发现这种无机纳米材料能够对宣纸起到优异的加固保护效果。

编号3,5,9,10为不同地区手工造纸技艺的调查以及传统手工造纸技艺的分析及定位研究。编号3李晓岑[34]调研了新疆墨玉县维吾尔族手工造纸业的现状,通过详细鉴定并得出维吾尔族手工造纸技艺是一种浇纸法造纸,并在新疆地区拥有1500年以上的历史。编号5李晓岑[35]通过实地调研云南纳西族手工造纸,发现其造纸技艺与西藏造纸和云南迪庆造纸具有紧密的联系。并认为当地的东巴手工纸结合了浇纸法和抄纸法的技艺,具有其独特性和创新性。编号9李晓岑[36]分析了中国十多个少数民族的传统造纸工艺,通过比较汇总后得出中国传统造纸技艺分为两种不同类型,分别为浇纸法与抄纸法。发现这两种造纸技艺在技术工艺、关键步骤、流传路径和地理分布上是截然不同的。编号10雅各布·伊弗斯等[37]采用田野调查法考察了四川省地区重拾夹江造纸技艺的过程,并指出中国手工业应该以何种方式得以延续和继承。

编号6,7为以手工造纸技艺为实例的非物质文化遗产的生产性保护与开发性研究。编号6汤夺先和伍梦尧[38]通过田野调查,考察了泾县的宣纸传统技艺。指出宣纸保护的着力点是宣纸技艺传承。需要尊重文化本源并进行技术革新、实施师徒传承模式等才能使宣纸这一非遗技艺得以活态传承。编号7郑元同[39]系统分析了四川夹江纸非物质文化遗产的保护与产业化中的一系列隐忧。经过分析萃集并指出夹江竹纸制作技艺的保护与传承需要政府引导与社会参与的工作机制。与此同时,还需要加强培育非遗传承人,促进其与旅游业和文化产业的结合,从而充分发挥传统手工技艺的生产使用功能等。

表5　1986—2023年国内手工造纸高被引文献

排序	文献名称	作者	期刊	发表时间	被引量	综合影响因子	月均被引	综合影响力指数
1	历史档案及古籍修复用手工纸的选择	张美芳	档案学通讯	2014年3月	21	2.386	0.188	0.447
2	档案与古籍修复用竹纸的现状与问题	陈刚	档案学研究	2012年2月	23	2.398	0.168	0.403
3	新疆墨玉县维吾尔族手工造纸调查	李晓岑	西北民族研究	2009年8月	21	2.294	0.126	0.288
4	功能型苯丙乳液在纸质文物保护中的应用研究	刘博,齐迎萍	中国造纸	2018年6月	16	1.03	0.262	0.270
5	纳西族的手工造纸	李晓岑	云南社会科学	2003年5月	50	1.276	0.207	0.264
6	非物质文化遗产的生产性保护:内涵意蕴、问题呈现与学理反思:以宣纸为例的探讨	汤夺先,伍梦尧	文化遗产	2017年11月	22	0.815	0.324	0.264
7	非物质文化遗产中手工技艺的保护与发展研究:以四川夹江竹纸制作技艺为例	郑元同	西南民族大学学报(人文社会科学版)	2013年11月	21	1.374	0.181	0.249
8	脆弱纸质档案多功能纸浆加固新技术	刘姣姣,李玉虎,邢惠萍	陕西师范大学学报(自然科学版)	2018年7月	16	0.798	0.267	0.213
9	浇纸法与抄纸法:中国大陆保存的两种不同造纸技术体系	李晓岑	自然辩证法通讯	2011年10月	44	0.601	0.312	0.188
10	人类学视野下的中国手工业的技术定位	雅各布·伊弗斯,胡冬雯,张洁	民族学刊	2012年3月	33	0.736	0.243	0.179

八、结语

本文采用 VOSviewer 和 CiteSpace 两大知识图谱工具对手工造纸的相关文献进行了分析,并得出如下结论:

第一,国内对手工造纸的研究大致兴起于 1986 年;从时间发展趋势看,国内手工造纸的相关发文量可分为两个时期。1986—2003 年为低水平时期,年发文量保持在 1~14。2004—2023 年为逐渐增长时期,发文量稳定上升于 2021 年达到最高值。从总体发文趋势看,在未来该方向具有较大的研究发掘空间。在学科及期刊分析方面,轻工业手工业发文量最多,占比 33.88%;工业在手工造纸研究领域占据主导地位。同时,手工造纸研究领域涉及多个领域,包括旅游、考古、建筑、艺术、图书情报、经济等,是一个相对多元的交叉性的学科。

第二,从发文机构来看,中国造纸学会、中国科学技术大学、复旦大学、四川美术学院、中国人民大学、广东工业大学等高校和企业是手工造纸研究的主力。手工造纸的研究以学会、高校和企业等机构为主。但不同机构需进一步合作与联系。从发文作者来看刘仁庆、吴世新、曹天生、陈彪、李晓岑是发文量较高的前 5 位,特别是刘仁庆,作为中国手工纸联盟学术顾问一直致力于中国造纸、纸文化的研究。

第三,从关键词聚类来看,当前手工造纸的研究被分为了 4 大方向,分别为:古法造纸、非物质文化遗产、手工纸与机制纸和书画用纸与修复用纸。从手工造纸研究的发展趋势看,研究分为基础、稳定发展、拓展延伸 3 个阶段。基础阶段主要研究与传统手工造纸相关的传统制作技艺、种类与制作材料等。稳定发展阶段主要探究传统手工纸的材质性能、现实意义、现状和发展前景等。拓展延伸阶段主要研究传统手工造纸与现代科技的辩证关系与融合路径,以及手工纸如何进行设计创新和活态传承等。

第四,从高被引文献来看,手工造纸研究热点大致分为 3 类:第 1 种为纸质文物、纸质档案及古籍的保护性研究。第 2 种为对手工造纸技艺的跨地区性调查。第 3 种是从非物质文化遗产保护视角下手工造纸的生产性开发。通过回溯手工造纸研究的发展脉络,在国家大力支持传统文化传承与文化创意产业等背景下,手工造纸生产性保护与开发性研究是当下和近几年的研究热点。

从本研究的分析来看,未来手工造纸研究可能会延续出以下 2 个方向:第一,手工造纸技艺的生产性保护与开发性研究。在以手工造纸技艺为实例的非物质文化遗产研究过程中,以往许多学者提出需要走生产性保护与开发性研究的路径,通过最初的田野调查法、文献分析法等调查手工造纸的基本情况和现存问题。在此基础上,通过产学研融合的方式,发掘现代社会需求与造纸供应之间的“交汇点”,从而推动传统手工造纸技艺融入现代工业生产流程。比如调查现代社会对于纸质用品、纸质纪念品、新型类纸材料等的需求。通过造纸技艺的转换与改良来提升现代纸质用品的品质和功能,从而赋予产品更多的附加价值和意义。第二,手工造纸技艺的文化创新及设计实践研究[40]。目前,大多数传统文化的设计创意性依然不高,还只是将文化元素进行简单的复制和粘贴。过于关注形式而忽视了思想内涵。手工纸之所以能够代表中华文明,根本在于其内在的思想与文化内涵。因此,手工造纸的创新设计研究应立足于传统造纸技艺的精神底蕴。必须刨根问底,深度挖掘根植于手工造纸内部的精神内核,并通过现代设计方法对其进行转译,从而创造出全新的、富有传统内涵的、适应现代生活的设计与艺术作品。比如苗新悦[41]从传统宣纸的材料和观念两个方向汲取经验,进而思索宣纸在当代生活中的应用,并将宣纸融入室内的界面、家具和灯具设计上。这一新思路打破了人们对宣纸仅仅只是书写材料的固有印象。将古纸文化进行了创造性地转译,为当代室内设计注入了新的能量,做到了手工造纸技艺的"古为新用"。这对于我们延续传统文化、创造新的生活方式具有很好的启示。

最后,本研究还存在2点不足:第一,从数据来源来看,尽管本研究选取的文献基本涵盖了国内手工造纸研究的主要内容,但并没有涉及学位研究论文。因此,本文所提供的数据并未涵盖所有相关领域,其研究范围存在一定的局限性。第二,从操作层面来看,文献数据由人工手动整理。在这个过程中包括了合并、删除与纠正等操作。数据整理上存在较强的主观性,筛选的数据难免存在一些误差。未来将运用更加准确、科学的筛选逻辑和研究方法,扩大数据来源,从而减少研究误差,得出更多有意义的结论。

参 考 文 献

[1] 陈彪,朱玥玮,陈刚.在传统与现代的对话间解码手工纸:手工纸研究专家陈刚教授访谈录[J].广西民族大学学报(自然科学版),2022,28(2):1-11.

[2] 刘仁庆.中国纸的文化意义与精神价值[J].天津造纸,2009,31(1):43-46.

[3] 金江莲.中国传统造纸技艺的现状及发展前景初探[J].学理论,2015,720(6):133-135.

[4] 周萃襀.河南省密县手工造纸业调查[J].化学世界,1951(11):26-27.

[5] 柳义竹.传统手工纸需要扶持[J].纸和造纸,1986(2):3-4.

[6] 潘吉星.中国造纸技术简史[J].国家图书馆学刊,1986(3):64-67.

[7] 刘仁庆.论宣德纸:古纸研究之十六[J].纸和造纸,2012,31(1):68-73.

[8] 方晓阳,吴丹彤,卢一葵.安徽泾县"千年古宣"宣纸制作工艺调查研究[J].北京印刷学院学报,2008,16(6):1-8.

[9] 朱霞,李晓岑.云南少数民族造纸技术的调查和研究[J].民族研究,1999(1):49-62.

[10] 谢亚平."器"以载艺:四川夹江手工造纸技艺工具和生产空间价值研究[J].装饰,2014,257(9):94-97.

[11] 范生姣.非物质文化遗产向非物质经济产业转变的路径研究:以贵州石桥古法造纸为例[J].凯里学院学报,2013,31(1):50-53.

[12] 罗富民.乡村文化遗产产业化发展中的小微企业合作研究:以四川夹江手工造纸产业为

例[J].西部经济管理论坛,2017,28(1):38-43.

[13] 郑久良.新媒体语境下非遗"文化记忆"建构路径初探:以宣纸文化遗产数字化为例[J].常州工学院学报(社科版),2021,39(1):79-84.

[14] 赵权利.我们凭什么需要手工纸?[J].美术观察,2017,267(11):22-23.

[15] 刘艳萍.传统手工纸与中华文化血脉相连[J].文物世界,2018,149(6):9-12,15.

[16] 徐文娟,吴来明,裔传臻,等.书画修复用宣纸性能的研究[J].文物保护与考古科学,2016,28(1):33-37.

[17] 刘仁庆.论中国书画用纸的源与流[J].纸和造纸,2007,128(2):84-90.

[18] 张平,田周玲.古籍修复用纸谈[J].文物保护与考古科学,2012,24(2):106-112.

[19] 张美芳.中日韩修复用手工纸起源与发展的比较研究[J].档案学研究,2013,132(3):55-59.

[20] 李晓岑.四川德格县和西藏尼木县藏族手工造纸调查[J].中国科技史杂志,2007,115(2):155-164.

[21] 刘仁庆.论中国手工纸与传统文化[J].中华纸业,2009,30(18):106-108.

[22] 朱霞.广西壮族手工造纸及用纸习俗的调研[J].云南社会科学,2004(3):89-92.

[23] 谢亚平.论传统手工技艺可持续发展的三种策略:以四川夹江手工造纸技艺为例[J].生态经济(学术版),2014(2):79-83.

[24] 张建世.西南少数民族传统手工造纸遗产的保护初探[J].中华文化论坛,2011,71(3):16-21.

[25] 梁正海,刘剑.论传统手工技艺的有效保护与活态传承:基于环梵净山区土家族皮纸工艺的人类学考察[J].贵州民族研究,2015,36(1):43-47.

[26] 彭勇,李诺,王帅.洗花造纸在手工纸灯具设计中的创新运用研究[J].家具与室内装饰,2021,272(10):53-55.

[27] 冉毅,李筠.重庆彭水手工造纸的存置语境及工艺过程研究[J].装饰,2019,313(5):130-131.

[28] 葛芳.传统手工抄纸工艺在当代设计领域的应用研究[J].包装工程,2016,37(16):27-30.

[29] 于瑛芝,宗立成.基于知识图谱的凤鸟纹研究现状与进展[J].包装工程,2023,44(22):299-308.

[30] 张美芳.历史档案及古籍修复用手工纸的选择[J].档案学通讯,2014,216(2):75-80.

[31] 陈刚.档案与古籍修复用竹纸的现状与问题[J].档案学研究,2012,124(1):80-84.

[32] 刘博,齐迎萍.功能型苯丙乳液在纸质文物保护中的应用研究[J].中国造纸,2018,37(6):44-48.

[33] 刘姣姣,李玉虎,邢惠萍.脆弱纸质档案多功能纸浆加固新技术[J].陕西师范大学学报(自然科学版),2018,46(4):64-70,90.

[34] 李晓岑.新疆墨玉县维吾尔族手工造纸调查[J].西北民族研究,2009(3):147-154,163.

[35] 李晓岑.纳西族的手工造纸[J].云南社会科学,2003(3):71-74.

[36] 李晓岑.浇纸法与抄纸法:中国大陆保存的两种不同造纸技术体系[J].自然辩证法通讯,2011,33(5):76-82,126-127.

[37] 雅各布·伊弗斯,胡冬雯,张洁.人类学视野下的中国手工业的技术定位[J].民族学刊,2012,3(2):1-10,91.

［38］汤夺先,伍梦尧.非物质文化遗产的生产性保护:内涵意蕴、问题呈现与学理反思:以宣纸为例的探讨［J］.文化遗产,2017(6):9-15.

［39］郑元同.非物质文化遗产中手工技艺的保护与发展研究:以四川夹江竹纸制作技艺为例［J］.西南民族大学学报(人文社会科学版),2013,34(11):119-122.

［40］陈彪,朱玥玮,汤书昆.跨田野书斋,绽文化馨香:传统工艺研究专家汤书昆教授访谈录［J］.广西民族大学学报(自然科学版),2021,27(4):1-10.

［41］苗新悦.宣纸在现代室内设计中的应用与思考［J］.美术教育研究,2023,291(8):89-91.

具身认知视角下的博物馆文创设计策略研究*

* 项目基金2022年度教育部"春晖计划"合作科研项目（项目编号：HZKY20220401）

张明春[12]　林清源[1]　杨　玲[1]

1.景德镇陶瓷大学设计艺术学院；
2.中国科学技术大学人文与社会科学学院

摘　要： 从博物馆文创内涵出发,结合非物质文化遗产手工造纸技艺的博物馆展陈的形式与内容,厘清了博物馆文创的文化属性、实用属性以及认知属性,总结出了提升博物馆文创意义、重视身体的具身性、塑造沉浸式体验情境的博物馆文创设计策略。这将为延置公众博物馆参观行为,实现传承文化使命、传播文保意识、延承手工技艺提供有力支持。

关键词： 设计策略；博物馆文创；具身认知；手工造纸

一、引言

近年来,博物馆急速发展,引人关注。2023年"5·18国际博物馆日"国家文物局发布的统计数据显示,2022年我国新增备案博物馆382家,全国博物馆总数达6565家,全年举办线下展览3.4万场、教育活动近23万场,接待观众5.78亿人次,推出线上展览近万场、教育活动4万余场,网络浏览量近10亿人次,新媒体浏览量超过百亿人次[1]。这表明随着相关政策的深入,公众一方面对传统文化的求知欲的提升,另一方面则表现出强烈的文化自信与认同感。博物馆作为展示和传播历史文化的公共空间,在一定程度上也满足了公众文化旅游消费的需求。2023年中青报社的调查结果显示,超六成(64.2%)受访者表示这几年逛博物馆的人比以前增多。七成多(73.2%)受访者表示去外地游玩,会把目的地的博物馆纳入必到之地[2]。公众直接面对博物馆文创产品机会日渐增多,"国博文创""故宫文创""敦煌文创"等文创品牌产品开始深入人心,这直接引发了博物馆文创设计与消费热潮(如图1所示)。

图1　故宫文创IP呈现

二、博物馆文创

1. 博物馆文创的内涵

博物馆文创是"博物馆文化创意产品"的简称,也被称为博物馆文化产品、博物馆衍生品、博物馆纪念品、博物馆商品等。它是以博物馆的馆藏资源为原型,吸收和转化博物馆藏品所具有的符号价值、人文价值和美学价值,以创意重构出具有审美价值、文化价值和实用价值的新产品,并在市场中寻求价值认同。[3]博物馆文创逐渐发展成为馆藏资源与人们日常生活联系的纽带,这既提高了博物馆文创的实用价值,又实现了博物馆教育功能,传播了民族传统文化,提升了博物馆的知名度、号召力和文化影响力。

2022年8月国际博物馆协会(ICOM)修订了博物馆的定义,博物馆面向社会开放,并以专业的方式运营和交流,在社区参与下为教育、欣赏、思考和知识共享提供多种体验。[4]公共性、可及性与参与性称为新的特征,公众从博物馆获取的相关信息将一直延续至参观之后,获得体验与文化的认同,并将"博物馆文化"带回家。

2. 博物馆文创的属性

博物馆作为文化和知识传播的重要场所,承载着传承人类社会文明和历史的重要使命。博物馆馆藏文物通常庞杂、繁复,意义晦涩,往往需要经过系统研究、专家解读后展陈,用于博物馆展示和公众教育[5];与此同时,这些特点也为博物馆文创提供了实现创意转化和意义延伸的机遇。

博物馆文创通常应具备如下属性:

(1)文化属性

博物馆文创通常以馆藏文物所承载的文化信息为出发点,通过凝练解析与重构设计而成。[6]它是具有特殊的文化意义和纪念性质的产品,能让消费者感受到一定的文化意义与历史感,往往能够唤起消费者的情感共鸣,引发对人文历史的认同与归属感,提升文化价值,实现文化自信。

(2)实用属性

博物馆文创通常是以市场消费为目标,意在实现产品功能、文化体验的结合。设计师通过对博物馆馆藏文物的文化解读,并关联相关产品的实用功能,赋予博物馆文创以新的意义,满足消费者功能需求的同时,传递博物馆文化,传播文物价值,促进文化消费。

(3)认知属性

博物馆文创的认知属性实现文化传播的本质和目的。博物馆文创可以被视为一种媒介横跨于博物馆文化和公众消费之间,这有助于博物馆文化传播和推广博物馆学习,整体实现博物馆文化参与式学习与意义认知[7],这包括两个方面:

一方面是博物馆藏品的文化意义认知。这种认知是经过解读的,以知识的形式呈现于公众面前,具有一定的历史内涵。例如手工藏纸所印的"藏八宝"图案,就代表着藏民的信仰,寓意吉祥、美好。另一方面是新技术条件下的博物馆参与式学习。虚拟现实、增强现实等新技术的应用,博物馆能够借助建构的情境等方式塑造沉浸的参与式博物馆学习过程,这有助于公众从多角度获取展陈信息,提升参观体验与学习效率(如图2所示)。

图2　博物馆打造提升参观体验的沉浸式情境

这种沉浸式的博物馆学习方式是借助身体的感知获取立体认知展陈内容的过程。身体成为公众与博物馆展陈内容之间的媒介,具身认知理论将为博物馆文创设计实践提供了理论支点。[8]因此,与博物馆展陈的认知过程相对应,博物馆文创的设计过程将涉及身体、人脑及环境等综合因素。

三、具身认知视角下的手工造纸技艺博物馆展陈

在众多博物馆展陈内容中,非物质文化遗产手工技艺类是一种独立的博物馆展项。下文将以手工造纸技艺为研究对象,结合具身认知理论,展开博物馆展陈内容和形式进行分析,以得出博物馆文创设计策略。

1. 意义认知:人类文明的物化进程

博物馆展陈的目的在于向公众诠释馆藏文物的历史、文化与价值。它不仅包括历史、文化内涵,还包括文化的认知、延承与传播的意义认知。

(1)手工纸文化的意义

手工纸文化作为传统工艺的一种,既是文化本身也成为其他文化的载体。博物馆中的纸文化通过实物展示、工艺演示、互动展示等多种展陈形式实现纸文化的意义传播,博物馆展陈以手工纸文化为主体内容向公众展示,进而满足历史与文化认知需求。

云南省腾冲县盛产腾冲宣纸,高黎贡手工造纸博物馆古代纸张、纸张制作工具、手稿和古代书籍等馆藏展示,向参观者展示纸文化,这些展品不仅呈现了纸张的演变过程,还展示了纸文化在高黎贡地区的历史沿革与发展,使得参观者通过博物馆展陈获取身份认同,唤起文化自豪感。

参观者还可以通过博物馆展陈获取对手工纸文化的艺术认知。高黎贡造纸博物馆邀请国内外艺术家与造纸师傅以及当地孩童一起共同参与腾冲宣纸的创新设计工作,他们将设计制作出的"新产品"(如图3所示)作为实物放置在展厅中进行展览与销售,扩大手工纸文化的影响力。[9]

(2)手工纸文化延承与传播的意义

博物馆中的非遗手工艺类展项与其他展陈形式略有不同。手工艺展陈重点在于引发关注并达成手工造纸技艺的延承与意义传播。从参观者角度实现保护与传承的理念通达,增加自觉保护意识与责任感。同时,手工造纸技艺也依托博物馆展陈形式借助工艺创新,达成媒介宣传与文保意识传播,推动手工纸文化传承与发展。

坐落在宣城的中国宣纸博物馆发挥宣纸历史文化的优势,从宣纸历史、工艺流程、非遗传承、海外传播等多角度立体展示了我国手工纸文化,这有助于整体、系统性传播宣纸文化;博物馆还接受教育访问、学生游学等活动,通过教育实践传播宣纸文化。此外,中国宣纸博物馆基于新工艺制作了"三丈三"宣纸,创造了吉

尼斯世界纪录,巨幅宣纸长达11米,宽3.3米,52人捞纸(如图4所示)与辅助共同工作,晒纸20人。这种活态的手工造纸过程展示,不但令人印象深刻、给人以震撼之感,还能够借助新媒体等多种形式通过网络传播,供国际观众感受宣纸独特文化,传播中国文化,提升宣纸品牌国际知名度。[10]

图3　用腾冲宣纸浆料制作的新产品

图4　"三丈三"巨幅宣纸的捞纸工序

2. 过程认知:手工造纸技艺身体体验过程

在具身认知视角下,博物馆非物质文化遗产手工技艺类展陈具有一定的情境性和强烈的实践性。手工造纸技艺的展陈则具体表现在以下两个方面:

(1)情景再现

手工造纸作坊场景的实体再现,有助于复原实际生产状况,能够使参观者进入情境之中,立体感知手工造纸现场,这不但延展了内容认知,还加入触觉、听觉、视觉等多感觉通道,这些感觉之间以精密的方式认知手工造纸的场景,它们之间密切联系、相互渗透,共同作用于思维,从整体上对手工造纸技艺形成认知,了解手工造纸技艺的复杂性和生产细节,关注工艺中的技巧和工具的使用。

湖南耒阳为纪念蔡伦的功德,在其故宅建"蔡侯祠",后期扩建蔡伦纪念园,园内手工造纸作坊重现了沤料、捣料、抄纸、榨纸、分纸、晒纸等各手工造纸工序过程与生产情景。园区还设有纸博物馆,以人物雕塑形式展示了上述造纸技艺场景,这种整体式的场景将参观者置身环境之中,能够对手工造纸技艺有更加深刻和直观的认知。[11]场景还原与雕塑人物制造出的展陈氛围,也将增强参观者情感体验(如图5所示)。

图5　湖南耒阳蔡伦园纸博物馆中的手工造纸工艺的群雕场景展示

(2)互动体验

手工造纸技艺本质上是一种身体实践为主的、过程式造物劳动,它注重劳动主体的身体体验。博物馆展陈环节中,通常设有互动区域,以让参观者亲身参与实践手工造纸的工艺过程,以提升对手工造纸工艺文化的整体认知,并留下深刻印象。参观者身体式地参与手工造纸实践之中,也增强和提升了博物馆学习活动的趣味性和吸引力。

四川夹江大千纸故里研学园内除了设有手工纸博物馆传承夹江传统手工造纸的技艺、传播手工纸文化外,还设有研学工坊。[12]这种针对青少年开展的研学活动,转变被动式接收讲解信息为身体参与下的体验式、互动式的手工造纸技艺学习过程,不仅调动了身体各种感官共同完成学习,还提升了真实感,会给体验者留下深刻印象,具有较为理想的展陈效果(如图6所示)。

图6　参加研学的青少年体验手工捞纸技艺

四、博物馆文创的设计策略

基于具身认知理论，博物馆展陈用于向公众传递文化、传播知识、传授技能，使其能够身体"在场的"、具身式地、整体地认知手工纸文化，并触及人的内心，使其在未来的认知与行为中发生一定的变化。

博物馆文创设计复现在消费者使用时，复现这种情境式的、"身体在场"的体验，进而满足自身的需求。

1. 提升博物馆文创的意义

博物馆文创是建立在博物馆文化与展陈的基础之上的，指向文化的传承、发展和传播。博物馆文创设计过程中，应注重产品的内在意义和文化价值的复现，强调借助文化呈现出内涵，使其不仅具有美学价值，还能够传达深层的文化信息和价值观念。[13]例如，故宫博物院设计的一款考古玉玺文创，将历代玉玺以盲盒形式藏匿于泥土中并夯实，在产品的包装和说明书中则介绍了不同玉玺的主人、历史背景、文化故事等，帮助观众深刻理解玉玺背后的意义象征和文化寓意。

2. 重视身体的参与与互动

博物馆通过用户参与学习的方式推动手工艺的保护。调动参观者学习积极性，鼓励他们参与到工艺制作、信息获取过程之中，以身体认知的方式助力手工艺的传承和推广。在博物馆中设立的互动展示区域，观众亲自参与手工艺的制作过程，设计这些过程并使其以博物馆文创的形式被"带回家"，实践性过程的复现不仅让参观者回忆了参观学习的过程，还增加了他们对手工艺的兴趣。

身体交互式的博物馆文创设计可以提供基于新技术的学习和消费终端,还有助于利用新技术推广、传承手工艺,传承保护历史文化遗产,促进人们的终身学习。

3. 塑造沉浸式体验情境

传统手工艺传承多为师徒制,技艺的精髓包含在口述和身体示范之中。通过新技术打造的沉浸式体验情境,一方面以"活态式"展现手工艺制作过程;另一方面,还可以借助"虚拟式"情境,以视频等新媒介再现工艺过程,这就为博物馆文创设计提供了多种选择。将传承人的演示场景拍摄成多媒体内容或视频,并制作成纪念品用于发售,这些博物馆文创可以是书籍、明信片、DIY套装等,具有纪念价值。

虚拟现实技术同样可以用来开发博物馆文创。借助AR眼镜等设备,参观者能够以"第一人称"再现手工纸制作步骤,具体体验工艺过程,获得成就与认同感。

五、结论

具身认知理论在博物馆文创设计领域具有广阔的前景。身体性成为博物馆文创设计的新目标,这有助于在博物馆文创中复现参观体验,增强公众的文化认同与文化保护意识。同时,也将促使博物馆升级软硬件设施,利用新技术构建物理的与虚拟的展陈场景,全方位提升公众博物馆参观体验。

博物馆文创设计的新策略延置了博物馆参观行为,为实现传承文化使命、传播文保意识、延承手工技艺提供了有力支持。

参 考 文 献

［1］ 环球网.国家文物局:2022年我国新增备案博物馆382家,全国博物馆总数达6565家[EB/OL].(2023-05-18)[2023-08-18].https://baijiahao.baidu.com/s? id=1766202982947445704&wfr=spider&for=pc.

［2］ 中国青年网.国际博物馆日,超六成受访者感觉这几年逛博物馆的人比以前多了[EB/OL].(2023-05-18)[2023-08-18].https://baijiahao.baidu.com/s? id=1766197539553138285&wfr=spider&for=pc.

［3］ MBA智库.博物馆文创:什么是博物馆文创[EB/OL].(2022-05-30)[2023-10-31].https://wiki.mbalib.com/wiki/% E5%8D% 9A% E7%89%A9%E9%A6%86%E6%96%87%E5%88%9B.

［4］ 百度.新民晚报:国际博物馆协会发布博物馆的新定义.[EB/OL].(2022-08-25)[2023-10-31].https://icom.museum/en/.

［5］ 张尧.基于博物馆资源的文化创意产品开发设计研究[D].苏州:苏州大学,2016.

［6］ 易平.文化消费语境下的博物馆文创产品设计[J].包装工程,2018,39(8):84-88.DOI:

10.19554/j.cnki.1001-3563.2018.08.018.

[7] 周美玉,孙昕.博物馆文创产品设计研究[J].包装工程,2020,41(20):1-7.DOI:10.19554/j.cnki.1001-3563.2020.20.001.

[8] 孔翠婷,潘沪生,张烈.具身认知视角下的博物馆体感交互设计研究[J].装饰,2020(3):90-93.

[9] 网易.腾冲文旅:你好,腾冲! 2021艺术研学游等你来[EB/OL].(2021-07-05)[2023-10-31].https://www.163.com/dy/article/GE60LV2Q0514MKKP.html.

[10] 澎湃新闻.高丹:非遗寻访,看三丈三"超级宣纸"的诞生与千年古村晒秋[EB/OL].(2021-10-03)[2013-10-31].https://www.thepaper.cn/newsDetail_forward_14773842.

[11] 耒阳市人民政府网.乐游耒阳:伟大发明家故居——蔡伦纪念园[EB/OL].(2020-03-13)[2023-10-31].http://www.leiyang.gov.cn/zjly/yzly/jdjs/20200313/i1771411.htmlafjlk.

[12] 腾讯网.恒旅网发布:乐游嘉学,走进大千纸故里,开启一场缤纷研学之旅![EB/OL].(2022-12-05)[2023-10-31].https://new.qq.com/rain/a/20221205A05Z4200.

[13] 王思怡.多感官博物馆学:具身与博物馆现象的认知与传播[D].杭州:浙江大学,2019.

后 记

　　《千年泗洲——中国手工纸的当代价值与前景展望》一书经过近9个月的征稿和编辑，终于进入了出版流程。作为第一届在中国富阳举办、以世界最早的造纸工业遗址命名的"泗洲纸文化节"的重要议程，"中国手工纸的当代价值与前景展望"国际学术会议得到了富阳区委、区政府的大力支持，得到了来自海内外手工造纸技术专家、行业知名企业家、手工造纸非遗代表性传承人、纸文化和文旅创意研究学者的积极参与，产出了一批优秀的学术探讨成果。本书编委会通过多方交流，特从学术会议论文中精选23篇编辑成稿，由中国科学技术大学出版社正式出版，希望研究成果能更为广泛传播与共享。

　　在书稿征集与编撰过程中，杭州市富阳区委宣传部张鹏部长、区政协邱云副主席全程参与组织并撰稿发表；浙江传媒学院朱赟老师作为主要编辑人员统筹书稿的编辑工作，精益求精，保障了书稿的品质，对他们的辛勤工作特别致谢。

　　中国科学技术大学人文与社会科学学院汤雨眉、张明春，安徽大学艺术学院郭延龙、庞建波，富阳区委宣传部黄玉林、区文联蒋良良、区社科联徐军，皖江文化传播（杭州）有限公司周光辉、贺礼斌在论文征集和书稿编辑出版工作中积极参与谋划和撰稿，在《千年泗洲——中国手工纸的当代价值与前景展望》一书出版之际，对上述各位全心全意的工作也特别表示感谢！

中国科学技术大学手工纸研究所所长

汤书昆

2024年1月12日